# Ética para analist

Tercera edición ampliada

## Jon S. Bailey y Mary R. Burch

Edición en español dirigida por Javier Virués-Ortega

ABA España
Publicaciones

Este libro está dedicado a la memoria de mi querido amigo y colega Gerald L. "Jerry" Shook (1948-2011). Fuiste un visionario de la profesión del análisis de conducta y creaste la BACB como un instrumento para darle vida. Has abogado por un código ético desde el principio y me animaste a promocionarlo. Cambiaste mi vida.

*Jon Bailey, BCBA-D*

Traducción de la tercera edición publicada en 2016 por Routledge. Tercera edición ampliada en español publicada en 2018 por ABA España.

El derecho de Jon S. Bailey y Mary R. Burch a ser identificados como autores de este trabajo ha sido afirmado por ellos de acuerdo con las secciones 77 y 78 de la Ley de Copyright, Diseños y Patentes de 1988.

Dirección de la edición en español: Javier Virués Ortega
Asistente editorial: Kaitlin Fisher

Aviso de marca comercial: los nombres de productos o empresas usados en esta obra que puedan ser marcas comerciales o marcas registradas se utilizan solo con fines de identificación y explicación sin intención de infringir ninguna norma.

Primera edición publicada por Routledge, 2005. Segunda edición publicada por Routledge, 2011.
Biblioteca del Congreso Catalogación en la publicación de datos
Nombres: Bailey, Jon S., autor. | Burch, Mary R., autor.
Título original: Ethics for Behavior Analysts / Jon S. Bailey y Mary R. Burch.
Descripción: 3ª edición. ABA España, 2018. Incluye referencias bibliográficas e indice.
Identificadores de la edición original: LCCN 2015038979 | ISBN 9781138949195 (hbk: alk. Paper) | ISBN 9781138949201 (pbk: alk. paper) | ISBN 9781315669212 (ebk)
Temas: LCSH: Evaluación del comportamiento. Aspectos morales y éticos. Manuales. Analistas de conducta. Ética profesional. Estados Unidos. Certificación. Clasificación: LCC RC437. B43 B355 2016 DDC 174.20973Ñdc23
Registro de LC disponible en http://lccn.loc.gov/2015038979

Identificadores digitales de capítulos (Digital Object Identifier)

| | | | |
|---|---|---|---|
| Cap. 1 | 10.26741/abaspain/2019/Bailey01 | Cap. 12 | 10.26741/abaspain/2019/Bailey12 |
| Cap. 2 | 10.26741/abaspain/2019/Bailey02 | Cap. 13 | 10.26741/abaspain/2019/Bailey13 |
| Cap. 3 | 10.26741/abaspain/2019/Bailey03 | Cap. 14 | 10.26741/abaspain/2019/Bailey14 |
| Cap. 4 | 10.26741/abaspain/2019/Bailey04 | Cap. 15 | 10.26741/abaspain/2019/Bailey15 |
| Cap. 5 | 10.26741/abaspain/2019/Bailey05 | Cap. 16 | 10.26741/abaspain/2019/Bailey16 |
| Cap. 6 | 10.26741/abaspain/2019/Bailey06 | Cap. 17 | 10.26741/abaspain/2019/Bailey17 |
| Cap. 7 | 10.26741/abaspain/2019/Bailey07 | Cap. 18 | 10.26741/abaspain/2019/Bailey18 |
| Cap. 8 | 10.26741/abaspain/2019/Bailey08 | Cap. 19 | 10.26741/abaspain/2019/Bailey19 |
| Cap. 9 | 10.26741/abaspain/2019/Bailey09 | Cap. 20 | 10.26741/abaspain/2019/Bailey20 |
| Cap. 10 | 10.26741/abaspain/2019/Bailey10 | Cap. 21 | 10.26741/abaspain/2019/Bailey21 |
| Cap. 11 | 10.26741/abaspain/2019/Bailey11 | | |

ABA España
Publicaciones

DOI 10.26741/abaspain/2019/Bailey
ISBN: 978-84-09-07803-5

# Ética para analistas de conducta

Esta tercera edición completamente actualizada de *Ética para analistas de conducta* de Bailey y Burch es una valiosa guía para comprender y aplicar el recientemente publicado Código deontológico de analistas de conducta de la BACB. En esta nueva edición se presentan estudios de casos tomados de la práctica real de los autores con consejos para guiar a los lectores hacia la "solución" ética, así como capítulos revisados que incluyen detalles sobre las circunstancias que evocaron la evolución de la presente edición, así como del Código revisado. También se aportan consejos para favorecer el éxito de los analistas de conducta certificados cuando afrontan su primer empleo en el área. Incluimos también el Código como apéndice. Esta tercera edición mejora lo que se ha convertido en un libro de referencia frecuente para los analistas de conducta profesionales y en formación.

**Dr. Jon S. Bailey**, es profesor emérito de psicología de University State Florida, imparte cursos de posgrado para analistas de conducta. El Dr. Bailey es uno de los directores fundadores de la Behavior Analyst Certification Board, el comité de certificación de analistas de conducta, y ha sido presidente de la Association of Professional Behavior Analysts (APBA).

**Dra. Mary R. Burch**, es una analista de conducta certificada. La Dra. Burch tiene más de veinticinco años de experiencia clínica trabajando con personas con trastornos del desarrollo. Ha trabajado como especialista en conducta, directora de servicio y consultora en análisis de conducta en las áreas de trastornos del desarrollo, salud mental, así como en centros de educación preescolar.

"Esta tercera edición cubre todos los elementos esenciales de la ética profesional en el área del análisis de conducta de una manera accesible e integral. Incluye valiosos capítulos nuevos, así como la información más actualizada y numerosos ejemplos de casos que permiten adoptar un enfoque de solución de problemas éticos. Todo ello hace de la presente edición un recurso imprescindible que debe estar al alcance de estudiantes y profesionales del análisis de conducta".

— **Dr. Raymond G. Miltenberger, BCBA-D**, profesor de University of South Florida.

"La tercera edición de Ética para analistas de conducta es de lectura obligada tanto para estudiantes como profesionales del análisis de conducta. Se apoya en el gran éxito de las ediciones anteriores y añade el modelo de siete pasos del Dr. Bailey para resolver casos complejos y nuevos ejemplos de casos acordes con el Código deontológico de analistas de conducta de la BACB. Seguirá siendo un elemento básico en mis clases de postgrado de ética".

— **Dra. Rosemary A. Condillac, PhD, C.Psych.**, Profesora asociada, Centro de Estudios Aplicados sobre Discapacidades, Brock University, St. Catharines, Ontario, Canadá.

"Este es el libro de ética de referencia para nuestro campo del análisis aplicado de conducta. Bailey y Burch manejan el universo de la ética con perfecta soltura. Desde la presentación formal de requisitos éticos hasta ejemplos de la vida real con los que todos los lectores pueden conectar. Este libro aumentará la conciencia sobre la ética y la conducta ética, lo que a su vez aumentará las posibilidades de que los clientes a quienes servimos sean tratados de manera humana y segura".

—**Dr. Thomas Zane, BCBA-D**, Instituto de Estudios Conductuales, Endicott College.

"Bailey y Burch traen claridad al Código deontológico de analistas de conducta de la BACB a través de una discusión convincente de cada elemento y una consideración cuidadosa de la miríada de problemas a los que los analistas de conducta se enfrentan en la práctica. Los profesionales de todos los niveles encontrarán información valiosa de numerosos ejemplos de dilemas éticos de la vida real".

— **Dra. Dorothea C. Lerman, BCBA-D**, Universidad de Houston, Clear Lake.

# Contenido

# Prefacio

## EVOLUCIÓN DE ESTE LIBRO Y CÓMO UTILIZARLO

Mi primera experiencia en ética llegó cuando era un estudiante de doctorado en psicología a fines de la década de 1960. Estaba trabajando con un joven con discapacidad profunda que estaba confinado a una cuna de metal en una pequeña sala de una institución privada en Phoenix, Arizona. Ciego, sordo, no ambulatorio e incapaz de utilizar el baño, mi "sujeto" realizaba conductas autolesivas prácticamente todo el día. Su comportamiento de golpear la cabeza contra las barras de metal se podía escuchar a 25 metros de distancia. Su unidad residencial era deprimente y maloliente. Día tras día, me senté junto a su cuna tomando notas sobre una posible tesis sobre cómo se podría tratar de reducir su comportamiento autolesivo crónico (en aquellos días lo llamamos comportamiento autodestructivo). Después de algunas sesiones informales de observación y de leer su historia clínica, tuve algunas ideas. Organicé una reunión con uno de los miembros de mi comité, el Dr. Lee Meyerson, que supervisaba la investigación en la institución". Estoy observando a un sujeto con comportamiento autodestructivo", comencé. Golpea la cabeza de 10 a 15 veces por minuto durante el día. "He tomado datos informales en diferentes momentos del día, y no veo ningún patrón consistente", le dije. El Dr. Meyerson me dejó continuar aproximadamente 10 minutos, asintiendo con la cabeza y de vez en cuando dando una calada a su pipa (en esos días se permitía fumar en todas partes). Luego me detuvo abruptamente y, haciendo un gesto con su pipa, comenzó a hacerme preguntas que nunca había pensado. ¿Sabía el nombre de mi "sujeto"? ¿Tenía permiso para observar e informar sobre este individuo? ¿Quién me dio permiso para mirar su historia clínica? ¿He comentado este caso con alguno de mis colegas estudiantes de posgrado o he mostrado los datos en clase? No pude ofrecer buenas respuestas a ninguna de las preguntas del Dr. Meyerson. No estaba pensando en mi "sujeto" como persona, solo como una fuente de datos para mi tesis. Nunca me di cuenta de que "Billy" tenía derecho a la privacidad y la confidencialidad y que necesitaba que lo trataran con dignidad y respeto, no como "otro tema" para ayudarme a completar un requisito académico. Resultó que el Dr. Meyerson se adelantó a su tiempo al hacerme preguntas éticas que en realidad no tendrían su reflejo en el marco legal durante otros diez años (ver el Capítulo 1). Las preguntas del Dr. Meyerson me ayudaron a sensibilizarme para ver lo que estaba haciendo desde una perspectiva extra-experimental. ¿Cómo me gustaría ser tratado si yo fuera un sujeto en el experimento de alguien? O bien, ¿cómo quisiera que mi madre o mi hermana recibiesen tratamiento? "Con amabilidad, compasión y respeto" es sin duda la respuesta rápida que la mayoría de nosotros ofrecería. Y, efectivamente, la ética en psicología, y particularmente en el análisis de conducta, puede personalizarse fácilmente y hacerse tangible si nos detenemos y pensamos en lo que estamos haciendo.

Los estudiantes de hoy tienen una gran ventaja sobre mi generación. En aquella época no disponíamos de un código ético para guiarnos; teníamos un pie en el laboratorio de animales y uno en el mundo académico, y estábamos tratando de descubrir cómo transformar los poderosos principios condicionantes operantes en tratamientos efectivos. No éramos conscientes en el momento de que la ética estuviese involucrada en absoluto, hasta que, por supuesto, nos encontramos con el Dr. Meyerson. En la actualidad, los estudiantes de posgrado en análisis de conducta tienen casi cincuenta años de investigación aplicada y práctica a la que recurrir y de la que poder aprender y en la que poder apoyar la responsablemente su conocimiento. Además, tienen una gran cantidad de recursos sobre ética, incluida la jurisprudencia y las sentencias legales que hayan sentado precedentes relevantes. Por último, los estudiantes de hoy tienen un código ético perfectamente legítimo, minuciosamente investigado y evaluado diseñado específicamente para nuestro campo. La versión actual de este documento es el Código deontológico de analistas de conducta de la BACB (BACB Professional and Ethical Compliance Code) Al enseñar el curso de postgrado aspectos éticos y profesionales en análisis de conducta durante los últimos 15 años, he aprendido mucho sobre los problemas éticos que parecen ser exclusivos de nuestro campo y he estado desarrollando conferencias e intentando descubrir formas de hacer que la ética sea informativa e interesante para estudiantes que no ven su relevancia o no valoran las ventajas de el enfoque prudente propuesto en este libro. Una cosa que he descubierto es que, aunque ahora tenemos un excelente código ético, es algo seco y, por sí solo, no transmite la urgencia y relevancia que debería tener. Leer el código es algo así como leer las instrucciones de un paquete de software: es claramente importante, pero preferiría simplemente comenzar a usarlo.

Hace años, estaba programado que impartiese un taller de medio día en Penn State University sobre ética a instancias del Dr. Jerry Shook. En el proceso de preparación de mis materiales, me pregunté qué tipo de preguntas éticas podrían tener los participantes. El Dr. Shook se las apañó para que cada participante escribiera y nos hiciera llegar dos preguntas o "escenarios" a los que se habían enfrentado en su entorno laboral. Cuando recibí las preguntas, me di cuenta de que la lectura de los escenarios hacía que los problemas éticos saltasen rápidamente a la vista. Comencé a tratar de buscar las respuestas correctas (de acuerdo con lo que entonces se llamaba las *Guías* de la BACB) lo que resultó bastante difícil. Algo faltaba. Un índice de algún tipo ayudaría, pero no había ninguno disponible que pudiera encontrar. Después de varias noches en vela logré desarrollar uno. Para cuando el Dr. Shook y yo viajamos a la conferencia, tenía un nuevo enfoque para la enseñanza de la ética profesional para analistas de conducta. Consistía en presentar escenarios, hacer que los estudiantes buscaran las secciones relevantes en las *Guías de conducta responsable*, y luego hacer que presentaran sus acciones éticas propuestas. Este enfoque les enseña a los estudiantes que a veces las consideraciones generales y éticas siempre se reducen a algunos elementos específicos del código. Mi experiencia al usar este método en los últimos años es que da vida al tema y genera excelentes discusiones sobre temas muy relevantes.

Un problema preocupante que encontré al enseñar el curso de "Ética para el análisis de conducta" fue que los ítems específicos del código a menudo estaban muy fuera de contexto o estaban escritos en un lenguaje tan rígido que los estudiantes no entendían por qué eran necesarios o relevantes. A menudo me encontré "traduciendo" elementos específicos a un lenguaje sencillo que pudieran entender. Este proceso, junto con proporcionar un contexto histórico y antecedentes sobre cómo y por qué ciertos artículos eran importantes para nuestro campo, pareció aumentar el nivel de comprensión por parte del alumnado.

Este libro es la culminación de este intento de presentar un enfoque práctico y centrado en el estudiante para enseñar ética en el análisis de conducta. Todos los casos están basados en ejemplos reales pero editados para evitar alusiones directas a las personas implicadas. En todos los casos los autores de los casos han dado su permiso para su uso. El material entrecomillado contiene citas directas de los casos presentados. Además, añadimos un comentario al final de cada capítulo referido a cada caso. En el Apéndice C, encontrará escenarios prácticos que se pueden usar en clase o como tarea, y ahora hemos añadido pistas relativas a su posible solución en cada uno de ellos. Por supuesto, puede desarrollar sus propios escenarios en función de las áreas específicas de aplicación que encuentre en su práctica.

Una última palabra sobre el uso de este volumen: este texto pretende ser un manual práctico e intentamos específicamente evitar que este sea un trabajo académico o teórico. Mucha gente que imparte cursos éticos de forma rutinaria con frecuencia recurre a que los alumnos lean la Constitución, vean *Alguien voló sobre el nido del cuco* o investiguen las leyes sobre límites de un tratamiento, los requisitos para guardar documentos, mantener la confidencialidad y otros asuntos relevantes. Mi experiencia es que hace falta una búsqueda creativa para encontrar lecturas relevantes. Exponer a los estudiantes a varias fuentes desde las declaraciones de posición de Skinner y Sidman a la Asociación para el Análisis del Comportamiento Internacional (ABAI) es útil para prepararlos para abordar el mundo de los problemas éticos que enfrentarán.

Hemos intentando resumir lo que consideramos los temas más importantes y apremiantes para los nuevos analistas de conducta certificados (BCBA) en el Capítulo 19: Una docena de consejos prácticos para mantener un comportamiento ético en tu primer trabajo. Espero que disfrutes el uso de este libro y se convierta en un influjo positivo en el diálogo sobre las formas efectivas de enseñar este tema de tanta importancia.

—Jon S. Bailey
*1 de enero de 2016*

# Prefacio a la edición en español

Nos complace ofrecer a analistas de conducta de habla hispana la última edición de *Ética para analistas de conducta*, hecha realidad por un grupo de analistas de conducta profesionales coordinados por el Dr. Javier Virués Ortega, profesor de psicología de la Universidad de Auckland.

Desde la década de 1970, los analistas de conducta han ofrecido tratamiento conductual eficaz en diversos ámbitos: autismo y trastornos del desarrollo, salud mental, instituciones educativas, servicios residenciales, entre otros.

A medida que el campo del análisis aplicado de conducta iba creciendo y haciendo notables contribuciones terapéuticas en la vida de numerosos clientes, también surgió la necesidad de disponer de estándares profesionales. En 1998, se estableció la Behavior Analyst Certification Board (BACB) a fin de ofrecer una certificación profesional a los analistas de conducta. Una de sus primeras acciones fue la de adoptar un código ético, las conocidas *Guías sobre conducta responsable*. La BACB, como programa internacional de certificación de reconocido prestigio, requiere a todos los analistas de conducta certificados (BCBA) que reciban formación en ética profesional.

Desde su publicación en 2006, *Ética para analistas de conducta* ha estado al servicio de miles de analistas de conducta de múltiples países que han usado este texto como una fuente básica para el aprendizaje y la enseñanza de la ética en el análisis de conducta y del Código ético de la BACB. En 2016, las *Guías* de la BACB fueron reemplazadas por un documento notablemente mejorado conocido como el *Código deontológico de seguimiento profesional y ético para analistas de conducta*. Los analistas de conducta, sin importar el país en el que se encuentren, tienen la responsabilidad de conocer el contenido del código actual. *Ética para analistas de conducta* (3ª ed.) cubre cada sección del Código en detalle y ofrece casos éticos reales propuestos al primer autor a lo largo de la última década.

La globalización ha tenido un claro impacto en el campo del análisis de conducta, a consecuencia de ello, hay analistas de conducta certificados BCBA de habla hispana en más de 30 países (incluido EEUU). Debido a que el número de estos profesionales cualificados continuará creciendo rápidamente en el futuro, se ha hecho necesario disponer de un texto que pudiera ofrecer formación ética a analistas de conducta de habla hispana específicamente.

Bajo la guía del Dr. Javier Virués Ortega y con la colaboración de ABA España, la Cátedra externa "ABA España" de la Universidad de Cádiz y la editorial Taylor & Francis se ha traducido la tercera edición de *Ética para analistas de conducta*, siendo el primer texto traducido sobre ética que se ofrece a la comunidad de analistas de conducta de habla hispana. A petición del Dr. Virués Ortega, hemos añadido un nuevo capítulo en el que damos respuesta a once escenarios éticos sugeridos por analistas de conducta de hispanohablantes.

La primera edición de *Ética para analistas de conducta* se escribió antes de que existiera conciencia de que el área se convertiría en un movimiento global, es por esto que la obra tiene un tono "americanocéntrico". Hay prácticas culturales que pueden manejarse de forma diferente en distintos países y, por esta razón, analistas de conducta de habla española han revisado parte del material. En muchos países de habla hispana, la familia es la base de la estructura social y los analistas de conducta deben formarse para operar dentro del marco del código ético y a la vez no ofender a los miembros de la familia. En algunos países y comunidades de habla hispana, los niños se convierten en tesoros familiares receptores de un afecto y dedicación incondicionales como centro de atención tanto por parte de los padres como de la familia extendida. Ello tiene implicaciones para los analistas de conducta, que deberán ser respetuosos con la cultura de los clientes mientras que al mismo tiempo han de adherirse a las pautas del programa de intervención conductual de un niño particular.

Hay otra diferencia cultural que se relaciona con la estructura y el rol de la familia con relación a la manera en que los servicios analítico-conductuales son ofertados en países o comunidades de cultura hispana. En EEUU, en la mayoría de los casos, cuando se ofrecen servicios conductuales en el domicilio a una familia no hispanohablante, el analista de conducta solo trabaja con uno o con ambos padres. En familias de países o comunidades hispanohablantes es posible que haya más miembros de la familia alrededor del niño, con un especial papel de los abuelos como figuras importantes en la crianza del niño. Al tratar de abordar cuestiones relacionadas con la consistencia y el seguimiento de programas conductuales, los analistas de conducta deberán considerar que la efectividad del tratamiento conductual puede estar fuertemente influenciada por la dinámica de la unidad familiar.

A pesar de que hay diferencias entre países y culturas, todos estamos trabajando con el mismo objetivo: ofrecer servicios conductuales de calidad. En el cumplimiento de este objetivo ayudaremos a satisfacer el derecho de clientes y consumidores a recibir tratamientos efectivos y basados en la evidencia, y mantendremos siempre elevados estándares éticos e integridad.

Es para nosotros un honor ofrecer *Ética para analistas de conducta* a analistas de conducta de habla hispana en todo el mundo.

—**Jon S. Bailey**
—**Mary R. Burch**
*10 de diciembre de 2018*

# Evolución de la 3ª edición

P oco después de la publicación de la primera edición de *Ética para analistas de conducta*, comenzamos a recibir solicitudes para impartir talleres sobre ética en reuniones de asociaciones de varios estados y para otros grupos en diversas áreas de Estados Unidos. Fue ilustrativo y educativo aprender de primera mano de los profesionales sobre las situaciones éticas a las que se enfrentaban a diario. Para facilitar nuestra capacidad de referirnos a los escenarios prácticos de los participantes a lo largo del día, comenzamos pidiéndoles que completaran un cuestionario de escenarios éticos antes de que comenzara el taller. Estos escenarios generaron discusiones animadas que permitieron a estos profesionales elaborar los desafíos éticos a los que se enfrentaban en su diario quehacer.

En los ejercicios de role-playing en los talleres, los participantes debían de referirse a las antiguas Guías de Conducta Responsable de la BACB (ahora Código deontológico de seguimiento profesional y ético para analistas de conducta). Notamos que, si bien los asistentes al taller podían saber lo que decía un determinado elemento de las Guías, les resultaba difícil encontrar las palabras y las acciones

necesarias para manejar una situación. Esto llevó al desarrollo de un nuevo capítulo sobre cómo
cómo comunicar un mensaje ´tico de forma eficaz (Capítulo 17). Una adición clave a la segunda edición vino de la mano de una aportación de la Asociación de Texas para el análisis de conducta en 2005. Fue allí donde Kathy Chovanec nos preguntó por qué los analistas de conducta no usaban una declaración de servicios profesionales para ayudar a evitar los problemas presentados por los padres, maestros y otros. En colaboración con Kathy, desarrollamos tal documento (disponible en el Capítulo 18).

En el curso de la enseñanza de las clases de posgrado en ética, he seguido aprendiendo sobre los desafíos a los que se enfrentan mis alumnos a medida que avanzan en su andadura profesional y comencé a entender que su enfoque hacia la ética era propio o idiosincrático. Algunos estudiantes tenían dificultades en abandonar esta "ética personal" y adoptar las pautas éticas profesionales de nuestro campo. Ello me animó a comenzar cada clase con esta introducción algo dramática: "hoy es el último día de tu vida civil. De ahora en adelante, se espera que se espera que os integréis en las filas de los analistas de conducta profesionales y aprendáis a usar nuestro código ético. De aquí surgió la idea del Capítulo 5, sobre desafíos éticos del día a día para la persona de la calle y el analista de conducta.

En la primavera de 2010, la BACB llevó a cabo una revisión de las Guías. Se creó un panel de expertos integrado por los analistas certificados Jon Bailey (presidente), José Martínez-Díaz, Wayne Fuqua, Ellie Kazemi, Sharon Reeve y Jerry Shook (a la sazón director ejecutivo de la BACB). El panel recomendó cambios menores a las Guías en general, pero incluyó algunos procedimientos nuevos, incluido el análisis de riesgos y beneficios. Este tema se incluye en el Capítulo 16 sombre cómo realizar un análisis de riesgos y beneficios.

En agosto de 2014, la Junta Directiva de la BACB aprobó una versión inicial del Código deontológico de seguimiento profesional y ético. A partir del 1 de enero de 2016, todos los solicitantes, profesionales certificados y registrados a través de la BACB debían adherirse a dicho Código.

## CÓMO USAR ESTA 3ª EDICIÓN

Cada año, enseño un curso de posgrado de un semestre llamado Ética y Asuntos Profesionales para analistas de conducta. Como parte de este curso utilizo la presente edición durante la primera parte del semestre y *25 Habilidades y Estrategias Esenciales para analistas de conducta Profesionales* (Bailey & Burch, 2010) para la segunda mitad. Al cubrir primero ética, encuentro que los estudiantes se sensibilizan a la nueva forma de pensar acerca de cómo deben comportarse ellos mismos; luego los presento a todas las otras habilidades profesionales que necesitarán para tener éxito.

Esperamos que encuentre útil esta tercera edición de *Ética para analistas de conducta* en el proceso de aprender y enseñar a otros acerca de cuestiones éticas.

—**Jon S. Bailey**
*1 de enero de 2016*

# Agradecimientos

Hemos aprendido mucho de los cientos de personas que han asistido a nuestros talleres de ética. Les agradecemos la gran variedad de escenarios propuestos, algunos de los cuales aparecen en el Apéndice C. Además, nos gustaría agradecer a todas las personas que han enviado preguntas sobre ética a través de consultas remitidas a ABAI. Estos canales han estimulado una gran cantidad de pensamiento y han contribuido a los casos que encontrará en este libro. Devon Sundberg, Yulema Cruz, Brian Iwata y Thomas Zane han proporcionado una valiosa ayuda en la preparación de este libro. Nos gustaría agradecer a la Dra. Dorothea Lerman por proporcionar varios escenarios nuevos en el área de investigación para esta edición. Finalmente, nos gustaría agradecer al grupo de trabajo de ética que produjo las revisiones del Código, y un agradecimiento especial a Margaret (Misty) Bloom, la diligente abogada de la BACB por su apoyo al grupo de trabajo.

# Descargo de responsabilidad

E ste libro no representa una declaración oficial del Behavior Analyst Certification Board, la Association of Behavior Anlaysis International o cualquier otra organización de análisis de conducta. No se puede confiar en este texto como la única interpretación del significado del Código deontológico de seguimiento profesional y ético para analistas de conducta o la aplicación del Código a situaciones particulares. Cada BCBA®, supervisor o agencia relevante debe interpretar y aplicar el Código como consideren apropiado considerando todas las circunstancias.

Los casos utilizados en este libro se basan en 60 años de experiencia en análisis de conducta que conjuntamente aportan los autores. En todos los casos hemos utilizado seudónimos y ocultados detalles accesorios a fin de proteger la privacidad de las partes y las organizaciones involucradas en los escenarios propuestos. Al final de algunos capítulos ofrecemos "respuestas a las preguntas sobre casos" con ejemplos de soluciones reales o, en algunos casos, hipotéticas a los problemas éticos planteados por el caso. No consideramos que sean las únicas soluciones éticas, sino que cada respuesta es un ejemplo de una solución ética. Animamos a los instructores que usan el texto a crear soluciones alternativas basadas en sus propias experiencias. Finalmente, esperamos que las respuestas ofrecidas aquí estimulen la discusión, el debate y la consideración del modo de manejar lo que, por definición, son asuntos muy delicados.

# Nota del editor

E n la traducción de esta obra ha participado un distinguido equipo de analistas de conducta profesionales bilingües de uno y otro lado del atlántico. Por orden alfabético son: Mónica Andrea Arias Higuera (*Fundación Universitaria Konrad Lorenz*, Bogotá, Colombia [cap. 4]), Virginia Bejarano Ruíz, BCBA (*ABA Psicología Enséñame*, Madrid, España [caps. 10 y 11]), Dr. José Julio Carnerero, CABAS® ARS (*Educación Eficaz*, Córdoba, España y *Universidad Loyola Andalucía*, Sevilla, España [cap. 15]), Dr. Camilo Hurtado Parrado, BCBA (*Troy University*, Troy, EEUU [cap. 14]), Dra. Corina Jiménez-Gómez, BCBA-D (*Florida Institute of Technology*, Melbourne, EEUU [caps. 5 y 19]), Marién Mesa Ordóñez, BCBA (*Intervención Basada en ABA*, Málaga, España [caps. 6 y 7]), Dr. Jose Ignacio Navarro Guzmán (*Universidad de Cádiz*, Cádiz, España [caps. 12 y 13]), Dra. Celia Nogales González, BCBA (*ABALife*, Madrid, España [cap. 20]), Javier Sotomayor, BCBA (*Verbal Behavior Associates*, San Diego, EEUU [apéndices B y D]), Aida Tarifa Rodríguez, BCaBA (*ABA España*, Madrid, España [caps. 8 y 9]), Dr. Luis Valero Aguayo (*Universidad de Málaga*,

Málaga, España [caps. 16, 17 y 18]) y Dr. Javier Virués Ortega, BCBA-D (*The University of Auckland*, Auckland, Nueva Zelanda [caps. 1, 2, 3, 21, apéndices A y C]).

Como parte del proceso de traducción se ha utilizado como elemento de homogeneización el glosario de términos conductuales traducidos de ABA España (Virues-Ortega, Martin, Schnerch, Miguel-García y Mellichamp, 2015). Esta edición ha sido financiada por ABA España a través de la cátedra externa ABA España de la Universidad de Cádiz de la que es director el Dr. José Ignacio Navarro Guzmán.

Este volumen ha sido posible gracias al apoyo desinteresado y el entusiasmo de sus autores originales, Jon Bailey y Mary Burch, que desde su inicio facilitaron enormemente el desarrollo del proyecto. Es notable destacar su disponibilidad para la adición del capítulo 21 que afianza más si cabe la relevancia de este texto para una audiencia hispanohablante.

—**Javier Virués Ortega**
*18 de diciembre de 2018*

*Sección*

# Uno

---

## Bases éticas del análisis de conducta

# 1
## ¿Cómo hemos llegado hasta aquí?

N o hay nada más impactante y horrible que el abuso y maltrato de personas inocentes que no pueden protegerse y defenderse. Atroces incidentes de abuso físico y emocional hacia animales, niños, mujeres y personas de edad avanzada ocurren todos los días en nuestra cultura, y a menudo se reducen a unas pocas líneas en las noticias locales del periódico.

Las personas con trastornos generalizados del desarrollo también pueden ser víctimas de abuso. El maltrato reprensible de niños y adultos con discapacidad es especialmente inquietante cuando los abusos llegan de manos de un profesional seleccionado por la familia. No obstante, esto es precisamente lo que sucedió en Florida a comienzo de la década de los setenta. Estos abusos cambiaron el curso de la historia del análisis de conducta y el tratamiento de las personas con discapacidades.

La historia de la evolución de nuestro Código ético para analistas de conducta comenzó a fines de la década de 1960, cuando la "modificación de conducta" estaba de moda. Habiendo comenzado solo a mediados de la década de 1960 (Krasner y Ullmann, 1965; Neuringer y Michael, 1970; Ullmann y Krasner,

> **Las consecuencias aversivas se usaban sin control como respuesta informal a conductas autolesivas, destructivas, y conductas inapropiadas en general.**

1965), algunos de los primeros promotores de la modificación de conducta prometieron cambios dramáticos en el comportamiento que eran rápidos y fáciles de producir, y podían ser llevados a cabo por casi cualquier persona con un certificado de asistencia a un taller de un día sobre el tema. Las personas que se llamaban a sí mismas "modificadores de conducta" ofrecían con frecuencia sesiones de entrenamiento informales en salas alquiladas de hotel. No había requisitos previos para registrarse, y no se cuestionaban las cualificaciones del ponente. El tono básico era el siguiente: "No es necesario saber por qué ocurre un comportamiento (se suponía que se trataba de conductas operantes aprendidas), solo era necesario saber cómo manipular las consecuencias. La comida es un reforzador primario para casi todos, por tanto, solo debemos de hacer que dependa del comportamiento que deseamos. En el caso de comportamientos inapropiados o peligrosos, deberemos usar consecuencias (castigos) para "desacelerar" el comportamiento. "No se daba consideración alguna a las "causas" del comportamiento o a que pudiera haber una conexión entre una causa probable y un tratamiento efectivo. Además, no se valoraban los posibles efectos secundarios del uso de alimentos como reforzadores (p.ej., alergias, aumento de peso) ni se reglamentaba el acceso a tales alimentos, en ocasiones dulces. De hecho, Cheerios, M & Ms, pretzels y otros aperitivos y golosinas cargaban los bolsillos del "especialista en conducta" por la mañana y se usaban a lo largo del día según fuera necesario (el propio especialista en comportamiento podía incluso tomar alguno si tenía hambre). A algunos miembros del personal se les instaba a "ser creativos" a fin de identificar las consecuencias. El resultado fue el uso de salsas picantes (tabasco) y jugo de limón sin diluir, sustancias que ahora se podían ver en los bolsillos de la chaqueta de los miembros del personal que iban a trabajar a la unidad de comportamiento.

A principios de la década de 1970, "la unidad" era con frecuencia una instalación residencial para personas con trastornos del desarrollo que tenían discapacidad intelectual de moderado a grave, algunas discapacidades físicas y comportamientos problemáticos. Con frecuencia se trataba de antiguos hospitales de veteranos o tuberculosos, que podría albergar de 300 a 1500 pacientes. La institucionalización era la norma hasta que apareció la "modificación de conducta" y se ofrecía la posibilidad de un cambio dramático de os problemas de conducta graves.

Sin un código ético y, en esencia, sin restricciones, el "tratamiento" rápidamente derivó en casos de abuso.

## EL ESCÁNDALO DE SUNLAND MIAMI

El Sunland Training Center en Miami se convirtió en la "zona cero" de una investigación sobre abuso que sacudió al estado de Florida en 1972. En el centro se habían dado altas tasas de rotación desde que se abrió en 1965, lo que resultaba en una frecuente escasez de personal y en un proceso de capacitación de baja calidad. Sorprendentemente, la mayoría del personal que trabajaba como supervisor de los hogares vigilados donde vivían los residentes eran estudiantes universitarios. En 1969, el superintendente renunció bajo la presión de una investigación sobre las denuncias de abuso a residentes. "Parece que era responsable de confinar a dos residentes en un remolque de camión modo de celda improvisada" (Clister, 1972, pág. 2). En abril de 1971, la División de discapacidad intelectual de Florida y la fiscalía del Condado de Dade comenzaron una investigación intensiva sobre casos de abuso a los residentes y que concluyó después de seis meses de darse las denuncias de "casos de abuso infrecuentes y aislados" (pág. 2) resultando en acciones disciplinarias hacia los empleados involucrados. Uno de esos empleados, el Dr. E., impugnó el cambio de puesto del que había sido objeto como acción disciplinaria. El comité que examinó su reclamación descubrió lo que consideraba una "situación altamente explosiva" relativa al abuso de los residentes con aparente conocimiento y consentimiento de los responsables del centro. A consecuencia de este proceso, siete personas fueron suspendidas de inmediato, incluyendo el superintendente, el director de los hogares vigilados, el psicólogo del personal, varios supervisores y un padre de familia. Cada uno de ellos fue acusado de "omisión, mala conducta, negligencia y contribución al abuso de los residentes" (pág. 4). Posteriormente, Jack McAllister, director de la División de servicios de salud y rehabilitación de Florida formó un comité de expertos de nueve miembros a fin de investigar este caso de abuso. El grupo estuvo compuesto por expertos en discapacidad intelectual, un abogado, un trabajador social, un defensor del cliente y dos analistas de conducta (Dr. Jack May y Dr. Todd Risley).

> El Dr. E. estableció un programa de "tratamiento" que consistía en la masturbación pública forzada, actos homosexuales públicos forzados, lavado forzado de la boca con jabón, recibir palizas con un remo de madera, y un uso excesivo de restricción física.

Se establecieron entrevistas con más de 70 personas, incluidos miembros del personal actual, exempleados, residentes y familiares de residentes (incluido uno cuyo hijo murió en Sunland Miami). Algunas entrevistas duraron hasta 10 horas. El comité examinó también los documentos internos del centro, un diario personal, y los registros realizados por el personal.

Parece que el Dr. E., un psicólogo que se presentaba como experto en modificación de conducta y se unió al personal en 1971, había establecido un programa con el irónico nombre de "división de logros" en tres hogares supervisados, supuestamente para estudiar algo un tanto esotérico: modelos estadísticos de análisis económico (McAllister, 1972, pág. 15). Durante el año siguiente el Dr. E. estableció un programa de "tratamiento" que consistía en, o derivó en, incidentes abusivos tales como masturbación pública forzada (requerida a los residentes que eran descubiertos masturbándose), actos homosexuales públicos forzados (nuevamente para los atrapados en el acto), lavado forzado de la boca con jabón (como castigo por mentir, proferir lenguaje ofensivo, o simplemente hablar), palizas con un palo de madera (p.ej., diez golpes por intentar escaparse), así como el uso excesivo de restricciones. Por ejemplo, un residente fue atado a su cama durante más de un día y otro fue forzado a sentarse en una bañera durante dos días. Las restricciones se usaban de forma habitual como castigo en lugar de aplicar estrategias de emergencia para evitar la autolesión. Como si esto no fuera suficiente, la lista de espantosos y sistemáticos abusos continúa: un cliente varón debía usar ropa interior femenina; uso excesivo de reclusiones largas (p.ej., cuatro horas) en habitaciones vacías y sin acolchar sin permiso para salir al baño, escarnio público por ejemplo obligando a un residente a usar un letrero que rezaba "el ladrón", restricción de comida y sueño como forma de castigo,

> Estos repugnantes actos de abuso fueron el resultado del intento por parte del Dr. E. de crear un magnífico programa de modificación de conducta.

residentes obligados a mantener la ropa interior con heces debajo de la nariz durante 10 minutos como castigo por la incontinencia, mientras otro residente fue forzado a acostarse en sábanas empapadas de orina por reiterada incontinencia (págs. 10-11).

La división de logros además tenía una total falta de actividades programadas, lo que resultó en "el aburrimiento y deterioro profundos, un entorno poco atractivo, completa falta de privacidad, humillación pública, desnudez..., y la falta total de medios por parte de los residentes para expresar sus problemas" (McAllister, 1972, pág.13). Un residente murió por deshidratación y otro se ahogó en un canal cercano en su inútil intento de escapar de su hogar supervisado en Sunland Miami.

A primera vista, podría parecer que tales abusos tendrían que ser obra de unos cuantos empleados frustrados, furiosos y sin formación que cayeron en actos de sadismo. Sin embargo, la investigación reveló justo lo contrario: estos repugnantes actos de abuso fueron el resultado de un intento del Dr. E. de crear un "magnífico programa de modificación de la conducta" (McAllister, 1972, pág. 14) usando "métodos habituales de moldeamiento de la conducta" (pág. 15). La explicación del comité fue que este programa "degeneró. . . en un sistema de castigo extravagante, abusivo e ineficaz" (pág. 17). En la división de logros, estos procedimientos se aplicaron sistemáticamente y fueron tolerados por los supervisores y otros profesionales, dejando constancia escrita de los mismos en los registros de las unidades residenciales. Los procedimientos no solo se usaron abiertamente, sino que también, al menos inicialmente, se investigaron en detalle. Por ejemplo, el Dr. James Lent, un respetado experto en tratamiento conductual, había modelado un programa simbólico después de que se desarrollara por primera vez en Parsons, Kansas. Un ingrediente clave se dejó fuera de este y de otros aspectos de la división de logros: la toma de datos y monitorización individualizadas de cada uno de los residentes. Muy al contrario, se hizo énfasis fundamentalmente en las pautas de tratamiento que dieron a los empleados, por lo demás poco capacitados, teniendo estos una gran flexibilidad en la aplicación de las mismas. Las tres pautas ofrecidas a los empleados fueron las siguientes: (1) enfatizar las "consecuencias naturales del comportamiento", (2) diseña tu propia respuesta inmediata a conductas problemáticas que pueden surgir en los casos en los que no sean aplicables otras instrucciones disponibles, y (3) no uses amenazas: "si verbalizas una consecuencia, aplícala en cada ocasión".

El comité de investigación fue tajante al indicar que ninguno de los procedimientos crueles y abusivos empleados en la división de logros tenía base en la literatura de modificación de conducta o cualquier otra metodología terapéutica o educativa moderna. Añadieron que, debido a que el hogar supervisado en el que ocurrieron los abusos estaba totalmente aislado sin disponer de supervisión externa, era perfectamente posible que un personal "con buenas intenciones y con mínima capacitación" pudiera poner en práctica formas leves de los procedimientos abusivos descritos para luego ir derivando gradualmente en las aplicaciones que finalmente se realizaron. Cada caso acción realizada por el personal era, como se señaló anteriormente, registrada por escrito y, en ausencia de acciones o respuestas correctivas, es natural que el personal de la unidad residencial asumiera la aprobación tácita de las acciones realizadas y posteriormente procediera probablemente a aplicar una "forma ligeramente más extrema" del procedimiento. "De esta manera, mediante pasos graduales evolucionaron procedimientos notablemente extremos, hasta que... se estableció un patrón de tratamiento consistente en utilizar versiones extremas del procedimiento que estuviese en uso para un residente en particular" (págs. 17-18). Esta tendencia natural de "deriva de la conducta" por parte del personal no es infrecuente en centros de tratamiento residencial. En el caso de Sunland Miami, se vio facilitado por una falta casi total de supervisión por parte de los responsables y administradores del centro. Las políticas institucionales de Sunland Miami claramente prohibían las prácticas abusivas, pero no había evidencia de que fueran comunicadas a los empleados y, como se mencionó anteriormente, la institución sufría de una rotación crónica del personal, por lo que la capacitación era superficial en el mejor de los casos.

Otro motivo de preocupación del comité de expertos tenía que ver con la capacitación y las credenciales del Dr. E. Al parecer se había graduado recientemente con un doctorado de la Universidad de Florida y luego había completado algunos trabajos posdoctorales en la Universidad Johns Hopkins. Afirmó haber trabajado con algunos de los nombres más importantes en el campo. Sin embargo, cuando el comité les contactó, estos eminentes investigadores "recordaron vagamente a un joven temerario que visitó sus laboratorios en varias ocasiones", pero ninguno lo consideraba alumno suyo (McAllister, 1972, pág. 19). Debe recordarse que el Dr. E. fue entrenado a fines de la década de 1960 cuando el campo estaba en su infancia, y parecía que la modificación de conducta no tenía límites. La revista *Journal of Applied Behavior Analysis*, la revista científica del análisis de conducta, se inauguró en 1968, por lo que había muy poca investigación sobre la aplicación de principios de conducta, y no existía un código ético para investigadores y profesionales.

## RECOMENDACIONES DEL COMITÉ DE EXPERTOS

El comité de expertos asumió la responsabilidad de hacer recomendaciones en nombre de la modificación de conducta que ayudasen a prevenir futuros abusos sistemáticos. Especialmente se recomendó un programa a nivel del estado de Florida en el que se permitiría a los miembros del personal realizar visitas no anunciadas a las unidades residenciales y recopilar información de los miembros del personal que estuviesen desempeñando papeles centrales en la provisión de cuidados, así como también a residentes, padres, otros miembros del personal y personas de la comunidad preocupadas por el asunto. Además, el comité recomendó la revisión por parte de expertos independientes de todos los programas de conducta para garantizar que el tratamiento se derivara de la literatura y que no se usarían procedimientos que se consideraran experimentales. Los programas experimentales que no hubiesen sido suficientemente evaluados deberían ser revisados por el comité de ética de la experimentación humana especializado en discapacidad intelectual. Otras recomendaciones del comité fueron las siguientes: (1) prohibición de ciertos ejemplos extravagantes de castigo y (2) abandono de la reclusión a favor de procedimientos de "tiempo fuera" (McAllister, 1972, pág. 31).

## SEGUIMIENTO

En la mayoría de los casos, un informe como el presentado por el comité de expertos estaría destinado a acumular polvo en los estantes de las oficinas de la administración y languidecer sin tener efectos perdurables. No obstante, este no fue el caso. La Asociación de Florida para niños con discapacidad intelectual (ARC) abrazó la causa del tratamiento humano y, en última instancia, respaldó la noción de apoyar tratamientos conductuales basados en la evidencia, utilizando para ello pautas estrictas aplicadas bajo la estrecha supervisión de profesionales bien entrenados. El grupo de Charles Cox instituyó importantes reformas, incluida la creación de comités de revisión de expertos tanto a nivel estatal como local para la aprobación de programas de modificación de conducta que se apliquen en Florida.

Posteriormente, el Comité de expertos para el área de modificación de conducta (PRC) estableció un conjunto de pautas para el uso de procedimientos conductuales, que posteriormente fueron adoptadas por la Asociación nacional de niños retrasados (MR Research, 1976) y por el departamento de Florida sobre retraso en su Manual de

**Bajo la guía de Charles Cox se instituyeron reformas como el establecimiento de comités estatales y locales de revisión de expertos para la programación de procedimientos de modificación de conducta en las instalaciones en toda Florida.**

servicios de salud y de rehabilitación (May et al., 1976). El PRC procedió a realizar visitas a las instituciones de Florida durante los siguientes años a fin de educar a sus empleados sobre las pautas desarrolladas y también para hacer recomendaciones dirigidas a mejorar los estándares éticos del tratamiento. En 1980, el PRC alcanzó un consenso en el que recomendaba a todas las instituciones, hogares e instalaciones residenciales que mantuviesen intercambios regulares a fin de dar un sentido de profesionalismo al análisis de conducta en Florida. El primero de estos contactos fue una sesión de trabajo sobre análisis de conducta y discapacidad intelectual que se celebró durante dos días de septiembre de 1980 en Orlando y atrajo a cerca de 300 administradores, especialistas en tratamiento, analistas de conducta y cuidadores profesionales. En esta histórica conferencia, se llevó a cabo una reunión para organizar una asociación oficial a nivel de todo el estado de Florida. La primera conferencia de la Asociación de Florida para el análisis de conducta (FABA) se llevó a cabo en 1981, nuevamente en Orlando. Nada menos que B. F. Skinner fue el conferenciante invitado principal. La formación de FABA marcó un punto de inflexión en el análisis de conducta, no solo en Florida, sino también en el resto de Estados Unidos. Por fin era posible tener unas expectativas elevadas sobre el tratamiento conductual gracias a que los líderes en el campo acudían regularmente a las conferencias estatales para presentar sus últimas investigaciones aplicadas dando a los profesionales la oportunidad de ver de primera mano lo que hacían otros para resolver algunos de los problemas de conducta más difíciles de resolver del momento. Los responsables del gobierno de Florida, así como las instituciones privadas pudieron ver que el análisis de conducta no era solo un fenómeno local, sino que era un enfoque de tratamiento legítimo, eficaz y humano. El PRC, junto con FABA, comenzó el proceso de certificación de los analistas de conducta a través de un programa de exámenes patrocinado por el departamento de discapacidad intelectual del Estado. En 1988, los miembros de FABA adoptaron el Código ético de FABA, la primera asociación en hacerlo.

## EL LEGADO DE SUNLAND MIAMI

Con la perspectiva que da el tiempo, los terribles abusos en Sunland Miami ocurridos a principios de la década de 1970 probablemente fueron necesarios para que la modificación de conducta, inicialmente no regulada, se convirtiese en la respetada disciplina profesional que el análisis de conducta es hoy. En ausencia de tales abusos, no se habría establecido un comité de expertos con el fin de pensar seriamente sobre cómo proteger a las personas con discapacidades del abuso sistemático causado por aplicaciones erróneas de procedimientos conductuales. Los titulares del caso de Sunland Miami causaron un intenso escrutinio de un modo de tratamiento que estaba en su infancia y que necesitaba pautas y supervisión. Aunque hubiera sido más fácil prohibir la modificación de conducta por completo, los dos miembros proconductuales del comité de expertos, los doctores May y Risley, convencieron al resto de miembros del comité de que la mejor alternativa era establecer pautas estrictas para el tratamiento y fijar una infraestructura de supervisión

> El dolor y el sufrimiento de las personas con trastornos del desarrollo que padecieron los abusos amplificaron la necesidad de pensar claramente sobre los aspectos éticos del tratamiento

que favoreciese la participación de personas de la comunidad quienes aportarían sus valores, sentido común y buen juicio en el continuo proceso de evaluación del tratamiento conductual. Esta noción de seguimiento y control paralelo tanto por un comité ético como de un comité de revisión por pares dio contundencia a la valoración pública del análisis de conducta. Estas acciones, añadidas al desarrollo de un mecanismo de certificación respaldado por la administración pública, la evolución de una organización profesional fuerte y la promoción de un código ético, establecen todos los elementos necesarios de control y gestión a fin de prevenir futuros abusos. El principio ético básico es el de "no dañar". En el caso de Florida, vimos cómo personas con buenas intenciones podían causar un gran daño y que cuando se adoptan estrategias lo suficientemente amplias, se puede evitar el abuso. Aunque la ética a veces se concibe como la conducta voluntariamente responsable de un profesional individual, el caso de Florida sugiere que la conducta responsable también se puede alentar por otros medios. Es ciertamente doloroso y embarazoso que una profesión sea sometida a tal escrutinio y escarnio públicos, pero en este caso estaba claramente justificado. De hecho, es difícil imaginar procedimientos tan poderosos como los tratamientos conductuales que se usan de manera consistente en general en ausencia de formas tan obvias de supervisión y control.

A pesar de estos mecanismos, el analista de conducta se enfrenta a numerosas disyuntivas sobre la adecuación de sus decisiones de tratamiento. ¿Qué es justo? ¿Qué es correcto? ¿Estoy cualificado para administrar este tratamiento? ¿Puedo causar daño? ¿Estoy tomando suficientes datos? ¿Los estoy interpretando correctamente? ¿Estaría mejor mi cliente sin tratamiento? El objetivo de este volumen es tratar de clarificar el actual Código deontológico de seguimiento profesional y ético para analistas de conducta para los analistas de conducta y para ayudarle en su toma de decisiones.

# 2
## Principios éticos básicos

L os analistas de conducta son parte de una cultura de personas que se preocupan y desean mejorar la vida de otros. Llevan consigo un conjunto de valores éticos que han existido durante miles de años de prácticas compasivas y que pueden remontarse a los griegos. Ética proviene de la palabra griega ethos que significa carácter moral. Como campo, la ética se puede dividir en tres áreas: ética normativa, meta-ética y ética práctica. Aunque el objetivo de este volumen es centrarse en la ética práctica del análisis de conducta, primero debemos analizar algunos principios morales básicos que subyacen a nuestra cultura en general. Estos principios éticos básicos guían nuestra vida cotidiana y juegan un papel importante en la toma de decisiones durante el ejercicio de nuestra profesión.

En 1998, en su libro "Ética en la psicología", Koocher y Keith-Spiegel describieron nueve principios éticos para los psicólogos. Estos principios se pueden aplicar a la ética en muchas áreas, incluida la psicología, la enseñanza de niños o el entrenamiento de los animales. A continuación, enumeramos los nueve principios éticos básicos de Koocher y Keith-Spiegel con explicaciones de cómo se relacionan con el análisis de conducta.

# 1. PRIMERO NO DAÑAR

La expresión "Primero, no dañar" se suele atribuir a Hipócrates, un médico griego del siglo IV a.C. y figura como parte del juramento hipocrático que toman los médicos. Sin embargo, existe cierto debate sobre este tema (Eliot, 1910). Hipócrates dijo: "En cuanto a las enfermedades, haz un hábito de dos cosas: ayudar, o al menos no hacer daño". El juramento hipocrático declara: "Seguiré el sistema o régimen que, de acuerdo con mi capacidad y juicio, considere sea para el beneficio de mis pacientes, y me abstendré de todo lo que sea perjudicial o malicioso".

Aunque ningún analista de conducta haría daño a sabiendas, el daño puede causarse en formas sutiles que demandan nuestra cuidadosa atención. Un ejemplo obvio es el de un analista de conducta que practica fuera de su área de especialización.

> Pensemos en un analista de conducta que ha sido entrenado para trabajar con adolescentes y acepta el caso de un niño de edad preescolar que está teniendo rabietas severas en el colegio. Su impresión inicial es que el niño no sigue instrucciones, por lo que prepara un programa que combina extinción de las conductas presentes en la rabieta y reforzamiento diferencial de otras conductas (RDO) para el seguimiento de instrucciones.

Otra forma de "daño" podría venir del caso más sutil de un analista de conducta que no desarrolla un sistema de toma de datos responsable y pasa por alto conductas importantes.

> Un BCBA que asesora a un servicio residencial recibe una solicitud relativa al caso de un joven con trastorno del desarrollo del que se dice que realiza conductas autoestimuladas. El BCBA solicita al personal que comience la toma de datos, lo que requiere contar el número de ocurrencias de la conducta al día. Dos semanas después el analista recibe los datos de líneabase e informa al personal de que no tienen un problema significativo y que no deben de preocuparse por

*la conducta ya que esta ocurre solo dos o tres veces al día. Durante su siguiente visita, el BCBA pregunta sobre el cliente y descubre que se encuentra en emergencias con laceraciones en su cuero cabelludo que han requerido seis puntos. Una revisión del caso determina que el BCBA no hizo averiguaciones sobre la severidad de la conducta y no solicitó al personal de enfermería que consignes el nivel de daño en la piel. Una revisión del caso determinó que la BCBA no investigó la gravedad de los comportamientos y no solicitó al personal de enfermería que monitorizara los daños sobre la piel.*

Los analistas de conducta a menudo trabajan con miembros del personal que no están versados en la conducta humana y que no necesariamente desearán ofrecer toda la información necesaria para conducirnos éticamente.

*Herman fue remitido por su comportamiento oposicionista cuando le guiaban hacia la ducha todas las mañanas en una residencia para las personas con trastorno del desarrollo. Herman era reacio a ducharse y mostraba su disgusto empujando al personal mientras trataba de escapar. Esta conducta causó lesiones a dos miembros del personal, una ocurrió una vez en la ducha y dejó a un instructor sin poder trabajar durante dos semanas. Claramente, este caso de comportamiento agresivo requería tratamiento. A la luz del peligro que suponía, el personal recomendó encarecidamente la restricción física como consecuencia inmediata de la negativa de Herman a cooperar con su rutina de baño matutino. Este programa estaba a punto de ser aplicado cuando el analista de conducta preguntó por cuánto tiempo había estado ocurriendo este problema. La respuesta modificó la intervención en una dirección totalmente diferente. Resultó que a Herman se le permitía anteriormente tomar un baño por la noche con la ayuda de un auxiliar quien regulaba la temperatura del agua, le daba su toalla favorita y, en general, recreaba las condiciones del baño que Herman tomaba cuando vivía en casa de su madre. Cuando este miembro del personal abandonó el servicio, se decidió que Herman debería tomar la ducha por las mañanas lo cual, como parecía obvio, detestaba. Aunque era posible aplicar un programa de conducta para obligar a Herman a tomar la ducha por las mañanas, se determinó que esto causaría más mal que bien. La solución ética para este caso fue capacitar a otro miembro del personal para restablecer el baño de Herman por las noches.*

## 2. RESPETO A LA AUTONOMÍA

Respetar la autonomía de uno significa promover su independencia o autosuficiencia. Claramente, los procedimientos básicos del análisis de conducta están diseñados para alcanzar justamente este fin: el uso de ayudas, moldear, encadenar, desvanecer, usar reforzadores condicionados, economías de fichas, y ambientes artificiales son todas actividades diseñados para cambiar la conducta de tal manera que la persona pueda acceder a sus propios reforzadores en lugar de depender de un mediador. Los conflictos pueden surgir cuando alguien prefiere mantener a otra persona bajo su control. Esto puede producir situaciones muy difíciles para el analista de conducta, que a menudo es contratado por una persona que prefiere el control a la autonomía.

*Molly era una niña de cuatro años muy graciosa con mejillas con hoyuelos y retraso en el lenguaje. Recibía terapia individualizada cada día de un analista de conducta asistente certificado (BCaBA). El terapeuta estaba progresando en la enseñanza de palabras a Molly que esta podía usar para pedir objetos de la vida diaria. La madre, que claramente no estaba contenta con el tratamiento, se enfrentó al analista de conducta. Parece que Molly ahora sabía los nombres de leche, galletas, merienda, dibujar, jugar con bloques y algunas otras palabras, y estaba empezando a generalizar estas peticiones a la madre. La posición de la madre era que Molly solo debería obtener las galletas u otras comidas preferidas cuando ella decidiera que era adecuado. Al aprender a pedir estos artículos, la madre temía que Molly se volviera agresiva y exigente. "Lo siguiente será que pensará que puede abrir la nevera y tomar las bebidas que quiera", dijo la madre de Molly.*

La autonomía puede conllevar riesgos que no siempre se pueden prever. Un analista de conducta que defiende que una persona adquiera una habilidad que le proporcione mayor independencia debe reconocer que ello puede poner a la persona en peligro.

> *Marie era una paciente geriátrica en un hogar de ancianos. Pasaba la mayor parte del día en la cama, negándose a participar en la mayoría de las actividades. El objetivo del centro era alentar a los pacientes a que deambularan de forma independiente cuando fuera posible y que asistieran a los numerosos eventos sociales y culturales que se les ofrecían. El analista de conducta estudió el caso de Marie y determinó que era capaz de caminar con ayuda, pero obtenía más reforzamiento si se negaba a caminar. Después de determinar los reforzadores de Marie, el analista de conducta los dispuso para presentarlos de forma contingente a que caminase, primero con ayuda y luego, con la autorización del fisioterapeuta, por sí sola. El caso fue considerado un éxito hasta que Marie se cayó y se rompió una cadera. La familia de Marie responsabilizó al analista de conducta del accidente. Un miembro de la familia dijo, "¿por qué no la dejaste en paz? Ella prefería estar tranquila en la cama y tuviste que interferir en sus cosas".*

Los analistas de conducta a menudo trabajan en entornos educativos u organizacionales, ofreciendo servicios de consultoría en cuestiones como gestión del aula o gestión del rendimiento. En estos ámbitos, la noción de autonomía puede producir algunos problemas éticos. Por ejemplo, la conducta de los maestros es a menudo reforzada por estudiantes que permanecen en sus asientos y siguen instrucciones; los gerentes y supervisores comerciales pueden desear que sus empleados simplemente "sigan instrucciones" y hagan lo que les dicen.

*Rory supervisó a quince empleados en una pequeña tienda de máquinas que fabricaba tubos de escape para coches de carreras. Sus empleados estaban bien pagados y eran creativos al idear soluciones para las demandas cada vez más complejas de sus clientes de élite. En una conferencia sobre gestión del rendimiento, Rory contactó a uno de los conferenciantes y le pidió ayuda. Quería era que sus empleados siguieran el manual que había escrito unos años antes. "Estos jóvenes creen que lo saben todo. Están ideando diseños completamente nuevos y diciendo a nuestros clientes que mis métodos están anticuados".*

## 3. BENEFICIAR A OTROS

Huelga decir que la función principal de los analistas de conducta es beneficiar a otros en cualquier entorno o situación en la que trabajen. Este principio a menudo puede poner al analista de conducta en desacuerdo con otros profesionales y requiere controles frecuentes a fin de clarificar quién es el cliente en una situación dada.

*Tamara fue referida al analista de conducta por su maestra. El problema de Tamara era que causaba frecuentes altercados en el aula. Su maestra, la Sra. Harris, proporcionó una hoja de datos que mostraba la fecha, hora y tipo de problema producido durante las últimas dos semanas. La Sra. Harris solicitó ayuda para establecer un área de tiempo fuera en el aula para Tamara. Aunque la Sra. Harris era la persona que solicitaba ayuda, el analista de conducta determinó rápidamente que Tamara era su cliente y decidió tomar sus propios datos. El proceso de toma de datos del analista de conducta requirió varias visitas al colegio de Tamara, que se encontraba bastante lejos del resto de los casos del analista de conducta. Tamara se benefició de este esfuerzo extra por parte del analista de conducta ya que se descubrió que las perturbaciones en el aula se debían a un problema de audición y no a "malas intenciones" por parte de Tamara como alegaba la maestra.*

## 4. SER JUSTO

Este principio es muy básico y se deriva directamente de la conocida "regla de oro" o ética de la reciprocidad (Ontario Consultants on Religious Tolerance, 2004). Ser justo significa que debes tratar a los demás como te gustaría que te tratasen. Esto tiene un significado especial para el análisis de conducta dado que potencialmente pueden usarse estímulos incómodos o contingencias estresantes durante el tratamiento. Un refinamiento adicional de este punto ético podría ser: "¿cómo me gustaría que mi madre o mi hijo sean tratados en circunstancias similares?". Las preguntas sobre el tratamiento surgen a menudo en el análisis de conducta debido a que se sabe muy poco sobre los orígenes de una conducta particular, y las relaciones funcionales que con frecuencia se asumen no se han determinado a ciencia cierta.

> *Se le solicitó a un analista de conducta experimentado que consultara sobre el caso de un cliente con conducta autolesiva (arañarse los brazos y la cara). Se había intentado previamente ignorar la conducta sin efecto, y un programa denso de reforzamiento diferencial de otras conductas (RDO) combinado con boqueo tampoco había resultando efectivo. El analista de conducta estaba perplejo, pero se preguntó a sí mismo: "¿cómo me gustaría que me traten? Al hacerlo se dio cuenta de que había sido tratado por un comportamiento parecido unos dos años antes. Le detectaron unas erupciones en la piel (su conducta de rascado se parecía mucho al comportamiento autolesivo) y se sintió afortunado de haber recibido medicamentos en lugar de programa de RDO con bloqueo. La atención del analista de conducta se dirigió entonces al diagnóstico médico de la conducta autolesiva de este cliente.*

## 5. SER FIEL

La reputación de un profesional respetado proviene de la confianza que otros depositan en ellos. Aquellos que son leales, dignos de confianza y honestos son solicitados como fuentes de consejo sabio y tratamiento efectivo y ético. Ser sincero y honesto con los clientes, colegas y administradores proporciona la base para las relaciones a largo plazo que hacen una carrera exitosa.

> *El Dr. B., un analista de conducta experimentado, estaba consultando en un servicio residencial para clientes con problemas de comportamiento que eran lo suficientemente graves como para evitar que vivieran en el hogar o en la comunidad. Un día, tan pronto como el Dr. B. llegó al centro, el administrador se le acercó y felicitó por tratar con éxito uno de los casos más cronificados de la institución. Después de una conversación con el especialista en comportamiento y el analista de conducta asistente (BCaBA), el Dr. B. se reunió con el administrador para explicarle que no se le debía al analista de conducta ninguna felicitación. De hecho, la línea de base todavía estaba en curso, y el plan de tratamiento aún no se había ejecutado.*

## 6. PRESERVAR LA DIGNIDAD

Muchos de los clientes a los que atendemos no pueden defender sus propios intereses. Pueden ser personas sin lenguaje o simplemente incapaces de hacer que alguien los escuche. Si no se conocen sus deseos y no pueden tomar decisiones, pueden deprimirse y presentar problemas de conducta que pueden llegar a la mesa de un analista de conducta. Aunque no es un término conductual, la baja autoestima parece captar la esencia de una persona a la que no se le ha concedido un trato digno. Como analistas de conducta, nuestro trabajo es asegurarnos de que cada cliente sea tratado con dignidad y respeto. Desde un punto de vista conductual, esto significa que debemos trabajar con nuestros clientes en la adquisición de habilidades que permitan la expresión de necesidades a las personas de su entorno. Un buen analista de conducta también haría lo posible para que todo el personal reciba la formación necesaria para comunicarse con clientes no verbales. Estos clientes deben de tener la posibilidad de elegir entre varias opciones a lo largo del día y se les debe permitir ejercer sus preferencias de comida, ropa, compañero de habitación, actividades y condiciones de vida. Otras formas más sutiles de respetar la dignidad tienen que ver con el lenguaje que usamos para hablar con estos clientes o acerca de ellos. Si quiere saber cómo se siente Bertha acerca de su plan de tratamiento, puede preguntarle al personal o a la familia, o puede preguntarle a Bertha. Debemos dirigirnos a los clientes por su nombre y de manera amistosa usando contacto visual y una sonrisa agradable. Este es el tratamiento que esperaríamos recibir de un profesional que nos está prestando un servicio.

*Thomas era un hombre joven con trastorno del desarrollo que fue referido a un analista de conducta por su comportamiento agresivo y, en ocasiones, autolesivo. Los incidentes parecían ocurrir por la tarde, cuando regresaba a su hogar para personas con discapacidad desde su lugar de trabajo protegido. A menudo se hacía necesario que dos miembros del personal le arrastraran desde su habitación a la sala de estar, en la que se hacían actividades grupales. Antes de ser llevado a la zona de estar de la casa Thomas debía vestirse, ya que con frecuencia le encontraban sentado en ropa interior en el suelo balanceándose y escuchando música en sus auriculares. Después de numerosas conversaciones con el personal y de una considerable investigación; la familia, enfermeras trabajadores sociales, y el analista de conducta prevalecieron en su posición de que a Thomas debería tener la opción de elegir actividades por la tarde. Se le iba a ofrecer la opción de unirse al grupo todos los días, pero si elegía quedarse en su habitación y escuchar música, su elección era respetada. Dada esta resolución, no hubo necesidad de desarrollar un programa de tratamiento, porque el comportamiento agresivo y autolesivo dejó de existir.*

## 7. TRATAR A LOS DEMÁS CON CUIDADO Y COMPASIÓN

Muchos de los principios éticos previos se relacionan con este principio ético. Si, como analista de conducta, respetas la autonomía de los clientes, trabajas para beneficiarles y elaboras programas que preservan su dignidad, automáticamente estarás tratando a tus clientes con cuidado y compasión. Este valor también sugiere no solo que los clientes tengan opciones, sino también que las relaciones interpersonales demuestren simpatía y preocupación sincera.

> Terrence odiaba levantarse por la mañana para ir a trabajar. Se peleaba con los miembros del personal, les tiraba zapatos y se tapaba la cabeza con la colcha. Un miembro del personal que no informó de ningún incidente cuando estaba de servicio describió su método para que Terrence se levantase: "Básicamente, trato de tratarlo como a mi padre, que vive con nosotros. Está tomando medicamentos como Terrence, y sé que estos le atontan por la mañana. Por ello, debo tener paciencia con Terrence. Lo que hago es ir a su habitación y decir con voz dulce: "Terrence, cariño, es casi la hora de levantarte", abro las cortinas a la mitad y luego salgo de su habitación. Luego vuelvo unos 15 minutos más tarde y abro las cortinas del todo, me acerco a Terrence y le froto suavemente el brazo diciéndole: "¿Cómo estás Terrence? es casi hora de levantarse. Tenemos café recién hecho y tengo lista tu ropa de trabajo favorita. Volveré a buscarte en unos minutos". Unos 15 minutos después, vuelvo y, si no está levantado, le enciendo la radio y digo: "Terrence, cariño, ya es hora de levantarte. Déjame ayudarte a vestirte". Sé que esto requiere un esfuerzo extra, pero esta es la forma en que me gustaría que me traten, y es la forma en que trato a mi papá, así que no me importa. Y funciona. En el momento en que enciendo la radio, él se balancea fuera de la cama y tiene esa pequeña media sonrisa en su rostro que dice: "Gracias por comprenderme".

## 8. BÚSQUEDA DE LA EXCELENCIA

El análisis de conducta es un campo en rápido crecimiento. Los analistas de conducta deben estar al día de los nuevos avances, así como de las reglas y regulaciones que se actualizan constantemente. La excelencia en esta profesión significa estar al tanto de las últimas investigaciones en el campo y en su especialidad e incorporar los métodos y procedimientos más actualizados en la práctica del análisis de conducta. Se da por sentado que un profesional debe suscribirse a las revistas más importantes en el campo y asistir a los congresos de su asociación regional o nacional, así como a la reunión anual de la Association for Behavior Analysis International o la Association for Professional Behavior Analysis (APBA), o el congreso regional relevante caso de no encontrarse en Norteamérica. Con ello podrá mantenerse al tanto de la evolución del área. También se recomienda asistir a talleres especializados o seminarios universitarios si estos están disponibles. La BACB requiere que los profesionales con la certificación BCBA adquieran formación continua cada año. Las horas de formación continua requeridas por BACB son mínimas, y el analista de conducta que desee estar a la vanguardia del análisis aplicado de conducta dedicará de dos a cuatro horas cada semana a la lectura de revistas y trabajos destacados recientes.

> *Nora recibió su maestría en psicología con una especialidad en análisis de aplicado de conducta a mediados de la década de 1990. Desde entonces ha asistido a algunas conferencias, pero no las encuentra lo suficientemente emocionantes como para mantener su interés. Recientemente se sintió avergonzada en una sesión clínica local con otros profesionales cuando un analista de conducta novel que acababa de concluir su doctorado comenzó a cuestionar sus planes de tratamiento. No estaba al tanto de las últimas investigaciones sobre evaluación funcional y se sorprendió al descubrir que estaba tan desconectada.*

## 9. ACEPTACIÓN DE RESPONSABILIDAD

Los analistas de conducta tienen una gran responsabilidad al analizar el comportamiento de un cliente y luego hacer recomendaciones en la aplicación de un programa de cambio de conducta. Al buscar la excelencia, un profesional querrá asegurarse de que su pauta de acción al hacer su diagnóstico ha seguido los más elevados estándares. Al presentar tus conclusiones a colegas u otros profesionales, eres responsable de asegurarte de que el tratamiento propuesto es adecuado, está justificado y es digno de consideración. Y, cuando tus tratamientos fallen, debes asumir la responsabilidad y hacer correcciones a fin de satisfacer al consumidor y las partes involucradas. Los analistas de conducta que son más hábiles en la elaboración de excusas que en analizar la conducta no favorecen a la profesión. Aquellos que no se toman el tiempo necesario para investigar el problema en el que están trabajando y llegan a conclusiones apresuradas se encontrarán constantemente en el punto de mira.

> *Clara había estado desempeñando su trabajo durante solo tres meses cuando se encontró en el centro de una discusión seria durante una reunión sobre un plan educativo individualizado en uno de los colegios en los que trabajaba. Había desarrollado una economía de fichas para que la usase uno de los maestros con un alumno. El programa consistía en que el maestro daba puntos a la alumna por hacer su trabajo en silencio. Desafortunadamente, Clara no tomó en cuenta la cuestión de la calidad del trabajo del alumno al redactar el programa, lo que hizo que la maestra se irritase mucho con Clara, alegando que había creado un sistema inútil, que su programa no hacía sino que el estudiante garabatease para obtener los dichosos puntos. En lugar de señalar el hecho obvio de que el maestro podría haber tomado la decisión de recompensar solo el trabajo de calidad, Clara aceptó la responsabilidad, se disculpó con el maestro y reescribió el programa.*

Los analistas de conducta no comienzan su entrenamiento ético en durante su formación universitaria de postgrado. La formación ética de una persona comienza mucho antes de los años universitarios. Los psicólogos del desarrollo argumentarían que los estándares éticos individuales están bastante bien establecidos cuando un niño llega a la educación secundaria. Las situaciones éticas personales confrontan a las personas todos los días, y es probable que haya una tendencia a generalizar desde estos acontecimientos cotidianos a la vida profesional. Las personas que promueven sus intereses personales por encima de los demás, evitan conflictos y no se responsabilizan de sus acciones, probablemente no tomarán en consideración los estándares éticos de su profesión. Es por estas razones que se ha desarrollado un Código deontológico de seguimiento profesional y ético para analistas de conducta. Es nuestra esperanza que al revisar estos principios y examinar el Código cuidadosamente, los analistas de conducta vean el valor de adoptar un conjunto de comportamientos responsables que promoverán la profesión y brindarán respeto a este nuevo e importante campo.

# 3
## Ética y rafting en aguas bravas

L os analistas de conducta profesionales se enfrentan a dilemas éticos a diario. Con frecuencia, estos conflictos éticos parecen salir de la nada. Cuando un conflicto ético ocurre de forma rápida e inesperada, el analista de conducta puede sentirse acorralado. Para empeorar las cosas, algunas situaciones éticas conllevan trampas políticas ocultas, implicaciones veladas sobre financiación, o serias consecuencias para el analista de conducta. Por ejemplo, si le comunicas a tu supervisor que no puedes aceptar un caso debido a que está más allá de tu competencia, corres el riesgo de que te despidan. Otros dilemas, aunque puedan resultar extravagantes, conllevan una menor complicación. En estos las decisiones son más sencillas como responder a preguntas inesperadas tales como "¿eres el terapeuta de Ángeles? ¿Tiene autismo verdad? Creo que te reconozco de haberte visto en su colegio". Otras situaciones requieren la consideración cuidadosa de varias opciones, ninguna de las cuales es deseable, tales como "transferimos a Pedro a un colegio de educación especial que tiene el personal suficiente y menos estudiantes y está mejor equipado para sus problemas de conducta agresiva, pero que no tienen ningún analista de conducta en plantilla. O podemos mantenerle aquí, donde tenemos un analista de conducta y un asistente, pero es más difícil controlar el posible riesgo que su conducta implica para otros estudiantes…".

Digámoslo de otra forma, hay un amplio abanico de situaciones éticas y algunas son más complejas que otras. Un caso "sencillo" puede ser como el que sigue:

> *Cuando realizaba un servicio de consultoría en una clase de segundo grado para Guillermo, la maestra pregunta al analista de conducta qué debe hacer con Sarah, que se sienta junto a Guillermo y tiene un problema de conducta similar.*

Para un BCBA experimentado, esta situación es relativamente sencilla de manejar, pero un nuevo BCaBA puede encontrar un serio dilema. "No quiero ofender a la maestra, somos amigos, hemos tomado café en varias ocasiones y fuimos a tomar algo después del trabajo el día de mi cumpleaños. Está pasando un momento difícil con su novio en estos momentos. Podría darle algunos consejos e intentar ayudar". Este BCaBA no es consciente que gradual e inintencionadamente se ha involucrado en una relación múltiple (Código 1.06) con la maestra. De acuerdo al Código, no debe dar servicios de consultoría a menos que disponga de que el cliente le haya sido formalmente referido (Código 2.03), por el contrario, está sucumbiendo a la sutil presión social de ayudar a su maestra y también amiga.

Aquí tenemos otro escenario:

> *"Soy un BCBA que trabaja con niños diagnosticados de TGD [trastorno del espectro autista]. Atiendo una reunión sobre el IEP en un colegio (Individualized education plan o plan educativo individualizado). En una de estas reuniones. El especialista en conducta dice, "Recomendaría que intentásemos una dieta sensorial y un chaleco con pesas. Creo que estas opciones serán ideales para este estudiante, dado que tiene un trastorno de procesamiento sensorial".*

Para un analista de conducta experimentado, la respuesta es obvia, pero un BCBA nuevo debería comprender que hay factores políticos implicados en la relación con otros profesionales y paraprofesionales a los que no supervisan. En este caso, está también la cuestión sobre cómo debe el BCBA iniciar la discusión sobre tratamientos basados en la evidencia con alguien que obviamente adepta a teorías diferentes. Estos asuntos son sensibles y complejos y deben ser tratados con cuidado.

Aquí hay otra situación a considerar:

> *"Soy un tutor conductual y voy a la casa de un niño a realizar sesiones. Las sesiones tienen lugar en su dormitorio que contiene una cama doble, una cama individual al lado, un baño y un armario. La familia permanece en el salón para dejarnos trabajar. Mi cliente es un niño no verbal de cinco años con diagnóstico de autismo. El niño realiza conductas de estimulación sensorial a una elevada frecuencia y no parece haber nada que le motive, excepto la plastilina. No obstante, se la come en lugar de jugar con ella. Esto hace imposible la toma de datos. Comenzó a golpear la ventana y traté de detenerlo. A continuación, reforcé la detención de la conducta problema poniendo una película que le gustaba, pero comenzó a golpear la ventana otra vez haciendo contacto visual conmigo y riéndose. Después de pararle en varias ocasiones el niño continuó golpeando la ventana hasta que la madre apareció y el niño consiguió lo que quería: que la madre reforzase sus conductas negativas".[1]*

Este caso parece más complejo que el anterior debido al protagonista. El tutor conductual debía trabajar tanto con el niño, que presentaba problemas de conducta grave, como con la madre, que interfería con la intervención. Otro factor de importancia es que el terapeuta en este escenario es un "tutor", ello significa que es una persona que tiene una formación conductual mínima. Debe de haber también un supervisor involucrado, pero esto no había sido mencionado en el envío inicial del cuestionario.

Después de revisar un gran número de escenarios como estos, se nos ocurrió que existen al menos dos dimensiones que deben ser consideradas cuando se intentan resolver casos éticos: el nivel de formación y experiencia del analista de conducta y la complejidad del caso. En caso de existir un desajuste entre estos dos factores, por ejemplo, un terapeuta o tutor con poca experiencia y un caso complejo. Bajo dichas circunstancias es probable que surjan complicaciones y que alguien resulte dañado. Con esta nueva revelación resolvimos de nuevo cuarenta casos que fueron planteados en un curso de ética. La cuestión de la complejidad de los dilemas éticos parecía evidente y comenzamos a puntuarlo desde "fácil" a "muy difícil".

## UNA METÁFORA ÚTIL

A medida que continuábamos evaluando casos, nos vino a la mente otra área en la que existe un sistema de puntuación que requiere de habilidades básicas o complejas. Hace años hicimos con nuestra familia un descenso de río en rafting en Carolina del Norte al norte de Georgia y posteriormente en Colorado, Arizona. Los rápidos se clasifican en una escala que va de I a VI según su grado de dificultad. La habilidad de los deportistas se clasifica desde un nivel de "Sin experiencia" a "Experto". Dado que sería muy peligroso que una persona sin experiencia atravesara unos rápidos de clase VI (los más peligrosos), los guías evalúan con cuidado tanto a las personas como los rápidos correlacionando ambos factores de manera conservadora.[2]

> *Clase I: Áreas duras muy reducidas, no se requiere la realización de maniobras (nivel de habilidad: muy básico).*
>
> *Clase II: Algunos puntos duros, posiblemente algunas rocas, pequeñas caídas, se puede requerir la realización de maniobras (nivel de habilidad: habilidad de remo básica).*
>
> *Clase III: Aguas bravas, olas pequeñas, posiblemente pequeñas caídas sin peligro considerable, puede requerirse realizar maniobras de forma significativa (nivel de habilidad: habilidad de remo avanzada).*
>
> *Clase IV: Aguas bravas, olas medianas, rápidos prolongados, rocas, posiblemente caídas considerables, se pueden requerir maniobras rápidas (nivel de habilidad: experiencia en aguas bravas).*

*Clase V: Aguas bravas, olas grandes, rápidos continuos, rocas grandes y otros peligros, posiblemente una caída elevada, se requieren maniobras precisas (nivel de habilidad: experiencia avanzada en aguas bravas).*

*Clase VI: Aguas bravas, con frecuencia con olas muy grandes, rocas muy grandes y otros peligros, caídas muy grandes, a veces clasificadas de este modo debido a la presencia de peligros invisibles. Los rápidos de clase VI se consideran peligrosos incluso para personas expertas con equipo de última generación y requieren de un aviso sobre la presencia de peligro de muerte o de lesionar una extremidad" (nivel de habilidad: experto).*

Una vez clasificados los 40 casos en categorías según su complejidad, intentamos determinar qué factores hacían que un case se considerase fácil o difícil. Leímos y releímos los casos destacando las palabras o frases clave haciendo notas al margen. Después de este proceso emergieron las siguientes dimensiones:

1. Había una infracción del código ético (de leve a grave) y/o de los derechos del cliente.
2. Existía cierta probabilidad de daño físico o psicológico (de leve a grave).
3. Las soluciones variaban desde aquellas que podían ser aplicadas por el analista de conducta a soluciones que requerían múltiples pasos coordinados con un supervisor o un mando de la organización involucrada.
4. Hay conflictos serios entre las partes u organizaciones involucradas.
5. Hay cuestiones legales involucradas y/o posibles denuncias judiciales contra la persona certificada.
6. El riesgo para el analista de conducta incluye la posibilidad de ser despido (o peor) si el caso no se maneja adecuadamente.

A continuación, examinamos casos de Nivel 1 e intentamos

determinar si las seis dimensiones se reducen, como de hecho fue el caso. Un caso *fácil* era aquel en el que había una infracción relativamente leve de los derechos del cliente, había un número mínimo de partes involucradas, y la probabilidad de daño era baja, la solución podía alcanzarse en un solo paso y no había aspectos legales ni riesgo apreciable para el analista de conducta. Acto seguido procedimos a desarrollar un sistema de registro basado en conceptos conductuales (*behaviorally anchored rating system, BARS*) para cada uno de los niveles:

> **Nivel 1:** Infracción menor del código ético y/o de los derechos del cliente, sin daño físico o psicológico, puede resolverse dentro de la autoridad de la persona certificada (nivel de habilidad: BCaBA).
>
> **Nivel 2:** Infracción moderada del código ético y/o de los derechos del cliente, cierta probabilidad de daño, puede resolverse dentro de la autoridad de la persona certificada (nivel de habilidad: BCBA).
>
> **Nivel 3:** Infracción grave del código ético y/o de los derechos del cliente, mayor probabilidad de daño, puede resolverse dentro de la autoridad de la persona certificada con la cooperación o asistencia de terceras personas (nivel de habilidad: BCBA con al menos dos años de experiencia).
>
> **Nivel 4:** Infracción grave del código ético y/o de los derechos del cliente, riesgo de daño probable, no puede resolverse dentro de la autoridad de la persona certificada (nivel de habilidad: BCBA con al menos tres años de experiencia).
>
> **Nivel 5:** Infracción grave del código ético y/o de los derechos del cliente, elevada probabilidad de daño, no puede resolverse dentro de la autoridad de la persona certificada, solución en múltiples pasos, factores políticos implicados, cierto riesgo para el analista de conducta (nivel de habilidad: BCBA-D con al menos dos años de experiencia de supervisión y al menos un año de experiencia a nivel administrativo).
>
> **Nivel 6:** Infracción grave del código ético y/o de los derechos

del cliente, inminente daño físico o psicológico, no puede resolverse dentro de la autoridad de la persona certificada, solución en múltiples pasos, factores políticos que afectan a la relación entre varias organizaciones o departamentos gubernamentales y/o aspectos legales implicados, el analista de conducta corre riesgo de ser despedido o sufrir otras consecuencias incluso más severas (nivel de habilidad: BCBA-D con al menos cinco años de experiencia de supervisión y experiencia en comités éticos o similares).

La Figura 3.1 muestra una matriz de categorías con seis niveles de complejidad que permiten establecer la dificulta de un caso ético.

| COMPLEJIDAD | Infracción del código y/o de los derechos del cliente | Probabilidad de daño físico o psicológico (de leve a grave) | Solución dentro de la autoridad/se requieren múltiples pasos | Conflictos organizacionales graves | Aspectos legales y/o denuncias judiciales | Riesgo para el BCBA |
|---|---|---|---|---|---|---|
| Nivel 1 | Leve | Ausencia de daño | Dentro de la autoridad | No | Sin aspectos legales | Sin riesgo |
| Nivel 2 | Infracción moderada | Cierta probabilidad de daño | Dentro de la autoridad | No | Sin aspectos legales | Sin riesgo |
| Nivel 3 | Infracción grave | Mayor probabilidad de daño | Dentro de la autoridad | No | Sin aspectos legales | Sin riesgo |
| Nivel 4 | Infracción grave | Probabilidad de daño | No está dentro de la autoridad | No | Sin aspectos legales | Sin riesgo |
| Nivel 5 | Infracción grave | Alta probabilidad de daño | No está dentro de la autoridad, se requiere múltiples pasos | Cierto nivel de conflicto | Sin aspectos legales | Cierto nivel de riesgo |
| Nivel 6 | Infracción grave | Daño inminente | No está dentro de la autoridad, se requiere múltiples pasos | Conflictos graves | Aspectos legales | Riesgo grave |

**Figura 3.1** Características de los casos éticos y su nivel de complejidad asociada.

A continuación, presentamos un ejemplo de un caso que es posible que sea tratado como nivel 5 o 6. Tiene todos los ingredientes presentes en un caso complejo, incluyendo presencia de infracciones éticas, una elevada probabilidad de daño, implicación de múltiples organizaciones y conflictos, riesgos para el cliente, y también para la organización y el BCBA.

*"Como parte de nuestro trabajo debemos de informar de casos de abuso y abandono. En el caso de que presenciemos o tengamos sospechas razonables de casos de abuso o abandono, se nos obliga a informar a la entidad apropiada. Una vez que hayamos revelado por completo nuestras intenciones y pauta de acción futura a la persona responsable del abuso o abandono. Como resultado de estos hechos, mi supervisor y yo hemos sido objeto de una investigación deteriorándose la relación entre nuestra empresa y la de la persona/organización responsable del abuso.*

*Veo dos temas que destacan de esta pauta de acción que en todo punto ha sido legítima:*

*Primero, la investigación habitualmente se demuestra inconclusa, sin conducir a ningún cambio en la vida del cliente por ausencia de hallazgos. Esta ausencia de cambios no mejora la situación actual del cliente.*

*Segundo, debido al deterioro de la relación, la parte en cuestión finaliza el servicio. Este emparejamiento aversivo puede generalizarse a otros proveedores de servicio, específicamente a aquellos que visitan la unidad residencial del cliente.*

*Por supuesto, la correlación de estos efectos no es del 100%. Nuestro código ético sugiere que nuestras acciones se realizan conforme a la ley, siempre que sea posible, aunque hay algunos precedentes que sugieren que este no tiene por que ser el caso en todas las ocasiones.*

*Con relación a esta situación, ¿cuál sería la manera adecuada de evaluar algo tan subjetivo y susceptible de predecir los eventos siguientes? Pensaría que la relación entre riesgo y beneficio ayudaría a determinar la pauta de acción correcta. ¿Cuál de los requisitos éticos de nuestro código u otros aspectos legales implicados debería priorizarse? Veo una posible situación en la que el abuso hacia un niño puede ser la función de la necesidad o deseo de los padres de evitar el problema de conducta. Si se informa del incidente, la relación sufrirá y el tratamiento eficaz será retirado como resultado del informe, en otras palabras, el problema de conducta se mantendrá y también la situación de abuso".*

## RECOMENDACIONES

Existen numerosas recomendaciones que surgen de este análisis de la complejidad de casos éticos. Primero, el analista de conducta

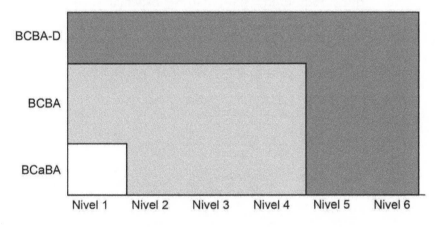

**Figura 3.2** Niveles de complejidad y experiencia requeridos a un analista de conducta.

debe de estar preparado para afrontar los varios niveles de complejidad de un problema ético en su lugar de trabajo. Los estudiantes en programas de maestría deben de familiarizarse con el concepto de complejidad de un caso ético y deben ser guiados de forma gradual en la resolución de dilemas progresivamente más difíciles: desde los fáciles a los moderadamente difíciles. Deben de practicar la solución de estos escenarios hasta que tengan suficiente fluidez. Deben también ser capaces de reconocer que ciertos dilemas éticos están fuera de su esfera de experiencia, situación en la que deberán solicitar la asistencia de analistas de conducta más experimentados. Los analistas de conducta que trabajen en organizaciones pueden considerar la posibilidad de realizar reuniones mensuales para evaluar casos éticos que hayan surgido en su práctica a fin de asegurarse de que su acción es consistente con la forma en que deben manejarse los casos éticos más complejos. La Figura 3.2 muestra un esquema propuesto para correlacionar la complejidad de los casos éticos con el nivel de formación y experiencia del analista de conducta.

Cuando un caso ético de nivel 5 o 6 se detecta. El analista de conducta debe estar preparado para tomar una serie de pasos discretos que requieren habilidades especiales, propias o proporcionadas por otros, así como una fortaleza significativa. Ello se cubre en el siguiente capítulo.

# 4
## Análisis de casos de ética complejos utilizando un modelo de siete pasos

omo se comentó en el Capítulo 3, los casos de ética complejos requieren una consideración especial por parte de los analistas de conducta. Cuando surgen casos complejos, se necesita un análisis minucioso y exhaustivo para que los clientes no sufran daños y el analista de conducta no sufra en el proceso. El caso de la vida real que presentamos está protagonizado por un BCaBA caería en la categoría de moderadamente complejo.

*Soy un terapeuta conductual BCaBA con un año y medio de experiencia. Trabajo en una pequeña escuela privada con fines de lucro que brinda servicios educativos a niños con trastorno generalizado del desarrollo. Esta situación involucra a varios de los niños entre 5 y 7 años. Estoy asignado a hacer terapia individualizada con niños en el trastorno del espectro autista. Un día, un me trajeron otro niño por estar otro de los terapeutas enfermo. No me dieron un resumen ni ninguna instrucción sobre el niño. Me dijeron: "Esto es solo por hoy, apáñatelas por favor", lo cual hice. Pero como resultado, mi estudiante principal y yo no hicimos nada, ya que todo lo que pude hacer fue intentar manejar al segundo niño. Al día siguiente, me dijeron lo mismo: "Haz lo posible, esto es solo temporal". Nuevamente logre muy poco. Esto continuó por el resto de la semana. Básicamente, estaba cuidando a estos dos niños con autismo. Los padres del niño principal me detuvieron el viernes cuando lo recogieron e informaron que esta semana su hijo había estado más inquieto y menos verbal. Querían saber si yo sabía de algún problema. Mentí y dije que a veces sucede así, altibajos, buenas semanas y malas semanas. Aceptaron mi palabra y se fueron. Me sentí horrible después de esto, fui a ver al propietario (que es un BCBA) y le dije que no me sentía cómodo con esta situación. Probablemente no debería haber preguntado, pero dije: "¿Seguimos facturando servicio individualizado a ambos?". El dueño dijo: "Eso es un asunto comercial, solo adhiérase a la terapia, todo irá bien". "¿Qué hay de los padres? ¿Ellos lo saben?" pregunté. El dueño solo me miró y luego se alejó. Tengo la fuerte sospecha de que la escuela está cobrando una terapia personalizada a ambos niños y que no les han dicho a los padres o a la compañía de seguros sobre ello. ¿Qué debería hacer? ¿Comunicarlo al gerente de la empresa? ¿Decírselo a los padres? Dos excelentes BCBA que me gustaron y en los que confié dejaron el servicio seis meses antes. Uno era el director clínico, y una persona muy ética. Le pregunté al dueño por qué se fue y me dijeron que "solo fue una diferencia de opinión profesional".*

Parece que casos similares a este están apareciendo más a menudo a medida que las agencias atienden largas listas de espera, disponen de muy poco personal cualificado y hay demasiados ingresos en juego. Las decisiones aparentemente invisibles, como duplicar los clientes y seguir cobrando terapia individualizada, se traducen en grandes beneficios y pasan desapercibidas para casi todos, excepto para el analista de conducta sensible y ético.

## LOS SIETE PASOS

### 1. ¿El incidente está cubierto por el Código ético?

Antes de sumergirse demasiado en la solución a un posible problema ético, lo mejor es comenzar asegurándose de que el problema esté cubierto por el Código. Esto se puede ha revisando el apéndice A en e obra o yendo a bacb.com y ha clic en "Ethics" en la barra navegación superior. El *Cóa deontológico de seguimie profesional y ético para analis de conducta* tiene una cómod

> **¿Tiene la fuerza para asumir la organización, la habilidad para tratar con las otras personas involucradas, y la motivación para hacer lo correcto?**

la que puede leer los títulos en busca de palabras clave relacionadas con tu dilema. También puede escanear el Índice por Materia en la parte posterior de este libro.

Parece que varios elementos del Código son relevantes a este caso. La integridad cuestionable (1.04) por parte del propietario es un buen lugar para comenzar, así como varias subsecciones del 2.0 - Responsabilidad con los clientes -(2.02, 2.04, 2.05, 2.09, 2.10, 2.11, 2.12, y 2.13). Una vez establecido que hay violaciones graves del Código involucradas y que tiene una base para seguir adelante, el próximo paso es entender a las personas con las que va a tratar. Los llamamos los "actores". También a veces se les conoce como los "interesados".

### 2. Los actores: A) El BCBA (o BCaBA o RBT); B) El cliente; C) El Supervisor; D) El Jefe de agencia; E) Otras organizaciones

El actor principal es usted, la persona que organizará este esfuerzo para tomar una decisión y tomar medidas para corregir una situación que se ha considerado poco ética en función de la información obtenida en el Paso 1. Es apropiado hacer una revisión rápida para ver si está listo para este incómodo asunto. ¿Tiene la fuerza para enfrentarse a la organización, la habilidad para tratar con los demás individuos involucrados y la motivación para hacer lo correcto? Si ha manejado exitosamente varios casos de ética de Nivel 1 a Nivel 3 (vea el Capítulo 3), entonces puede estar listo para manejar el caso de ética. Si no está listo, siempre que no estén involucrados en las circunstancias actuales, puede buscar el consejo de colegas de confianza o su supervisor.

El próximo "Actor" es el cliente. Tomar decisiones con respecto a los clientes requiere una cuidadosa reflexión por parte del analista de conducta. El "Cliente" es a menudo un individuo vulnerable que necesita protección y se beneficiaría al máximo de la corrección de la situación (ver Glosario para una definición más amplia de *cliente*). En este ejemplo, el cliente más inmediato fue el niño original con TGD. Hubo al menos un cliente más en este caso, y ese fue el segundo niño. El segundo niño solo recibía servicios de "cuidado de niños" en lugar de capacitación en lenguaje y habilidades sociales, para los que fue contratada la escuela para proporcionar. Un tercer cliente en este caso era la familia del niño original. La familia creía que el niño recibía un entrenamiento personalizado en lenguaje y en habilidades sociales. En un sentido más amplio, la compañía de seguros, que estaba pagando en gran parte por este tratamiento terapéutico, podría considerarse un *cliente* también. Finalmente, desde la perspectiva del propietario, la escuela privada que contrató al BCaBA también se consideró técnicamente un cliente en este escenario. Si bien la mayoría de los *clientes* del caso (incluido el analista de conducta [BCaBA]), el niño, el segundo hijo, los padres y la compañía de seguros se alinearon según sus intereses, el propietario tenía intereses diferentes, como mantener los costos bajos y mantener o aumentar los márgenes.

El BCaBA no se refirió a un supervisor en el caso sometido, por lo que suponemos que esta persona estuvo ausente (p.ej., El propietario supervisó) o no respondió. En la mayoría de los casos, los analistas de conducta llevarán casos como este directamente a sus supervisores. Los supervisores en entornos de conducta deben tener en cuenta el bienestar de los clientes y deben ser un aliado para resolver el problema ético.

El jefe de la agencia, que era el propietario en este caso, era un *actor* en el sentido de que el analista de conducta tenía que tratar con ella para resolver el problema ético. En este caso, sonaba como si el propietario no hubiera planificado para emergencias o circunstancias imprevistas, como que un terapeuta estuviera fuera debido a una enfermedad. Además, el propietario estaba preparado para : honesto con los padres o compañía de seguros. Ella ( una astuta adversaria cuyo comportamiento podría ser difícil de cambiar. Desafortunadamente, hay dueños de negocios de análisis de conducta en otras compañías que participan en las mismas prácticas.

> Un plan de contingencia es un análisis reflexivo y estratégico de qué hacer en el caso de que tu primera

El actor final en este escenario fue la compañía de seguros. La compañía de seguros era una agencia externa que, sin saberlo, estaba teniendo problemas con la facturación. En casos como este, las compañías de seguros deberían estar interesadas en rectificar la situación, aunque tales informes pueden ser vistos como "pequeñas papas" para ellos. No obstante, sería poco ético no informar a la compañía de seguros sobre el incumplimiento de contrato que existe con las familias y la escuela privada.

### 3. Planes éticos de contingencia: Plan A, Plan B, Plan C

El concepto detrás de este paso es la posibilidad de que su primer intento de lidiar con un dilema ético en su trabajo no sea exitoso. En este caso, por ejemplo, el BCaBA habló primero directamente con el propietario y realmente no tenía un plan en mente. Probablemente pensó que el dueño diría, "Oh, ¿ha pasado tanto tiempo? Necesito arreglar eso, gracias por traer esto a mi atención. Voy a hablar con los padres ahora mismo". Por supuesto, eso no sucedió, y por esa misma razón, en situaciones complejas como esta, recomendamos tener un plan de contingencia desde el principio. El plan de contingencia es un análisis reflexivo y estratégico de qué hacer en caso de que su primera acción no haya tenido éxito. En el caso anterior, cuando el Plan A (hablar con el propietario) falló, el BCaBA no tenía una estrategia de respaldo.

Un posible Plan B hubiera sido explicar la situación directamente a los padres, quienes ya habían expresado su preocupación sobre el tratamiento de sus hijos. Una opción como esta siempre es riesgosa para el analista de conducta, ya que va directamente en contra de lo que se le indicó que hiciera, que básicamente era cuidar a dos clientes y guardar silencio. Si el BCaBA habló con los padres, podría haber sido despedida de inmediato por este acto de desafío. Esto no es raro cuando se trata de ética; hacer lo correcto puede tener consecuencias negativas para la persona con mentalidad ética. Es posible que si el BCaBA les hubiera contado a los padres lo que estaba sucediendo, habrían expresado su apoyo a la analista de conducta y hubieran abogado por ella con el propietario. Sin embargo, esto es desconocido por el analista. Algunas veces los padres tienen una relación especial con el dueño y no están dispuestos a defender lo correcto. En algunas situaciones, existen otras contingencias, como que ambos padres tengan trabajo y no quieran una interrupción en los servicios porque entonces no tendrían cuidado infantil. En otros casos, el deseo de los padres de hacer lo que sea necesario para mantener a sus hijos tiene prioridad.

Independientemente de lo que decidan los padres, cuando les llaman la atención sobre un problema ético, tienen que tomar algunas decisiones éticas. Por ejemplo, tienen que pesar si ser vistos como padres problemáticos versus dejar la escuela e inscribir a su hijo en otro lugar.

Obviamente, para cada dilema de ética, los planes de

> Para que podamos tener una profesión sólida, responsable y respetable, debemos ser conscientes de la conducta de otros analistas de conducta y estar preparados para defender el derecho de nuestros clientes a un tratamiento efectivo

contingencia serán diferentes. Los planes de contingencia deben reflejar las circunstancias únicas del caso. Debería haber un método para proceder desde la intervención menos intrusiva. Otro factor que debe tenerse en cuenta es el repertorio de resolución de problemas del analista de conducta y la "influencia" que tiene que tener para que las cosas sucedan en la organización.

## 4. Las habilidades y la influencia

La mayoría de los analistas de conducta ingresaron a esta profesión debido a un fuerte deseo de ayudar a las personas. En su mayor parte, no sabían que asumir la responsabilidad de monitorear y mantener los estándares éticos formaban parte del paquete. Pero está claro desde el Código que esta expectativa es real (ver el Capítulo 12 para más detalles). Para que tengamos una profesión sólida, responsable y respetable, debemos ser conscientes de la conducta de otros analistas de conducta y estar preparados para defender el derecho de nuestros clientes a un tratamiento efectivo (2.09), y todos los demás derechos también (Elementos del código 1.0-4.0).

Las habilidades mencionadas en este paso se describen en *25 Habilidades y Estrategias Esenciales para el analista de conducta profesional* (Bailey & Burch, 2010). Las habilidades que son más relevantes para este paso incluyen:

- Asertividad
- Comunicaciones interpersonales
- Liderazgo
- Persuasión o influencia
- Pensamiento crítico
- Negociación y capacidad para la intriga
- "Pensar en la función"
- Usar el moldeamiento de manera efectiva
- Manejo de personas difíciles
- Gestión del rendimiento
- Comprender y usar el poder

> El factor "influencia". . . se refiere a la influencia de la posición, el poder y la autoridad que hacen que las cosas evolucionen de acuerdo a nuestros intereses

Otras habilidades que no están incluidas, pero que son muy importantes para tratar los casos de ética, son una comprensión básica de (1) la ley y (2) cómo funcionan las agencias comerciales y gubernamentales. El factor "influencia" en el Paso 4 se refiere a la influencia de la posición, el poder y la autoridad para hacer que las cosas evolucionen de acuerdo a nuestros intereses. En este caso, la BCaBA probablemente tuvo poca *influencia* debido a su corta permanencia en la escuela y su condición de analista asistente de la conducta. Si ella estuviera conectada de alguna manera (p.ej., Uno de sus padres o un pariente trabajaba en el Departamento de Regulación de Seguros o en una aseguradora importante), la haría tener algo de *influencia prestada*, lo que podría marcar la diferencia para un caso de ética como este.

**Habilidades e influencia en el Plan A.** Recuerde que el "plan" fue para convencer al propietario de informar a los padres sobre la situación, decir la verdad sobre el estado del plan educativo de sus hijos, suplicarles su comprensión y remediar la situación rápidamente. El BCaBA en este caso reaccionó de manera espontánea y no estaba preparada para ser persuasiva. Algunas habilidades recomendadas para su Plan A incluyen asertividad, buenas comunicaciones interpersonales, liderazgo, persuasión o influencia y manejo de personas difíciles. Mostrar liderazgo, presentar un caso sólido y estar preparada para que el dueño la rechace podría haber hecho la diferencia.

**Habilidades e influencia en el Plan B.** El plan B es considerar ir directamente a los padres. Esto también involucraría buenas habilidades de comunicación interpersonal, mostrando liderazgo y asertividad. Además, en un caso como el caso de ejemplo, el analista de conducta debe considerar "pensar en la función" al dirigirse a los padres, es decir, entender de dónde vienen en términos del tratamiento de su hijo. A pesar del desglose de los servicios, es posible que los padres no tengan otras opciones, que no quieran ofender al propietario o que se muestren demasiado fuertes al acercarse al propietario.

**Habilidades e influencia en el Plan C.** Si los padres no están interesados en tratar con el propietario cuando se le informa que el niño no está recibiendo los servicios y que puede haberse presentado una facturación inadecuada, el analista de conducta tendrá que decidir si impulsar el asunto es una buena medida. Una opción es que el analista de conducta simplemente renuncie al trabajo. Actualmente, hay muchos trabajos para analistas de conducta, y seguramente hay uno que es más pro-ético en su trato con los clientes y sus familias (vea los Capítulos 19 y 20 sobre qué buscar al seleccionar un trabajo). Otra opción es reportar el fraude del propietario a la compañía de seguros o al comisionado de seguros. Esto aumenta un poco el calibre de la situación a manejar, y será necesario investigar para saber cómo hacerlo, con quién hablar y qué tipo de documentación se requieren. Para continuar con esta opción, el analista de conducta puede necesitar repasar la ley e investigar un poco sobre el fraude de seguros.

### 5. El Riesgo: A) Al Cliente, B) A Otros, C) Al Analista de la Conducta

El riesgo para el cliente, que incluye al niño con TGD y su familia, en el Plan B es que la escuela puede considerarlos como "alborotadores". Dependiendo de dónde vivan, podría ser difícil encontrar otra institución. O, si encuentran una, la ubicación puede ser inconveniente.

En el caso de ejemplo (que fue un caso real presentado por un BCaBA), el analista de conducta no fue despedido por traer el problema al propietario. Sin embargo, al insistir con el Plan B, podría haberse encontrado sin trabajo por insubordinación. El analista de conducta representaba en realidad un riesgo para el propietario y la escuela ya que podría haber corrido la voz de que el propietario estaba involucrado en conductas éticamente cuestionables.

### 6. La aplicación

El plan A (que fue hablar con el propietario) en este caso básicamente falló. El siguiente paso sería que la analista de conducta piense detenidamente sobre el Plan B (ir directamente a directamente a los padres). En su propio trabajo, si se encuentra en una situación en la que debe decidir si debe contactar a los padres de un cliente, hay algunas cosas en las que debe pensar. Piense en el momento y el lugar de reunirse con los padres y la mejor forma de presentar su caso. Puede que no sea lo mejor, por razones obvias, reunirse con los padres en el vestíbulo donde recogen a sus hijos todas las tardes. No querrá arriesgarse a una escena dramática en caso de que apareciese el dueño. Además, si los padres están apurados de tiempo a esa hora del día, no sería capaz de entregar su mensaje de manera efectiva. Si decide que ponerse en contacto con los padres del niño es la forma en que debe proceder, pregúnteles a los padres si hay un buen momento para reunirse por unos minutos. Es probable que los padres quieran saber de qué se trata, y el mejor consejo es simplemente decir algo como: "Tengo algo que comentaros que es bastante importante para mí". La idea es no mostrar las cartas hasta que se llegue a la reunión. Reunirse lejos de la escuela en un lugar tranquilo es la mejor idea. Sin ser emocional, comience con una declaración de preocupación por el niño y la falta de progreso. Luego describa claramente lo que ocurrió y la respuesta del propietario y simplemente espere a ver cómo responden los padres. Después de eso, deles su apoyo y pida a los padres que dejen su nombre al margen si deciden actuar a partir de aquí.

## 7. La Evaluación

Al igual que con cualquier tarea que uno solo haga ocasionalmente, es una buena idea hacer un seguimiento de lo que se hizo y cómo resultó el incidente. Esto es especialmente importante en el caso de nuestros esfuerzos para monitorear y mantener los estándares éticos de nuestro campo. En cualquier campo polémico, siempre existe la posibilidad de que alguien

> En cualquier campo polémico, siempre existe la posibilidad de que alguien decida emprender acciones legales. Si usted es el objetivo y se encuentra siendo demandado, debe estar preparado con notas detalladas sobre lo que hizo y cuándo lo hizo

decida emprender acciones legales. Si usted es el objetivo y se encuentra siendo demandado, debe estar preparado con notas detalladas sobre lo que hizo y cuándo lo hizo. Es crucial disponer de registros actualizados de reuniones, llamadas telefónicas, notas y correos electrónicos que poder mostrar a un abogado, juez o jurado a fin de demostrar que estuvo operando de buena fe con la intención de proteger de posibles daños a terceros y que está preparado para defender sus acciones.

Mantener notas detalladas sobre cada caso de ética que confronte también lo ayudará a determinar qué hacer la próxima vez que surja un problema. No es seguro ni inteligente depender solo de su memoria al informar sobre lo que sucedió hace un año cuando le pidieron que falsificara un registro o cuando usted, como testigo, tuvo que informar acerca de un trabajador de cuidado infantil un caso de abuso o negligencia.

## RESUMEN

Como analista de conducta, puede esperar encontrar problemas éticos algo complejos varias veces al año. Tener un proceso sistemático a seguir garantiza que usted operará de forma sistemática y efectiva en nombre de su cliente, usted y la profesión. Seguir estos siete pasos

> Como analista de conducta, puede esperar encontrar problemas éticos de cierta complejidad varias veces al año

le dará como resultado una comprensión más profunda de los factores que intervienen en la conducta humana poco ética y garantizará que siempre se proteja a sí mismo y a sus clientes de daño.

# 5
## Desafíos éticos cotidianos para la persona de la calle y el analista de conducta

Mientras viajan hacia la adultez por un camino accidentado y lleno de baches, los niños absorben las reglas de su entorno, de su religión y de su cultura. En un tiempo sorprendentemente corto, los padres, familiares, maestros y hasta el guía de Scouts allanan el camino para la futura conducta ética. Es posible que estos adultos no se den cuenta que, todos los días, juegan un rol clave en la definición de las reglas y la entrega de las consecuencias que determinarán la conducta en un futuro cuando estos niños sean adultos.

En cualquier caso, desde el momento en que los niños son pequeños, podemos decir con certeza que no existe un conjunto coherente de reglas de conducta ética para todos los ciudadanos. Si un estudiante de escuela secundaria hace trampa en un examen y no lo descubren,

> Cuando los estudiantes deciden ingresar a un programa de posgrado en análisis de conducta, están ingresando a un mundo donde, de repente, las reglas son diferentes

puede llegar a creer que la trampa está bien, independientemente de lo que diga su padre o líder religioso. Se puede desarrollar un patrón donde "no ser descubierto" se convierte en la regla en lugar de "no hacer trampa". Un niño que no hace sus deberes con frecuencia después de la escuela, inventa excusas, y se le perdona, puede crecer y convertirse en un adulto que aprende a inventar historias elaboradas sobre por qué llegó tarde al trabajo o por qué su informe trimestral está descuidado y no lo entregó en la fecha límite. Con el tiempo, el resultado acumulado de estas experiencias desde la infancia hasta la adultez produce individuos con reglas poco formadas, conocidas como *ética personal*. Tener una relación extramarital, mentir acerca de por qué no puede visitar a sus padres ancianos y usar ilegalmente la conexión a internet de otra persona son todos ejemplos relacionados con la ética personal. La ética personal se puede contrastar con la *ética profesional*. Cuando los estudiantes deciden ingresar a un programa de posgrado en análisis de conducta, de repente están ingresando a un mundo donde las reglas son diferentes y explícitas. Para comprender los posibles conflictos que enfrentan los incipientes analistas de conducta profesionales, considere las siguientes comparaciones.

## FAVORES

Los amigos a menudo se piden favores entre ellos. Un favor puede ir desde compartir un DVD o cuidar la casa de un amigo mientras está de vacaciones, hasta pedir prestado un cortacésped o un automóvil un fin de semana. Cuanto más larga sea la amistad, más íntimos o complejos pueden llegar a ser los favores. "¿Podrías decirme el nombre de un buen psicólogo? Mi pareja y yo estamos teniendo problemas personales", o "Si mi esposa pregunta, ¿podrías decirle que fui a jugar futbol contigo y los muchachos el jueves noche?" Si un ciudadano que está acostumbrado a pedir y devolver favores comienza a recibir servicios en el hogar por parte de un analista de conducta tres veces por semana, no sería inesperado que también le pida favores al analista de conducta. "¿Podría realizar la sesión de terapia para Jimmy en el coche hoy? Tengo que llevar a mi hijo mayor a la clase de entrenamiento de fútbol". Esta solicitud puede sonar extraña, pero esto le sucedió a un estudiante de maestría. Volviendo a su propia historia de ética personal, el estudiante coincidió en admitir que las personas se hacen favores mutuamente, así que muy pronto hacer la sesión en el coche se convirtió en una rutina diaria. Por supuesto, el entrenamiento en conducta verbal fue totalmente ineficaz en el microambiente del asiento trasero de una minivan rodando por el denso tráfico en hora punta.

## CHISME

Si se detiene brevemente en el mostrador de cualquier mercado o tienda, estará en contacto con chismes, y no con cualquier chisme, sino con chismes jugosos, con imágenes detalladas

> El pensamiento común parece ser que los chismes son divertidos y entretenidos, entonces, ¿cuál es el daño?

a todo color y mejoradas con Photoshop. Las revistas de cotilleos y los programas de *reality show* han hecho del chisme una expresión común de la cultura popular y comercial. La gente en nuestra sociedad también lo aceptan como normal. El criterio común parece ser que los chismes son una fuente de diversión y entretenimiento, entonces, ¿qué problema hay? Esta actitud es tan ubicua que una persona que se niegue a participar de ella puede ser visto como raro.

En el entorno profesional, los analistas de conducta encuentran tentaciones a diario. Los consultores frecuentemente informan que los padres de su cliente preguntan por el hijo de otra persona. "¿Cómo está Maggie? Escuché que estaba teniendo algunos problemas", el padre de otro niño preguntará, sin darse cuenta de que no podemos hablar sobre clientes o sus familias o revelar información confidencial. Para la persona que quiere preguntar sobre otro cliente, la solicitud parece inofensiva. En lugar de considerar la información como confidencial, la persona que desea obtener información sobre el hijo de otra persona ve la pregunta como una parte de la recolección diaria de pedacitos de información jugosa sobre otra persona. Hablar de otras personas de esta manera es un chisme.

## MENTIRAS PIADOSAS

En un intento por evitar el conflicto o la censura, se ha vuelto común en nuestra cultura que la gente encubra sus errores, motivos u otras deficiencias personales con "mentiras piadosas". En lugar de decirle a una amiga que no quiere ir a tomar un café porque es muy chismosa, la persona sensible a la que no le gusta el conflicto ofrecerá, "tengo que ir de compras para la fiesta de cumpleaños de mi sobrina, lo siento". Y, por supuesto, le detectarán la mentira luego. "Eso suena divertido, ¿puedo unirme a ustedes?" Ahora el culpable de la pequeña mentira piadosa tendrá que inventar excusas adicionales, quizás incluso más dramáticas. "Bueno, de hecho, tengo muchas cajas en mi automóvil, ya que tengo que dejar los paquetes de Sam en el correo antes de ir de compras". "Oh, puedo ayudarte con eso", responde el amigo que no percibe la indirecta, "Podemos llevarlas en mi nueva furgoneta, tiene mucho espacio y puedo ayudarte a descargarlas". Una teoría sugiere que debido a que las personas tan comúnmente usan tácticas evasivas en lugar de decir la verdad, desconfían de las explicaciones de otras personas. En el otro extremo, también hay muchas personas que no pueden leer las señales sutiles y tratarán de superar cualquier excusa que se les pueda ofrecer.

## MUESTRAS DE APRECIO

Aunque pueden existir variaciones según el lugar donde nos encontremos, parece que existe una tendencia universal que lleva a los clientes, especialmente los que están en su casa, a dar regalos a su querido, amigable, educado, amable y preferido analista de conducta. Después de todo, teniendo en cuenta que el analista de conducta es el salvavidas que ha transformado al niño y devuelto la esperanza a los padres, parece razonable dar a esta persona tan valiosa alguna muestra tangible de aprecio. Esto puede ser desde galletas hechas en casa hasta espaguetis del día anterior ("es que es mi receta familiar secreta") o una invitación para ir con la familia a la playa un fin de semana ("será divertido, puedes pasarlo bien con Ramón y ver cómo es él cuando se sienta y juega en la arena"). En el mundo civil, las personas hacen regalos de manera regular, incluyendo dar propinas o una botella de vino a un amigo que está dando una

> **El intercambio de regalos crea una relación de doble función; el cliente y el analista de conducta ahora se hacen amigos, y se espera que el BCBA devuelva el favor en el momento adecuado**

fiesta en su casa. Los clientes astutos son expertos haciendo su propia investigación para saber cuándo es el cumpleaños de su BCBA y sorprenderlo con un regalo que seguramente lo complacerá. Gorras con logo de un equipo, entradas para eventos deportivos, libros, vino caro, regalos para bebés, música y tarjetas de regalo son regalos referidos por analistas de conducta que asistieron a nuestros talleres; ninguno de los cuales está permitido bajo 1.06 (d) del Código. Intercambiar regalos crea una relación de doble función en la que el cliente y el analista de conducta se hacen amigos, y se espera que el BCBA devuelva el favor en el momento adecuado.

## CONSEJO

Los ciudadanos solicitan y brindan consejos unos a otros libremente. Recomendarán una película, un restaurante, una niñera e incluso un médico sin pestañear. Con frecuencia sus consejos se basan en la experiencia personal, los prejuicios no especificados y las relaciones no reveladas. "Hay una nueva tienda de alfombras en West Broadway; Hice una compra muy buena allí". La revelación completa podría delatar que el cuñado de la persona que hizo la recomendación es dueño de la tienda. Así como le pedirán a un amigo o vecino que recomiende una escuela o un agente inmobiliario, muchas personas le preguntarán a su analista de conducta que cuál cree que es la mejor manera de manejar a un adolescente sabelotodo o un marido flojo.

Antes de su capacitación profesional, los analistas de conducta alguna vez fueron ciudadanos que probablemente solicitaron y dieron consejos sobre una variedad de temas, desde qué curso de psicología tomar o dónde postularse para la escuela de postgrado. Sin embargo, una vez que uno se convierte en un analista de conducta certificado, las reglas cambian considerablemente. Como profesional, con una gran cantidad de ética profesional por aprender, la BCBA debe tener cuidado sobre cómo y qué se les dice a los demás cuando se trata de dar consejos.

Una maestra ha llegado a conocer al analista de conducta que visita su clase dos veces por semana para verificar el progreso de Janie. En medio de una conversación sobre los datos de Janie, la maestra dice: "¿Qué crees que debería hacer con Nunzio? Lo has visto portarse mal. Creo que tiene algún tipo de trastorno de conducta. ¿Qué piensas?" Guiarse por un código ético profesional es una experiencia completamente nueva para muchos analistas de conducta. Si bien puede haber una tendencia a dar una réplica rápida e inteligente o dar una respuesta hecha, la respuesta correcta es: "lo siento, no puedo comentar este asunto, no es mi cliente y en cualquier caso sería una violación de la confidencialidad" (Código BACB 2.06).

## RESPONSABILIDAD

Tirar la piedra y esconder la mano cuando algo sale mal, elaborar encubrimientos para evitar ser ridiculizado y ocultar pruebas de incompetencia se han convertido en pasatiempos nacionales entre nuestros líderes políticos, estrellas de cine y personalidades del deporte. La persona común se desensibiliza, y el comportamiento poco ético se filtra en la población general hasta el punto que confesar o admitir un error se han convertido artes olvidados. Los padres que no asumen la responsabilidad del vandalismo escolar cometido por su hijo a menudo niegan su falta de supervisión efectiva. Algunos padres van más allá hasta proporcionar una coartada o excusa por la conducta del niño ("no pudo evitarlo, ha estado tan enfermo y su padre tuvo un problema con la bebida").

Tales acciones les enseñan a los niños un conjunto interesante de reglas: si se evitan las consecuencias negativas, se refuerzan las tácticas para evitar la responsabilidad de ambas partes. Los analistas de conducta deben estar conscientes de la posibilidad de que haya clientes que tengan historias como esta y deben tomar las medidas necesarias para garantizar que se cumplan los acuerdos con los padres. Este es especialmente el caso cuando las consecuencias son administradas por los padres en el hogar (p.ej., "buenos planes de comportamiento") que permiten al niño ganar reforzadores en forma de puntos o privilegios.

## RESUMEN

Cuando se trata de ética, los analistas de conducta tienen que hacer la difícil pero importante transición de "ciudadano privado" a profesional. Si los estándares de la vida previos al análisis de conducta están en contradicción con lo que se espera de un BCBA, deben abandonarse y reemplazarse con el estricto código ético de nuestro campo. Además, a diario, los BCBA, BCaBA y el Técnico de Conducta Registrado (RBT) tendrán contacto con clientes, paraprofesionales y otros profesionales quienes se involucrarán en conductas "no éticas", posiblemente tentándolos o incluso burlándose de ellos por su enfoque puritano.

El conflicto potencial entre una historia de ética personal frente a la ética profesional recién adquirida y nuestro Código es un desafío digno para nuestro campo y uno en el que vale la pena participar por los beneficios e integridad que traerá a nuestra profesión.

# Dos

## Comprensión del Código deontológico profesional y ético para analistas de conducta

E l *Código deontológico de seguimiento profesional y ético para analistas de conducta*, en los sucesivo "el Código", consolida, actualiza y sustituye a las Normas de Disciplina y Ética Profesional y las Guías de Conducta Responsable para analistas de conducta. El Código incluye 10 secciones relativas a la conducta profesional y ética de los analistas de conducta, junto con un glosario de términos. A partir del 1 de enero de 2016, se exige la adherencia al Código a los solicitantes de certificaciones de la BACB, así como a personas certificadas por la BACB o incluidas en el registro profesional de la BACB.

Si el lector tiene ediciones anteriores de este texto o del Código, debe tenerse en cuenta que se han agregado nuevos elementos y algunos de los números han cambiado en la nueva versión del Código del 11 de agosto de 2015.

En los sucesivos capítulos se incluyen ejemplos de casos sobre ética vividos por BCBA y BCaBA a lo largo de todo Estados Unidos. Estos casos se incluyen para ilustrar problemas de la vida real a los que los profesionales de ABA deben hacer frente. Puedes utilizar estos casos para evaluar el conocimiento que posees de los contenidos del Código. Al final de cada capítulo, encontrarás las respuestas del autor a las consultas.

# 6
## Conducta responsable de los analistas de conducta (Código 1.0)

E n comparación con otras profesiones de ayuda a las personas, el análisis de conducta ha evolucionado de una manera única. Nuestro campo tiene una historia relativamente corta, que data de mediados de la década de 1960 y nuestras raíces están firmemente arraigadas en el análisis experimental de la conducta. Los pioneros analistas de conducta eran con frecuencia psicólogos experimentales que admitían cómo los procedimientos desarrollaban originalmente en el laboratorio de animales podían ser aplicados en ayuda de la condición humana.

Las primeras aplicaciones con humanos (Ayllon y Michael, 1959; Wolf, Risley y Mees, 1964) fueron réplicas casi directas de procedimientos experimentales (laboratorio de animales). Estos procedimientos se usaron con poblaciones que habían sido abandonadas por otros profesionales en ese momento. Esta era también una época en la que no se planteaban las cuestiones sobre la ética del tratamiento. Psicólogos experimentales, bien capacitados y responsables usaban su propia conciencia, sentido común y respeto por los valores humanos para crear nuevos tratamientos. Se consideraba que los tratamiento basados en la teoría del aprendizaje podrían funcionar para aliviar el sufrimiento o mejorar dramáticamente la calidad de vida de las personas institucionalizadas que no recibían ninguna otra forma de tratamiento efectivo. No existía un Código deontológico de seguimiento profesional y ético para analistas de conducta y no se supervisaba a los investigadores de doctorado que se convirtieron en terapeutas de vanguardia. Realizaban su trabajo a la vista de todos con pleno conocimiento de padres o tutores. Una revisión de ese trabajo hoy en día encontraría poco que criticar en términos de conducta ética. Fue mucho más tarde que algunos analistas de conducta poco preparados e insensibles se toparían con problemas éticos, dando lugar a los escándalos descritos en el Capítulo 1.

Hoy, como campo, tenemos expectativas muy altas para los analistas de conducta que están ejerciendo y el Código 1.0 aborda la preocupación por la conducta responsable general. Este Código ético expresa el sistema de valores de nuestro campo, que establece que aquellos profesionales que quieran llamarse analistas de conducta deben comportarse de una manera que se refleje positivamente en el campo, muy positivamente, de hecho.

El Código 1.01 enfatiza nuestras raíces en la ciencia de la conducta (Skinner, 1953) y recuerda a los analistas de conducta que las decisiones que toman día a día deben estar vinculadas a esta ciencia. En realidad, este es un mandato muy difícil, dados los miles de estudios sobre la conducta que se han llevado a cabo en los últimos 40 años. En la actualidad, casi dos docenas de revistas de todo el mundo publican investigaciones conductuales (APA, 2001), por lo que el analista de conducta ético tiene la obligación de mantenerse en contacto con abundante conocimiento científico.

Otra exigencia es que se espera que los analistas de conducta realicen su investigación, servicio y práctica "solo dentro de los límites de su competencia" (Código 1.02). Esto se define como "Comprometido con su educación, entrenamiento y experiencia supervisada", pero, más allá de eso, los profesionales tendrán que determinar si son realmente competentes en ciertas subespecialidades de ABA. Los ejemplos de tales subespecialidades incluyen el tratamiento de trastornos de la alimentación, el comportamiento autolesivo, la agresión y los comportamientos destructivos. Asistir a un taller o seminario sobre una de estas especialidades no es suficiente para describirse como competente en un área de subespecialidad. Tener el nivel de experiencia requerido para tratar un problema de comportamiento como se describe aquí requeriría que el analista de conducta pasase varias semanas in situ en una clínica (especializándose en la subespecialidad) donde observara las sesiones de tratamiento y practicase las habilidades concreta bajo la supervisión y recibiendo la retroalimentación de un mentor experto. Idealmente, el analista de conducta recibiría un certificado que acreditase la adquisición de las habilidades necesarias para hacer frente a estos comportamientos potencialmente peligrosos y que pueden suponer una amenaza para la vida.

Una exigencia más, descrita en el Código 1.03, es que los analistas de conducta mantienen cierta "competencia en las habilidades que utilizan". Este es otro estándar exigente, dada la metodología en constante mejora de nuestro campo relativamente joven. Se recomienda a los certificadores que demanden y mantengan la competencia utilizando una definición conservadora de este estándar más importante.

En los primeros años del análisis de conducta, destacó el uso de procedimientos aversivos para cambiar el comportamiento, lo que desafortunadamente allanó el camino para el rechazo por parte de los grupos de consumidores. Se inició un movimiento contrario al uso de procedimientos aversivos que todavía retrata a nuestro ámbito como propenso al uso del castigo, aunque hace tiempo que pasamos a otro nivel de profesionalidad. Como sucede en muchos ámbitos, algunos profesionales parecen congelarse en el tiempo con respecto a sus habilidades. Es posible, incluso, encontrar a alguien que obtuvo un doctorado en 1975 y que no se ha mantenido actualizado de los últimos avances. El Código 1.03 se concibió como una llamada de atención a dichas personas para que puedan volver a estar en contacto con las normas actuales antes de que lastimen a personas inocentes y dañen la reputación de analistas de conducta legítimos y actualizados.

Como se expresa en el Código 1.04, Integridad, no parece demasiado pedirles a los profesionales que reconozcan el código legal de su comunidad y mantengan altos principios morales. Hacer lo contrario es manchar la buena reputación de los demás. A pesar de que no son profesionales del análisis de conducta, la comunidad te identificará como un problema si algo sale mal. Ninguno de nosotros quiere ver un titular así: "Atrapado analista de conducta traficando con drogas en el instituto local", pero así es exactamente como se leería un titular. Como nueva profesión con un nombre compuesto por dos palabras, no estamos en el punto de mira de la mayoría de los estadounidenses. Nuestro objetivo como profesión es ir emergiendo gradualmente a la escena con una excelente reputación de veracidad, honestidad y confiabilidad. Lo que no queremos es terminar en la lista de "Las diez profesiones menos respetadas", junto con los periodistas y los empleados del gobierno (BBC Radio, 1999). Se aconseja a los nuevos analistas de conducta que deberían controlar su comportamiento, asegurarse de que en sus relaciones con los clientes y el público su conducta sea irreprochable y esté dentro de la ley y que los que lo rodean lo reconozcan como un ciudadano ejemplar.

Como parte de ser un profesional respetado, los analistas de conducta deben proporcionar servicios solo en el contexto de un rol profesional o científico (Código 1.05 (a)). Esto significa que los analistas de conducta deben abstenerse de dar consejos casuales a vecinos, amigos y parientes. Este es un caso en el que el asesoramiento gratuito vale lo que pagas por él y puede dañar las relaciones en el futuro si el consejo no se siguió al pie de la letra y luego no se obtuvieron resultados.

Al proporcionar servicios conductuales en calidad de profesional, aunque los analistas de conducta han sido entrenados para usar una terminología bastante sofisticada entre ellos mismos, deben controlar esta jerga cuando tratan con clientes y familias (Código 1.05 (b)). Los planes de tratamiento sugeridos deben traducirse a un lenguaje coloquial y accesible para clientes, consumidores y otros profesionales, reservando la jerga para colegas en conferencias conductuales.

Un gran compromiso personal que le pedimos a los analistas de conducta es que descarten y finalmente rechacen cualquier prejuicio con el que hayan crecido en sus familias o comunidades. Los analistas de conducta deben obtener la capacitación necesaria para poder trabajar con personas de diferentes géneros, razas, etnia u origen nacional de una manera totalmente aceptable y no discriminatoria (Código 1.05 (c)). Además, no deben involucrarse en ninguna discriminación de individuos o grupos en función de la edad, género, raza, cultura, etnia, origen nacional, religión, orientación sexual, discapacidad, idioma, nivel socioeconómico o cualquier otro criterio (Código 1.05 (d))

El acoso sexual es una lacra en nuestra cultura que no desaparecerá. En 2014 se documentaron más de 26,000 cargos, 85% de los cuales fueron denunciados por mujeres, con multas que alcanzan los 50 millones de dólares cada año (EEOC EE. UU., 2014). El acoso sexual es una forma de discriminación sexual que vulnera el Artículo VII de la Ley de Derechos Civiles de 1964. Uno podría pensar que la mayoría de los profesionales estarían al tanto de esto. Sin embargo, incluso algunos abogados se han visto involucrados en esta despreciable forma de abuso, como se señaló en el caso de Anita Hill en su testimonio contra Clarence Thomas (Hill, 1998). Esta forma de actuar abarca proposiciones no deseadas, solicitudes de favores sexuales y cualquier forma de comportamiento que sea lo suficientemente severa y dominante y que dé lugar a un entorno de trabajo abusivo (Binder, 1992). Además del acoso sexual, el Código 1.05 (e) aborda otras formas de acoso, incluido el acoso relacionado con la edad, el sexo, la raza, la cultura, la etnia, la nacionalidad, la religión, la orientación sexual, la discapacidad, el idioma o el nivel socioeconómico de una persona.

Incluso los analistas de conducta pueden desarrollar problemas en sus vidas personales. Las enfermedades crónicas, un divorcio complicado o la adicción al alcohol pueden hacer caer a casi todos y, como en el caso de cualquier profesional, su obligación es asegurarse de que los asuntos personales no interfieran con su capacidad de brindar servicios de calidad (Código 1.05 (f) )). Es probable que una situación de este tipo se afronte mejor con un "colega de confianza" que implica una relación con una persona en la que puedes confiar y que es honesto y directo contigo con relación a gran variedad de asuntos profesionales. Si de alguna manera sientes que no estás cumpliendo tus obligaciones con tus clientes o tu lugar de trabajo, es hora de que tengas una conversación sincera con un colega de confianza para determinar su perspectiva sobre este asunto y que pueda ayudarte a manejar las diferentes opciones. Algunas de ellas probablemente implicarán tomarse una excedencia por un período de tiempo mientras ordenas tu vida. Durante este tiempo, debes asegurarte de haber hecho otros arreglos con otros analistas de conducta para dar cobertura a tus clientes y sustituirte en los comités.

Los analistas de conducta efectivos deben contar con distintas aptitudes y habilidades en sus comunidades ya que es fácil para ellos encontrarse en situaciones en las que pueda surgir un conflicto de intereses. Idealmente, los analistas de conducta evitarán cualquier situación que pueda dar lugar a una relación múltiple o a un conflicto de intereses (Código 1.06 (a)). Tales conflictos se pueden producir porque los analistas de conducta productivos y eficaces, que tienen una carga completa de clientes también pueden tener otras responsabilidades como servir en comités de revisión, ser representante electo de su asociación de análisis de conducta o posiblemente tener alguna responsabilidad con la organización local de maestros y padres. Pueden surgir conflictos de intereses más personales cuando el vecino pide ayuda con un problema de comportamiento infantil o un pariente visitante claramente necesita ayuda para resolver un problema personal. Un analista de conducta que trabaja para una administración pública puede estar en desacuerdo con la postura oficial de la institución que le ha contratado. Los analistas de conducta que dan consejos libremente a un familiar corren el riesgo de alejar a esa persona si el programa de conducta no funciona o si su consejo es contrario a lo que un psicólogo escolar, consejero u otro profesional recomendó. La mejor solución es evitar tales situaciones de frente, pero el Código requiere que el analista del conducta resuelva estas situaciones antes de que se haga daño (Código 1.06 (b)). Además, los analistas del conducta deben ser abiertos y rápidos para informar a los clientes sobre los posibles efectos perjudiciales de las relaciones múltiples (1.06 (c)).

Sorprendentemente, una de las preguntas más frecuentes sobre el Código se centra en la entrega y recepción de regalos. Los analistas de conducta que hacen un buen trabajo y son profesionales y fiables pronto se vuelven importantes para las familias a las que sirven. En poco tiempo, muchas familias querrán darle un regalo al analista de conducta, invitarlo a cenar o invitarlo a una fiesta familiar o una celebración. El Código 1.06 (d) establece que los analistas de conducta no aceptan ni dan regalos, puesto que esto constituye una relación múltiple. Hacer que los padres o tutores firmen una "Declaración de práctica profesional" en la que se describan las previsiones antes de que comiencen los servicios, es una buena manera de sentar las bases para una prestación de los servicios de una forma ética.

A medida que nuestra profesión ha crecido en los últimos 40 años, los analistas de conducta han sido cada vez más respetados por sus habilidades y se han movido a posiciones de autoridad, donde ejercen un poder e influencia considerable. Mientras que al principio solo servían como terapeutas o directores de unidad, muchos analistas de conducta ahora son presidentes de departamentos de psicología, supervisores de grandes instalaciones residenciales o propietarios de grandes firmas consultoras. En tales posiciones, incluso los analistas de conducta más sensibles éticamente pueden darse cuenta de que pueden tomar decisiones sin la aprobación de nadie más. El doctor director de una empresa de consultoría puede influir en sus asesores de nivel maestro para que aboguen por un procedimiento concreto, para promover la sobrefacturación, o para fomentar el espionaje de la competencia mientras están en el trabajo. Esperamos que el consultor ético resista esa presión, pero la diferencia de poder permite explotar a los supervisados si no se tiene cuidado para evitarlo. Los supervisores podrían beneficiarse de favores por parte de los estudiantes a cambio de una buena calificación en una práctica, y, teóricamente, el departamento analítico-conductual podría hacer lo mismo. O, como se ha informado en ocasiones, los estudiantes pueden ofrecer favores a cambio de una buena calificación. Los analistas de conducta nunca deben explotar a personas sobre las que ejercen alguna autoridad supervisora, evaluativa u otra autoridad, como estudiantes, supervisados, empleados, participantes en investigaciones y clientes

(Código 1.07). Por lo tanto, ambas partes deben ser igualmente conscientes del potencial de explotación cuando una persona tiene el control, incluso si la persona es un analista de conducta.

## 1.0 CONDUCTA RESPONSABLE DE LOS ANALISTAS DE CONDUCTA

Los analistas de conducta asumen los elevados estándares de conducta ética propios de la profesión.

Esta simple declaración contiene un gran significado para los profesionales en nuestro campo. Los "altos estándares" incluyen honestidad, integridad, veracidad, confidencialidad y confiabilidad. Se sobreentiende que estos valores se trasladarán al tiempo en el que el analista de conducta se encuentra fuera del servicio. Esto se extiende a otras profesiones también. Se espera que los médicos, arquitectos, psicólogos escolares y otros profesionales demuestren su honestidad e integridad cada vez que están en público; de lo contrario sería perjudicial para los negocios y dañaría a la profesión. El siguiente caso hace referencia a mantener altos estándares de comportamiento.

• • • • • • • •

### CASO 1.0 EXPUESTO

*"Katie es la madre soltera de un niño con autismo que había visitado varios proveedores diferentes de servicios de análisis de conducta antes de decidirse por un proveedor de servicios en particular. Unas semanas después de haber tomado la decisión sobre qué analista de conducta seleccionar, Katie estuvo en una feria local y vio a Marilyn, una de los proveedores de servicios que ella había entrevistado, pero a quien finalmente decidió no contratar. Marilyn levantó la vista y saludó a Katie en voz alta y luego exclamó: "¡Katie! ¿Que pasó? Pensé que habíamos llegado a un acuerdo cuando visitaste mi clínica. . . . ¿Por qué motivo no te decidiste por mí?" Katie se incomodó con este encuentro, especialmente porque*

*no había mencionado a las personas de su comunidad que su hijo tenía autismo. Ella le murmuró algo sobre su situación económica y luego abandonó apresuradamente la feria".*

• • • • • • • •

## 1.01 DEPENDENCIA DEL CONOCIMIENTO CIENTÍFICO (RBT)[1]

Los analistas de conducta se basan en el conocimiento derivado de la ciencia y el análisis de conducta en sus juicios científicos o profesionales en la prestación de servicios a las personas, o cuando participan en actividades académicas o profesionales.

Una de las características principales del análisis de conducta es nuestra confianza en la evidencia científica como base de nuestra práctica. En particular, valoramos los estudios de diseño de caso único que demuestran claramente el control funcional de la conducta y que adicionalmente apuntan a intervenciones eficaces que también se evalúan cuidadosamente con datos clínicos. Aunque es posible que solicitemos información de familiares o cuidadores durante el proceso de admisión, el analista de conducta depende de datos objetivos que sean suficientes para considerar una conclusión basada en los datos.

• • • • • • • •

### CASO 1.01 ABUCHEO PARA EL EQUIPO LOCAL

*"Anthony es un BCBA que trabaja en casa de un niño cuyos padres creen firmemente en la comunicación facilitada (también conocida como escritura asistida). Anthony usa una máquina de escribir y guía físicas para guiar a un niño (que está en el tercer grado y no es verbal) para generar respuestas relacionadas con el lenguaje. Anthony justifica su trabajo diciendo: "No miro la pantalla". Un BCBA en la escuela ha demostrado que el estudiante es claramente dependiente de la ayuda y no produce respuestas inteligibles en el dispositivo por sí mismo. ¿Debería el BCBA informar a la Junta?"*

• • • • • • • •

## 1.02 LÍMITES DE COMPETENCIA PROFESIONAL (RBT)

(a) Los analistas de conducta ofrecen servicios, enseñan, o realizan investigaciones únicamente dentro de los límites de su competencia profesional, definidos como proporcionales al grado de formación, entrenamiento y experiencia supervisada.

(b) Los analistas de conducta proporcionan servicios, enseñan o realizan investigaciones en nuevas áreas (p.ej., con nuevas poblaciones clínicas, usando nuevas técnicas, o analizando conductas no estudiadas previamente) solamente después de haber realizado un estudio, capacitación, supervisión y/o consulta de personas que son competentes en esas áreas.

El análisis de conducta es mucho más conocido ahora que hace unos años. Existe una creciente presión en muchos sectores para expandir nuestros procedimientos basados en la evidencia en áreas donde hay muy poca investigación. El riesgo de hacer esto es que, a falta de una capacitación y supervisión adecuadas, es probable que el cliente sufra algún daño y la agencia sea responsable. Los analistas de conducta pueden encontrar útil citar y explicar el elemento 1.02 a sus empleadores si se les presiona para que proporcionen un tratamiento más allá de sus límites de competencia.

• • • • • • • •

### CASO 1.02 PEDOFILIA PROFESIONAL

*"A continuación escribo sobre un nuevo caso que he aceptado en un centro residencial. El individuo tiene 18 años de edad, tiene un diagnóstico de autismo, un cociente intelectual menor de 70 y exhibe comportamientos asociados con la pedofilia. Aborda a niños más pequeños (independientemente de su sexo), intenta quitarles la ropa, e intenta entrar en contacto con el área genital del niño. Estos comportamientos se han observado hacia pares más jóvenes tanto aquí en el campus como en la comunidad. En los últimos años, la frecuencia y la intensidad de estos comportamientos han aumentado*

*significativamente. No tengo ninguna experiencia en el abordaje de comportamientos potencialmente peligrosos y socialmente sensibles como éste, pero es urgente realizar una evaluación y proporcionar tratamiento".*

• • • • • • • •

## 1.03  MANTENIMIENTO DE LA COMPETENCIA A TRAVÉS DEL DESARROLLO PROFESIONAL (RBT)

Los analistas de conducta mantienen el conocimiento de la información científica y profesional actual en sus áreas de práctica y se esfuerzan por mantener la competencia en las habilidades que utilizan mediante la lectura de la bibliografía adecuada, la asistencia a conferencias y convenciones, participando en talleres, obteniendo cursos adicionales, y/o recibiendo y manteniendo las certificaciones profesionales apropiadas.

La razón que respalda este requisito es alentar a todos los analistas de conducta a mantenerse al día con la investigación ortodoxa en nuestro campo. Una expresión clave aquí es "literatura correcta", que es la que entendemos por investigación revisada por pares, basada en la evidencia, que es actual y relevante. Si no se mantiene el ritmo, puede resultar en la aplicación de procedimientos que han demostrado tener serias limitaciones o, posiblemente, peligros ocultos. Los analistas de conducta también deberían asistir a conferencias y talleres para mejorar sus habilidades.

• • • • • • • •

### CASO 1.03 REUNIÓN CONTEMPLATIVA

*"En mi trabajo, debo ofrecer servicios de formación regularmente. Recientemente, se nos indicó que participáramos en un taller sobre Mindfulness (atención plena) y nos dijeron que recibiríamos 3 CEU ya que el instructor era un BCBA-D. La esencia del entrenamiento fue que las intervenciones conductuales eran inferiores a métodos*

*de Mindfulness. Este individuo presentó algunas investigaciones pero éstas parecían estar plagadas de errores en comparación con los estudios de JABA que he leído. Me siento culpable por reclamar mis 3 créditos por esto, ¿qué debo hacer?"*

• • • • • • • •

## 1.04  INTEGRIDAD (RBT)

(a) Los analistas de conducta son veraces y honestos y organizan el ambiente para promover un comportamiento sincero y honesto en los demás.

(b) Los analistas de conducta no aplican contingencias que pudieran inducir comportamientos fraudulentos, ilegales o poco éticos en otras personas.

(c) Los analistas de conducta siguen las obligaciones y compromisos contractuales y profesionales propios de un trabajo de alta calidad y se abstienen de asumir compromisos profesionales que no pueden cumplir.

(d) Los analistas de conducta siguen los códigos legales y éticos de la comunidad social y profesional de la que son miembros.

(e) Si las responsabilidades éticas de los analistas de conducta entran en conflicto con la ley o cualquier política de una organización a la que están afiliados, deberán dar a conocer su compromiso con este Código y tomar medidas para resolver el conflicto de manera responsable de acuerdo con la ley.

Este elemento del nuevo Código ético realmente representa el fundamento de todos los demás. Se ha avanzado mucho con respecto a las directrices anteriores y se reúne todos los valores importantes que creemos que son esenciales para mantener la credibilidad de nuestro campo. Una subdivisión de (b) parece oportuna, ya que muchas agencias ahora ven en el análisis aplicado de conducta una oportunidad para enriquecerse que puede generar fortuna a los propietarios si éstos logran que los BCBA estén de acuerdo. La subdivisión de (d) nos recuerda que vivimos en una comunidad donde existen directrices legales y leyes y debemos ser constantemente conscientes de la necesidad de seguir estas regulaciones existentes. La subdivisión de (e) debe guiar al analista de conducta en aquellos incidentes donde parezca que un empleador o supervisor está instando a realizar alguna acción ilegal o no ética.

• • • • • • • •

### CASO 1.04 UNA FACTURACIÓN CUESTIONABLE

*"Mientras realizaba una consulta con un maestro en una escuela local, me pidieron que realizara una observación de un niño en su aula. A la hora de facturar, me dijeron que debía facturar a nombre de un cliente diferente (del mismo aula), un niño al que no le había prestado servicios. Me dijeron que el seguro del otro cliente le proporciona "horas ilimitadas". Dije que no facturaría a un cliente a quien no había prestado el servicio, ya que no solo sería poco ético sino también ilegal. La política de esta compañía consiste en primero ver cuántas horas pagará el seguro del cliente y facturar la cantidad máxima de tiempo para ese cliente, independientemente de las necesidades de éste".*

• • • • • • • •

## 1.05 RELACIONES PROFESIONALES Y CIENTÍFICAS (RBT)

(a) Los analistas de conducta proporcionan servicios analíticos-conductuales sólo en el contexto de un rol o relación científica o profesional definida.

La intención de este elemento es desalentar a los analistas de conducta de dar consejos libremente a amigos, vecinos o parientes. Una relación "definida" generalmente significa un contrato verbal o escrito que especifica los deberes y responsabilidades, así como la duración de la relación, la descripción de los salarios y otras consideraciones.

(b) Cuando los analistas de conducta proporcionan servicios analítico-conductuales, utilizan un lenguaje que sea comprensible para el destinatario de dichos servicios sin dejar de ser conceptualmente sistemáticos con la profesión de analista de conducta. Proporcionan información adecuada, antes de la prestación del servicio, sobre la naturaleza de tales servicios e información apropiada, después, sobre los resultados y las conclusiones.

Generalmente se entiende que los analistas de conducta deben ser al menos bilingües para ser efectivos; debemos hablar nuestro complejo lenguaje técnico para comunicarnos entre nosotros y hablar un lenguaje coloquial cuando tratemos con clientes o sus cuidadores.

(c) Cuando las diferencias de edad, sexo, raza, cultura, etnia, origen nacional, religión, orientación sexual, discapacidad, idioma o condición socioeconómica afectan significativamente el trabajo del analista de conducta relacionado con los individuos o grupos particulares, los analistas de conducta deberán obtener la formación, experiencia, la consulta y/o supervisión necesarias para garantizar la competencia de sus servicios, en caso contrario derivarán al cliente apropiadamente.

Muchos analistas de conducta ahora trabajan en entornos urbanos o de otro tipo donde personas de una amplia variedad de culturas necesitan servicios analítico-conductuales. En tales entornos, es necesario que el analista de conducta esté muy al tanto de tales diferencias culturales y étnicas. Cuando sea necesario, el analista de conducta debería recurrir a alguien con la experiencia cultural adecuada para facilitarle sus servicios.

(d) En sus actividades relacionadas con el trabajo, los analistas de conducta no discriminan a individuos o grupos por motivos de edad, género, raza, cultura, etnia, nacionalidad, religión, orientación sexual, discapacidad, idioma, nivel socioeconómico, o en base a cualquier otra circunstancia prohibida por la ley.

Ejemplos de prácticas discriminatorias incluyen no entrevistar o contratar a empleados mayores de 40 años porque se cree que no pueden realizar sus tareas o negarse a darles tiempo libre a los empleados para celebrar una fiesta religiosa. Otro ejemplo de discriminación es la discriminación sexual, donde a las mujeres se les paga el 77% de lo que los hombres ganan por el mismo tipo de trabajo.

(e) Los analistas de conducta no acosan, degradan a personas con las que se relacionan en su trabajo por motivos tales como la edad, el género, la raza, la cultura, el origen étnico, nacionalidad, religión, orientación sexual, discapacidad, idioma o condición socioeconómica según la ley.

Si bien es muy poco probable que los analistas de conducta se involucren en tales prácticas, publicar anotaciones o hacer comentarios sobre ciertas razas o religiones está absolutamente fuera de lugar. También en la categoría de lo completamente inapropiado se encuentran hacer chistes o transmitir historias a través de internet sobre personas con discapacidades o problemas de lenguaje.

(f) Los analistas de conducta reconocen que sus problemas y conflictos personales pueden interferir en la eficacia de su trabajo. Los analistas de conducta se abstendrán de la prestación de servicios cuando sus circunstancias personales puedan comprometer la prestación de servicios al mayor nivel de calidad posible.

Desafortunadamente, con el fácil acceso a drogas ilegales o legales como el alcohol, algunos profesionales sucumben a estas tentaciones y, como consecuencia, su trabajo como analista de conducta sufre.

Los profesionales deben practicar la autobservación y tomar las determinaciones oportunas para que otros profesionales cualificados cubran su trabajo cuando sea necesario. Los analistas de conducta también deben hacer ajustes para que su trabajo se cubra cuando el estrés, un cambio en una situación de vida (p.ej., rupturas, divorcio, muerte de un familiar) u otros conflictos afecten negativamente sus desempeños profesionales.

• • • • • • • •

## CASO 1.05 EL NEGOCIO DE LAS DROGAS

*"Trabajo como asesor BCBA y proporciono servicios en el hogar para un distrito escolar. Recientemente, me han informado (clientes y colegas) de que el BCBA del distrito escolar "tiene un grave problema de drogas". Yo apenas interactúo con él y no tengo ninguna evidencia de esto, aunque me preocupa el hecho de que el consumo ilícito de drogas por consumidores y colegas, es una violación de nuestras pautas éticas, ya que (1) viola las leyes y (2) no representa nuestro campo de trabajo debidamente. ¿Cuál es la mejor manera de proceder, dado que no interactúo mucho con este individuo? Es decir, ¿cómo debo proceder dado que solo he oído rumores?"*

• • • • • • • •

## 1.06 RELACIONES MÚLTIPLES Y CONFLICTOS DE INTERESES (RBT)

(a) Debido a los efectos potencialmente dañinos de las relaciones múltiples, los analistas de conducta evitan mantener relaciones múltiples.

(b) Los analistas de conducta siempre deben ser sensibles a los efectos potencialmente nocivos de las relaciones múltiples. Si los analistas del conducta encuentran que, debido a factores imprevistos, ha surgido una relación múltiple, tratarán de hallar una solución a esta circunstancia.

(c) Los analistas de conducta reconocen e informan a los clientes y estudiantes supervisados sobre los posibles efectos nocivos de las relaciones múltiples.

Una relación múltiple para un analista de conducta podría surgir si él o ella está involucrado en lo que se considera su competencia profesional y, además, desempeña algún otro papel con un cliente. Un ejemplo de esto sería el analista de conducta que proporciona servicios de terapia o supervisión y también mantiene una estrecha amistad con el cliente o la familia del cliente. En semejante situación, el analista de conducta no podría ser objetivo. Por ejemplo, un analista de conducta que se hizo amigo de los padres de su cliente podría tener dificultades para darle malas noticias a los padres en una evaluación. Hacerse amigo de los clientes o sus familias, supervisados o participantes en una investigación puede dar la impresión de favoritismo. Esto puede dañar la relación de trabajo del analista con otros clientes y supervisados.

• • • • • • • •

### CASO 1.06(C) CLIENTE COMO EMPLEADO

*"Hace unos meses, contratamos a alguien para nuestro departamento de administración de casos. Esta empleada es responsable de la asignación de casos, de asegurar fondos para nuestros clientes y de actuar como enlace con las compañías de seguros. Resultó ser una empleada fantástica y en su poco tiempo con nosotros, ha tenido un impacto significativo en su posición administrativa. Desafortunadamente, acaba de recibir la noticia de que su hijo de 3 años tiene autismo y necesita servicios de ABA. Entendemos que no puede recibir servicios de nuestra compañía, ya que eso sería una violación directa del Código. Por lo tanto, hemos preparado una lista de otras empresas que proporcionan intervención basada en ABA que cuentan con la reputación de proporcionar servicios de alta calidad. ¿Hay algo más que podamos hacer para ayudarla?"*

• • • • • • • •

(d) Los analistas de conducta no proporcionan ni aceptan obsequios o regalos a los clientes porque esto constituye una relación múltiple.

Una de las preguntas más frecuentes sobre el nuevo Código incluye este elemento, que prohíbe la aceptación de regalos de los clientes. Esto incluye tanto alimentos como servicios. El objetivo, por supuesto, es evitar el desarrollo de una relación dual entre el analista de conducta y sus clientes, ya que quedarse a cenar o ir a la fiesta de cumpleaños de un cliente comienza a parecer una relación de amistad. Si bien muchas personas tienen dificultades para aceptar esta idea, incluso un obsequio simbólico o una magdalena pueden comenzar a orientarse hacia esa relación de amistad. Lo que preocupa aquí es que el cliente pueda esperar un favor a cambio en algún momento y el juicio del analista de conducta sobre el caso podría verse comprometido fácilmente.

Pero, ¿por qué no *cualquier* regalo de *cualquier* valor? En algunas profesiones existe la comprensión de que los obsequios *pequeños* (es decir, con un valor inferior a 10 dólares) no presentan un problema a menos que conduzcan a la "manipulación" (Borys y Pope, 1989), lo que interpretamos que significa que hay una expectativa de reciprocidad. que luego conduce al camino peligroso que antes mencionábamos. Incluso obsequios simbólicos otorgados a los analistas de conducta pueden tener un impacto sutil en su juicio profesional en un momento posterior; un obsequio es un símbolo de reconocimiento por prestar servicios de una manera amable y considerada, por lo que, de hecho, sería un individuo de gran dureza aquel que no sintiera la necesidad de ejercer un poco de flexibilidad en algún momento en el futuro con respecto a la facturación, a la firma de una renuncia o al buen carácter de la persona. Además, establecer un límite superior al valor de un regalo coloca al analista de conducta en la posición de tener que estimar el precio del artículo ("¿tienen estos dulces un valor inferior a 5 dólares?" "Sé que estas flores cuestan más de 10 dólares" y "¿Se puede encontrar esto en eBay por 5 dólares? Sin duda esto vale 100 dólares"). Una vez que tratar de determinar el valor de un regalo se convierte en parte de la práctica, el analista de conducta debe hacer frente a la incómoda situación de devolver ciertos obsequios a algunos clientes (porque su precio excedía el límite), pero no a otros.

A menudo se advierte de que, en algunas culturas, rechazar un regalo se considera descortés en el peor de los casos o de muy poca educación en el mejor de los casos, pero estas son circunstancias relacionadas con recibir a un invitado. Un analista de conducta que viene a trabajar con un niño en la casa del cliente no es un invitado, al igual que un fontanero o un electricista no serían invitados; y parece absurdo esperar que estos profesionales traigan regalos o los acepten. Al desarrollar la relación inicial con un cliente en el hogar, es primordial que el analista de conducta utilice la Declaración de Práctica Profesional (Bailey & Burch, 2011, pág. 261) donde se explica la "cultura" del análisis de conducta: "Estamos en tu casa para brindarle tratamiento a tu hijo; no somos huéspedes y no esperamos ser tratados como tales. Tenemos que cumplir con las prácticas profesionales establecidas. No nos ofrezcas comida o bebida, ni esperes que deba dar regalos o muestras de aprecio. Obtenemos todas nuestras recompensas de las mejoras que su hijo va mostrando como resultado del tratamiento y un "agradecimiento" ocasional es más que suficiente".

• • • • • • • •

## CASO 1.06 (D) VIÉNDOLO VENIR

*"Una de mis estudiantes graduadas estaba trabajando para una gran agencia que en realidad tenía una política de personal según la cual NO se aceptan obsequios de las familias. Nuestra estudiante, sin embargo, se estaba sintiendo presionada por una familia para que aceptara regalos simbólicos. Resistió cortésmente durante mucho tiempo, pero luego su supervisor le dijo: "Oh, adelante, acepta el regalo, no molestemos más a los padres". La estudiante aceptó los regalos. Varios meses después, sucedió algo que deterioró la relación entre los padres y la estudiante, y la agencia y los padres*

*presentaron una queja diciendo que la estudiante había aceptado un regalo en contra de la política de la compañía".*

• • • • • • • •

## 1.07 RELACIONES ABUSIVAS (RBT)

(a) Los analistas de conducta no explotan a las personas a las que supervisan, evalúan, o sobre las que ejercen autoridad de cualquier tipo, tales como estudiantes, estudiantes supervisados, empleados, participantes en investigaciones y clientes.

En algunos entornos, los analistas de conducta ejercen un poder considerable debido a su autoridad como presidente de la compañía, director ejecutivo o director clínico o simplemente en virtud del hecho de que son los únicos BCBA en el edificio. En esta última competencia, los analistas de conducta tienen la autoridad de la pluma, ya que se requiere su firma en una gran cantidad de documentos que va destinada a las agencias de financiación y a las compañías de seguros. En entornos universitarios, a veces, hay situaciones en las que los miembros de la facultad utilizan su autoridad para evitar que los alumnos informen sobre avances no deseados. La finalidad del punto 1.07 es evitar que los analistas de conducta exploten a los demás.

• • • • • • • •

### CASO 1.07 (A) EL BCBA MANIPULADOR

*"Trabajo en un centro donde ninguno de los coordinadores de programas que realizan tratamientos conductuales son BCBA o BCaBA, sin embargo, están obligados a enviar su documentación a un BCBA. El BCBA nunca ha visto a ninguno de los clientes, excepto durante una hora más o menos No sabe nada sobre su historial o comportamiento y nunca revisa los informes del gerente del programa. Sin embargo, el BCBA firma los informes como autor del trabajo. Siento que el*

*BCBA se está aprovechando de nosotros, ya que nosotros hacemos todo el trabajo, no recibimos supervisión y él se lleva todo el mérito. Esto simplemente no es justo".*

• • • • • • • •

(b) Los analistas de conducta no mantienen relaciones sexuales con clientes, estudiantes o supervisados, porque tales relaciones fácilmente deterioran el juicio o se vuelven explotadoras.

Para algunos, la tentación es una buena oportunidad para aprovechar su posición de superioridad respecto a los demás; en particular los supervisores varones con supervisadas jóvenes o analistas de conducta mayores con clientes adolescentes. Tales asignaciones son repugnantes e ilegales. Tampoco son éticas, ya que el joven cliente o la supervisada se sienten incapaces de hacer cualquier cosa por temor a ser despedido o rechazado.

(c) Los analistas de conducta se abstienen de tener relaciones sexuales con clientes, estudiantes o supervisados durante, al menos, dos años después de la fecha en que la relación profesional ha finalizado formalmente.

Debido a una avalancha de relaciones sexuales entre analistas de conducta varones y clientas (generalmente una madre soltera de un niño cliente) que han sido denunciadas, se hizo necesario dejar perfectamente clara la dificultad de abstenerse de tales relaciones. Este caso es un claro ejemplo de cómo una conducta tan poco ética puede arruinar vidas.

• • • • • • • •

### CASO 1.07 (C) SALIENDO CON MAMÁ

*"La siguiente información me ha sido remitida por los padres de un estudiante. Al aceptar una derivación para ver al estudiante hace aproximadamente un año, el BCBA invitó a*

*la madre a venir a trabajar para él, lo que ella hizo. Aproximadamente tres meses atrás, los padres del estudiante me informaron de que se estaban divorciando. El padre del estudiante indicó que el motivo de divorcio era que su esposa estaba teniendo una aventura con el BCBA. La madre de la estudiante confesó estar saliendo con el BCBA. La madre del estudiante informó de que el BCBA le proporciona servicios profesionales y de apoyo gratuitamente. La madre del alumno ha solicitado que se invite al BCBA a la próxima reunión del Equipo de Planificación y Asignación (Planning and Placement Team - PPT), durante la cual debe actuar en calidad de profesional, brindando apoyo para el estudiante. Me comuniqué con el director de nuestra agencia en relación con mis inquietudes relacionadas con los estándares éticos de conducta de este BCBA. En resumen, me preocupa que haya varios conflictos de intereses (es decir, relaciones entre empleados y empleadores) que hagan que la participación profesional del BCBA en este caso sea potencialmente dañina para el estudiante. Estoy buscando asesoramiento que confirme que mis preocupaciones tienen fundamento en este caso y, de ser así, cómo proceder para abordarlas".*

• • • • • • • •

(d) Los analistas de conducta no realizan transacciones de trueque de los servicios que prestan, a menos que exista un acuerdo escrito al respecto que indique: (1) que el trueque ha sido solicitado por el cliente o estudiante supervisado; (2) que el trueque sea considerado una costumbre de la zona donde se prestan los servicios; y (3) que el trueque será proporcional al valor de los servicios analítico-conductuales prestados.

La edición anterior de las Directrices advertía del "trueque con los clientes", y esa posición se mantiene en el nuevo Código, pero con estas nuevas estipulaciones. Esta práctica puede volverse antiética si cualquiera de las partes comienza a sentirse perjudicada en el intercambio. Un analista de conducta que trabaja con un niño cuyos padres son dueños de un restaurante puede acordar brindar servicios a cambio de oportunidades para salir a comer regularmente. Esto podría ir mal si el analista de conducta se cansa de la comida, o los padres o propietarios pueden sentirse engañados si el analista de conducta comienza a invitar a amigos a unirse a él para comer de forma gratuita. Tal acuerdo puede ocasionar conflictos de interés por ambas partes, y tales arreglos probablemente deberían evitarse a menos que no haya otra opción de pago disponible.

# RESPUESTAS A CASOS

## CASO 1.0 EXPUESTO

*Como BCBA, Marilyn violó la confidencialidad de su cliente en público. A pesar de que estaba en un evento público y Katie no era su cliente, Marilyn (la BCBA) debe respetar la privacidad de los demás.*

## CASO 1.01 ABUCHEO PARA EL EQUIPO LOCAL

*Anthony no confía en la evidencia científica para guiar su práctica. FC (la comunicación funcional) fue presentada en la década de 1990 como no válida, y casi una docena de organizaciones científicas y profesionales, incluida la Asociación Internacional para el Análisis del Comportamiento, desde entonces han desalentado su uso. Anthony podría ser denunciado a la Junta por esta actividad no ética, ya que el BCBA en la escuela ya ha intentado disuadirlo de apoyar la FC.*

## CASO 1.02 PEDOFILIA PROFESIONAL

*El objetivo de esta advertencia es (1) evitar el maltrato del cliente y (2) evitar que se acuse a los analistas de conducta de falsear su cualificación. Incluso los intentos de una evaluación pueden causar excitación y posibles efectos adversos en el analista de conducta y otras personas cercanas. Si sucediera algo como esto, rápidamente saldría a la luz que el analista de conducta (BA) no estaba cualificado para brindar tratamiento. El analista de conducta podría perder su trabajo o sufrir una demanda por negligencia médica. El mejor consejo para que el analista afronte una situación así es informar a sus supervisores de que no se sienten cómodos manejando estos casos. Este caso debe ser derivado a alguien que esté cualificado para trabajar con tales clientes peligrosos y que requieren cierta especialización. El analista de conducta también debe mencionar la exposición que la organización tiene a los litigios en caso de que el tratamiento en las instalaciones sea malo. Otra opción es realizar una llamada a los colegas para preguntar si alguien conoce a un analista de conducta con antecedentes suficientes en pedofilia que pueda llevar este caso.*

## CASO 1.03 REUNIÓN CONTEMPLATIVA

*Si bien esta formación podría haber sido aprobada para la obtención de créditos de formación continua (CEU por sus siglas en inglés), no parece cumplir los criterios de nuestro código ético. El Mindfulness (atención plena) podría ser un método adecuado para ayudar a las personas a sentirse más tranquilas o relajadas después de un día estresante; sin embargo, la noción de que la atención plena podría sustituir los tratamientos conductuales bien establecidos y documentados son una exageración. Como no pagó los CEU, puede tener la conciencia tranquila al no incluir estas horas en su contabilidad del año. Si el curso fue particularmente irrelevante y planteaba afirmaciones negativas sobre el análisis de conducta, esto debe ser notificado a la BACB.*

## CASO 1.04 UNA FACTURACIÓN DEL SEGURO CUESTIONABLE

*Este es claramente un caso de fraude al seguro. La agencia (firma consultora) se está librando de la responsabilidad haciendo que el analista de conducta manipule la documentación. Informar de este incidente por escrito a la compañía de seguros parecería ser una respuesta requerida en el punto 1.04. Dejando la compañía, podría seguir poco después.*

## CASO 1.05 EL NEGOCIO DE LAS DROGAS

*Nuestro código ético no permite el reporte de información que no sea de primera mano. Solo aquéllos que han sido testigos del uso ilícito de drogas pueden dar el aviso. La acción más adecuada que puedes hacer es dirigirte a quienes te han informado de esto y alentarlos a que primero se acerquen a la persona directamente y vean cómo responde. Este puede ser solo el impulso que esa persona necesita para obtener ayuda. Sin embargo, si no responde de manera adecuada o no proporciona una explicación aceptable, puede ser apropiado que informes de ello a las autoridades correspondientes, incluida la BACB.*

## CASO 1.06 (C) CLIENTE COMO EMPLEADO

*Fue una buena decisión ayudar a la empleada a encontrar otra agencia para proporcionarle tratamiento a su hijo. Esta podría llegar a ser una situación incómoda para ella, ya que podría comparar la forma de trabajo en dicha agencia con la forma en que opera su agencia y puede ser difícil satisfacerla. En otro caso, una escuela privada local que afrontó una situación similar decidió aceptar proporcionarle servicios de conducta al niño de un empleado. Todo fue bien durante algunas semanas, pero cuando el empleado o progenitor comenzó a hacer preguntas sobre el tratamiento, la facturación y la cualificación del personal, la situación rápidamente se tornó desagradable. La empleada finalmente renunció a su trabajo, sacó a su hijo del programa y ahora no tiene nada bueno que decir sobre su antiguo empleador.*

## CASO 1.06 (D) VIÉNDOLO VENIR

*Este es un ejemplo clásico de lo que puede ocurrir cuando los profesionales se permiten cuestionar el Código ético. Hay muchos otros ejemplos en los que los analistas de conducta se involucraron inocentemente en "hacerse amigos" de sus clientes, solo para ser mordidos por su amabilidad.*

## CASO 1.07 (A) EL BCBA MANIPULADOR

*Esta BCBA está actuando de forma poco ética al no comprometerse con una adecuada supervisión de las personas que realizan el trabajo de ABA; esto podría ser reportado a la BACB. Además, deberías incluir en tu informe que el Código 5.0 está siendo violado en varios aspectos.*

## CASO 1.07 (C) SALIENDO CON MAMÁ

*El mejor curso de acción es reunirse individualmente con al BCBA lo más pronto posible para explicar sus múltiples y graves violaciones del Código ético y pedirle que busque a otra persona para que represente al niño en la reunión. Presenta una queja ante la BACB detallando la situación y presentando una queja formal contra el BCBA por múltiples violaciones de conflicto de intereses.*

# 7

## Responsabilidad de los analistas de conducta ante sus clientes (Código 2.0)

A l principio, cuando nuestra disciplina consistía en la aplicación de los principios de la conducta por parte de los psicólogos experimentales a los "sujetos" que encontraban en las unidades residenciales de las instituciones públicas, no había dudas sobre dónde radicaba la responsabilidad; era claramente del contratante. Estos analistas de conducta pioneros a menudo no tenían formación en psicología clínica. Creían que el comportamiento podía cambiarse usando

> El caso de *Wyatt v. Stickney* (1971) advirtió a los analistas de conducta de que se había producido un cambio de paradigma

procedimientos derivados de la teoría del aprendizaje. El "cliente" (aunque ese término no se utilizaba inicialmente) era su patrono. En algunos casos, los padres de un niño eran los clientes.

No fue hasta 1974 cuando la cuestión del "derecho al tratamiento" de un cliente se plantearía como un problema en el emblemático caso de *Wyatt contra Stickney* en Alabama en 1971. En este caso, se argumentó que los pacientes psiquiátricos institucionalizados tenían derecho a recibir tratamiento individualizado o ser dados de alta y reintegrados en la sociedad. Aunque el caso realmente no tenía nada que ver directamente con el tratamiento per se (p.ej, dictaba aumentos en el personal profesional, mejoras en las instalaciones físicas e, incluso, cuántas duchas debería recibir un paciente por semana), lanzó el término *"derecho al tratamiento"* al ámbito legal y puso a todos los psicólogos en aviso,

> De acuerdo con la decisión de *Wyatt,* quedó claro que tienes la responsabilidad de la persona que recibe el tratamiento

incluidos los analistas de conducta, al darse cuenta de que se había producido un cambio de paradigma. En el análisis de conducta, inmediatamente nos sensibilizamos con la posibilidad de que nuestro "cliente" pudiera resultar perjudicado por nuestros procedimientos, y en un breve período de tiempo, los "derechos de los clientes" se convirtieron en los nuevos lemas. El juez de primera instancia, Frank M. Johnson, Jr., expuso lo que más tarde se conocería como los estándares Wyatt. Este caso sentó un precedente y alertó a todos los profesionales tanto de la salud mental como del discapacidad intelectual sobre el hecho de que sus servicios debían prestarse en entornos humanos donde hubiese suficiente personal cualificados y planes de tratamiento individualizados, y que el tratamiento debía ser aplicado en un ambiente *menos restrictivo*.

De acuerdo con la decisión de Wyatt, si se te asignaba trabajar con un cliente en una instalación residencial, era obvio que no solo tenías la obligación ante la institución de hacer tu trabajo lo mejor posible, sino que también tenías una responsabilidad con la persona que recibía el tratamiento para asegurarte de que ésta no resultaba perjudicada. Al principio existía la preocupación de que los "especialistas en la conducta" (aún no se los llamaba analistas de conducta) manipularían el comportamiento del "cliente" solo con el objetivo de beneficiar al personal que trabajaba con él, por ejemplo, castigarían a los clientes que presentaban incontinencia urinaria para que los miembros del personal no tuvieran que cambiar sus pañales. Con el paso del tiempo se hizo evidente que, éticamente hablando, era correcto considerar las necesidades del cliente real junto con las de cualquier otra persona que pudiera verse afectada por los procedimientos (p.ej., el personal, padres o tutores, otros residentes, etc.). Esto inmediatamente hizo que el trabajo del especialista en la conducta fuera mucho más complejo. A finales de la década de los setenta, el análisis de

> A fines de la década de 1980, la Asociación para el Análisis de Conducta convocó un comité de expertos para llegar a un consenso sobre el derecho al tratamiento.

conducta estaba cada vez más extendido y visible, y los analistas de conducta trabajaban con otros profesionales en "equipos de rehabilitación" para determinar el tratamiento adecuado para los clientes. Así surgió el comienzo de cuestiones relacionadas con la consulta y la cooperación con otros profesionales. Además, se comenzó a diferenciar los roles de las entidades y las preocupaciones desarrolladas sobre la participación de "terceros". Si un cliente (primera parte) contrata a un analista de conducta (segunda parte), presumiblemente no hay conflicto de intereses, y el cliente puede despedir al analista de conducta si no está satisfecho con los servicios que el analista presta. Del mismo modo, el analista de conducta hará lo mejor que pueda para satisfacer las necesidades del cliente, de modo que el analista de conducta recibirá una remuneración por sus servicios. Este acuerdo conlleva unos controles y equilibrios. Pero si el analista de conducta es contratado por un tercero (p.ej., un centro) para tratar el comportamiento de uno de sus residentes (primera parte), existe la presunción de que el analista de conducta trabajará para satisfacer las necesidades del tercero para mantener su trabajo. El Código aborda este problema con cierto detalle en 2.04.

En la década de 1980, el análisis de conducta estaba mucho más presente en los círculos de tratamiento de discapacidad intelectual y fue aceptado por muchos como una estrategia viable para la habilitación. Fue en esta época cuando se tuvieron en cuenta los demás aspectos de la prestación de servicios. Estaba claro que los clientes tenían derechos (tanto bajo la Constitución de los EEUU como con los estándares de Wyatt) y que todos, incluido el analista de conducta, tenían que respetarlos e informarse sobre ellos antes del tratamiento. Además, debido a la proximidad entre el análisis de conducta y otros enfoques dominantes, se tuvieron que llevar a cabo otra serie de precauciones. Los clientes tenían derecho a la privacidad y se debían llevar a cabo disposiciones para proteger su privacidad y confidencialidad. Los registros debían almacenarse y transferirse de manera que mantuvieran estos derechos y los analistas de conducta tenían la misma obligación que otros profesionales de obtener el consentimiento para divulgar la información.

A fines de la década de 1980, había llegado el momento de que los analistas de conducta se pronunciaran sobre el tema del derecho al tratamiento y la Asociación para el Análisis de Conducta (ABA) convocó a una comisión de expertos para llegar a un consenso sobre el tema. Se llegó a un consenso y finalmente el órgano rector de la ABA aprobó que esencialmente los clientes tenían derecho a un "entorno terapéutico" donde su bienestar personal sería de primordial importancia y donde tenían derecho a recibir tratamiento por un "analista de conducta competente" quien realizaría una evaluación de las conductas, enseñaría habilidades funcionales y evaluaría los tratamientos. Finalmente, la comisión ABA concluyó que los clientes tenían derecho a "los tratamientos más efectivos disponibles" (Van Houten et al., 1988). Esta referencia a los tratamientos *eficaces* sentó las bases para que los analistas de conducta duplicaran sus esfuerzos para establecer una conexión directa entre la investigación publicada y la aplicación de intervenciones probadas empíricamente.

El Código 2.0 proporciona una lista clara y detallada de las obligaciones que tienen los analistas de conducta si se comprometen a tratar a cualquier cliente utilizando procedimientos de conducta. Al aceptar estas responsabilidades y tomarlas en serio, podemos garantizar que nuestros clientes recibirán el mejor tratamiento posible y que, como profesión, habremos demostrado nuestro respeto por sus derechos incluso cuando proporcionamos intervenciones conductuales de vanguardia.

## 2.0 LA RESPONSABILIDAD DE LOS ANALISTAS DE CONDUCTA PARA CON SUS CLIENTES

Los analistas de conducta tienen la responsabilidad de actuar en el mejor interés de sus clientes. El término cliente tal como se utiliza aquí es ampliamente aplicable a todos aquellos a quienes los analistas de conducta prestan servicios, ya sea una persona individual (destinatario del servicio), un padre o tutor de un destinatario de servicios, un representante de la organización, una organización pública o privada, o una empresa.

Usamos el término "cliente" en el análisis de conducta porque tenemos una interacción a largo plazo con las personas a las que servimos; esto se opone a los "clientes", que normalmente serían considerados consumidores puntuales o a corto plazo. Debido a nuestra formación especializada, estamos excepcionalmente cualificados para operar en el mejor interés de los clientes. Podemos ayudarlos a aumentar su potencial dado nuestro minucioso conocimiento de las funciones, los antecedentes, la motivación, las consecuencias de la conducta y el diseño de los programas que asegurarán que todos nuestros clientes tengan las mejores vidas posibles.

## 2.01 ACEPTACIÓN DE NUEVOS CLIENTES

Los analistas de conducta aceptan como clientes sólo a aquellas personas o entidades que soliciten servicios que sean adecuados a la formación del analista de conducta, y a su experiencia y recursos disponibles, y siempre de acuerdo a las regulaciones de la organización a la que pertenezca. Caso de no darse estas condiciones, los analistas de conducta deberán funcionar bajo la supervisión de, o en consulta con un analista de conducta cuyas certificaciones profesionales permitan la realización de los servicios en cuestión.

Como se comentó en el Código 1.02, tomamos muy en serio la noción de que nuestros clientes merecen lo mejor de nosotros como profesionales y, por lo tanto, debemos limitarnos a trabajar no solo dentro de nuestros límites de competencia (educación, capacitación y experiencia) sino también con los recursos necesarios para producir mejoras efectivas en el comportamiento. De lo contrario, no sería ético. Cuando un analista de conducta tiene los recursos para proporcionar tratamiento pero no se siente capacitado para hacerlo, debe solicitar asistencia al analista de conducta supervisor. La naturaleza de la asistencia consiste en encontrar a alguien que pueda brindarle las consultas y supervisiones necesarias. Un ejemplo es el comportamiento autolesivo (SIB). A menos que un analista de conducta haya recibido una formación específica en cómo tratar este comportamiento difícil y potencialmente peligroso, es esencial obtener la implicación de un BCBA con la experiencia necesaria para intervenir en el caso. No sería apropiado simplemente intentar generalizar desde una práctica de posgrado donde se observó a algunos estudiantes agresivos en el patio del recreo de la escuela. Una breve búsqueda de las palabras clave "autolesión" o "SIB" en *JABA* es un buen modo de comenzar a buscar un experto en este tema.

## 2.02 RESPONSABILIDAD (RBT)

La responsabilidad de los analistas de conducta se extiende a todas las partes afectadas por los servicios analítico-conductuales. Cuando varias partes se encuentran implicadas y todas pueden definirse como un cliente, deberá establecerse una jerarquía de las partes involucradas. Dichas relaciones definidas, deberán comunicarse desde un principio. Los analistas de conducta identifican y comunican quién es el beneficiario último de sus servicios en cada situación particular y defenderán los intereses de dicho cliente.

Hacemos una distinción entre la persona que tratamos y la fuente de financiación; un distrito escolar puede contratar a un analista de conducta para realizar evaluaciones funcionales del comportamiento de los estudiantes, pero el *cliente* en este caso es el alumno que recibe la evaluación y su familia, quienes recibirán el informe. El analista de conducta trabaja en nombre de, y vigilando, los mejores intereses de la persona más vulnerable, que en este caso es el niño. Es importante explicar esto al principio a la organización que lo contrata. Recomendamos la utilización de la Declaración de Práctica Profesional (Capítulo 18) para ayudar con este aspecto.

• • • • • • • •

## CASO 2.02 LOS RIESGOS DE LA CONTRATACIÓN POR PARTE DE UN DISTRITO ESCOLAR

*"Fui contratado por un distrito escolar como profesional independiente para realizar un análisis funcional de la conducta (FBA) de un estudiante. He entregado el informe al distrito. El distrito debe proporcionar el informe a la familia dos días antes de la reunión. La familia del alumno ahora me está solicitando el informe a mí directamente. Nuestra política habitual es proporcionar todos los documentos solicitados por un cliente a éste dentro de las 24 horas posteriores a la solicitud. El distrito me ha informado de que no debo proporcionar el informe directamente a la familia del alumno. Cualquier consejo sería bien recibido. Gracias por su ayuda".*

• • • • • • • •

## 2.03 CONSULTA

(a) Los analistas de conducta programan consultas y derivaciones convenientes basadas principalmente en los mejores intereses de sus clientes, con el consentimiento apropiado y sujetas a otras consideraciones relevantes, incluyendo la ley aplicable y las obligaciones contractuales.

Una consultoría "apropiada" para nuestro campo generalmente se entenderá como una referencia a otro campo basada en la evidencia compatible con el análisis de conducta. Un ejemplo de esto sería derivar a un cliente con un trastorno obsesivo compulsivo (TOC) a un terapeuta cognitivo-conductual. Un "consentimiento" apropiado significa que el cliente está informado del proceso por el cual se le recomiendan otros profesionales y se le da información sobre sus cualificaciones. Referirlos a tus amigos o parientes sería inapropiado y poco ético debido a posibles conflictos de intereses. En estas situaciones, es una práctica estándar proporcionar dos o tres nombres para que el cliente pueda elegir con quién desea trabajar.

(b) Cuando proceda y sea adecuado profesionalmente, los analistas de conducta cooperan con otros profesionales, de manera consistente con los supuestos filosóficos y los principios del análisis de conducta, para poder atender a sus clientes de manera efectiva y adecuada.

Los analistas de conducta a menudo trabajan con otros profesionales en un equipo que puede estar formado por médicos, enfermeras, trabajadores sociales, terapeutas ocupacionales, fisioterapeutas, terapeutas del habla, etc. Algunos analistas de conducta noveles, una vez que se incorporan a este campo, se sorprenden al saber que algunos de estos otros profesiones no mantienen los mismos supuestos filosóficos que nosotros. Si bien nuestro trabajo está firmemente basado en la evidencia, otras disciplinas pueden estar ligadas a la teoría. Si bien dependemos casi exclusivamente de estudios diseñados para un único caso, otros profesionales confían en los datos estadísticos de grupo. Como analistas de conducta, asumimos que el comportamiento es maleable y puede modificarse si podemos descubrir los antecedentes precisos, las operaciones motivadoras y las contingencias. En cambio, otros enfoques enfatizan las variables o teorías genéticas o de personalidad, que tienen una base empírica débil. La mayoría de nosotros pregunta rápidamente: "¿Tienen datos que apoyen eso?", lo que puede desalentar o incluso amenazar a los demás. Antes de que aquellos profesionales con otras convicciones cooperen con nosotros, es necesario desarrollar cierta relación con ellos y hacerles saber que respetas su punto de vista (Bailey y Burch, 2010). Ser un buen oyente durante las reuniones y proporcionar reforzamiento y apoyo a cualquier idea que tengan que *sea* compatible con el análisis aplicado de conducta, contribuirá en gran medida a mejorar la cooperación cuando estés listo para presentar tu propuesta de intervención.

## 2.04 PARTICIPACIÓN DE TERCEROS EN LA PROVISIÓN DE SERVICIOS

(a) Cuando los analistas de conducta acuerdan prestar servicios a una persona o entidad a solicitud de un tercero, los analistas de conducta aclaran, en la medida de lo posible y al comienzo del servicio, la naturaleza de la relación con cada parte y cualquier posible conflicto de intereses. Esta aclaración incluye el rol del analista de conducta (como el terapeuta, el asesor organizacional o el testigo experto), los posibles usos de los servicios brindados o la información obtenida y el hecho de que puede haber límites a la confidencialidad.

En un caso reciente cuando el distrito escolar contrató a un analista de conducta para realizar una evaluación funcional de la conducta de un estudiante (que tenía una tasa muy alta de rabietas y se proporcionaba golpes en la cabeza), habría sido apropiado, de acuerdo con el código 2.04, informar a los funcionarios escolares sobre su relación con la familia. Para operar en el mejor interés del niño, el analista de conducta primero debe obtener el permiso de los padres y luego ofrecer el informe directamente a la familia, con una copia al distrito escolar cuando se complete.

(b) Si existe un riesgo previsible de que se solicite a los analistas de conducta que desempeñen funciones conflictivas debido a la participación de un tercero, los analistas de conducta aclaran la naturaleza y la dirección de sus responsabilidades, manteniendo a todas las partes debidamente informadas a medida que se desarrolla y se resuelve la situación de acuerdo con este Código.

A veces se pide a los analistas de conducta que testifiquen en casos de custodia donde el divorcio es inminente. Las preguntas que se plantean son: ¿quién debería tener la custodia del niño? y el analista de conducta que proporciona el tratamiento diario testificará para la madre o el padre. Si te encuentras en esta situación, con suerte encontrarás refugio en nuestra metodología basada en datos. Por ejemplo, si has estado formando a uno o ambos padres para que implementen la intervención, entonces es posible que tengas datos sobre la efectividad de cada uno. En cuanto a la pregunta más general, "¿Quién crees que es el mejor padre?"- Esto va más allá del alcance de nuestra práctica y serías totalmente honesto si dijeras algo así como: "Lo siento, eso va más allá del alcance de mi experiencia". Todas las partes deben estar informadas de su posición sobre este asunto con anticipación para que no haya sorpresas en una declaración o en la sala de un tribunal.

(c) Al proporcionar servicios a un menor o individuo que sea miembro de una población protegida a petición de un tercero, los analistas de conducta se aseguran de que el padre o el cliente que representa al receptor final de los servicios, sea informado de la naturaleza y del alcance de los servicios que se proporcionarán, así como de su derecho a todos los registros y datos del servicio.

El término clave en este elemento del Código es "población protegida". Se refiere a aquellos individuos en nuestra cultura que requieren de apoyo adicional o protección e incluye a prisioneros, a menores de edad, a aquellos con capacidad disminuida y a discapacitados mentales o físicos.[1] Básicamente, esto es un recordatorio para los analistas de conducta que trabajan con poblaciones protegidas en entornos residenciales, que deben intentar comunicarse con los padres o representantes del cliente y mantenerlos informados (es decir, procedimientos e información).

(d) La asistencia del cliente es la prioridad de los analistas de conducta, por encima de todo lo demás y, si un tercero establece prioridades en los servicios que están contraindicadas por las recomendaciones de los analistas de conducta, los analistas de conducta están obligados a resolver dicho conflicto en favor del cliente. Si dicho conflicto no puede resolverse, los servicios del analista de conducta para el cliente pueden suspenderse después de una transición adecuada.

Aquí tenemos un ejemplo de dicha situación. Asegúrate de leer la conclusión al final del capítulo.

• • • • • • • •

### CASO 2.04(D) TRISTE FUSIÓN

*"La organización para la que trabajo está empezando a trabajar con otra compañía que brinda servicios de rehabilitación como OT, PT y habla. Mi compañía quiere colaborar con ellos para que podamos convertirnos en "un centro único" para todas las necesidades de tratamiento de personas con diagnóstico de autismo. Además, a nuestros BCBA se les pide que identifiquen clientes que puedan beneficiarse de estas terapias adicionales y sugieran a sus padres que deben ser evaluados por un terepeuta ocupacional, un terepeuta del lenguaje, etc. He expresado mi convicción de que nuestros clientes tienen derecho a un tratamiento efectivo y me preocupa que algunas de las terapias que podemos comenzar a brindar en nuestro centro no estén basadas en la evidencia. Después de profundizar en los tratamientos que brinda esta organización, descubrí que implementan la integración sensorial, la escucha terapéutica, la terapia de entrenamiento de astronautas, las dietas sensoriales y otros. Tanto mi director (que es BCBA) como el propietario de la otra organización me han dicho que cuando comencemos a colaborar y trabajar juntos veremos que todos estamos haciendo cosas similares con nuestros clientes; simplemente las llamamos de diferentes maneras. Mi director ha tratado de tranquilizarme diciendo que mis clientes solo pueden recibir 1 hora de otras terapias cada semana y que recibirán al menos 10 horas de ABA cada semana".*

• • • • • • • •

## 2.05 DERECHOS Y PRERROGATIVAS DE LOS CLIENTES (RBT)

(a) Los derechos del cliente son primordiales y los analistas de conducta apoyan los derechos y prerrogativas legales del cliente.

(b) Los clientes y supervisados deben recibir, previa solicitud, un conjunto preciso y actualizado de las credenciales del analista de conducta.

(c) Debe asegurarse que tanto el cliente como el personal relevante dan su permiso para la grabación electrónica de entrevistas y sesiones de prestación de servicios en todos los entornos relevantes. Para cualquier uso de la información debe obtenerse un consentimiento específico y por separado.

(d) Los clientes y supervisados deben ser informados de sus derechos y de los procedimientos pertinentes para presentar quejas acerca de prácticas profesionales de analistas de conducta con el contratante, las autoridades apropiadas y el BACB.

(e) Los analistas de conducta cumplen con los requisitos de verificación de antecedentes penales.

Algunos de estos ítems (2.05 (b, c, d)) deberían incluirse en una Declaración de Servicios Profesionales (ver Capítulo 18). Cuando no se respetan los derechos y prerrogativas de los padres (2.05 (a)), puede haber una gran reacción, como se muestra en este caso.

• • • • • • • •

### CASO 2.05 (A–D) PADRES ENFURECIDOS

*"Mi esposa y yo tenemos una hija de 11 años que tiene diagnóstico de autismo. Un analista de conducta contratado por el sistema escolar público trató a nuestra hija sin nuestro conocimiento y sin nuestro consentimiento durante un período de 12 semanas. Nos enteramos de esto involuntariamente cuando encontramos una nota de progreso mensual aplastada en la fiambrera de nuestra hija. No se hace mención a la terapia ABA en el informe educativo personalizado (IEP) de nuestra niña ni se menciona en las notas publicadas en las reuniones del equipo durante el tiempo en el que el analista de conducta la trató. No se nos informó sobre el plan de tratamiento o los servicios directos proporcionados a nuestra*

*hija. Además, no fuimos incluidos en el proceso de evaluación y no recibimos los resultados de la evaluación. Cuando nos reunimos, el terapeuta nos informó de que no necesitaba incluir a los padres en la aplicación de sus servicios. Dijo que su contrato con el sistema público educativo constituía la autoridad legal para tratar a nuestra hija y que no se había involucrado en ninguna irregularidad legal o ética. El Director de Educación Especial nos dijo: "La metodología y los detalles del tratamiento es ,en su totalidad, propiedad de la escuela". El terapeuta es un BCaBA. El "supervisor" del terapeuta, un BCBA-D, afirma que la supervisión se realiza por teléfono, cada dos meses durante menos de una hora. El supervisor afirma, además, que todo esto es un tratamiento rutinario y conveniente. Estamos consternados y enfurecidos. Creemos que cualquier tratamiento en ausencia de un consentimiento informado legal completo no es ético ni es legal. Un tratamiento con este nivel de opacidad es indicativo de un abuso grave potencial. ¿Tienes alguna sugerencia sobre cómo podríamos conseguir que alguien aborde esto?"*

• • • • • • • •

## 2.06  MANTENIMIENTO DE LA CONFIDENCIALIDAD (RBT)

(a) Los analistas de conducta tienen como obligación principal el tomar las precauciones razonables para proteger la confidencialidad de aquellos con quienes trabajan o consultan, reconociendo que la confidencialidad debe establecerse por ley, por las reglas de la organización o por las relaciones profesionales o científicas.

(b) Los analistas de conducta comentan las cuestiones relativas a la confidencialidad desde el inicio de la relación y posteriormente, según lo vayan requiriendo las circunstancias.

(c) Para minimizar las intromisiones en la privacidad, los analistas de conducta incluyen solo información relacionada con el propósito para el cual se realiza la comunicación en informes escritos, orales y electrónicos, consultas y otras vías.

(d) Los analistas de conducta manejan información confidencial obtenida en relaciones clínicas o de consulta o de datos de evaluación sobre clientes, estudiantes, participantes de investigación, supervisados y empleados, solo para fines científicos o profesionales apropiados y solo con personas claramente interesadas en tales asuntos.

• • • • • • • •

### CASO 2.06 (D) FELIGRESES ENTROMETIDOS

*La Dra. Elizabeth C. era una BCBA-D que trabajaba con varios niños en su pequeña comunidad. La Dr. C. a menudo proporcionaba tratamiento en las casas de los niños después de la escuela. Dos de los clientes de la Dr. C., Jason y Jessica, eran hermanos. Su padre, alcohólico, estaba dentro y fuera del hogar y había abusado de su madre en el pasado. La Dr. C. asistía a una iglesia donde varios miembros de la congregación conocían a la familia. Se preocupaban mucho por los niños y le preguntaban cómo estaban. Estas personas afectuosas solían decirle a la Dr. C. lo que sabían sobre la familia y preguntaban cómo se llevaban los niños en la escuela y en qué tipo de cosas trabajaba cuando iba a la casa. Las mujeres de la iglesia habían donado ropa a la familia en el pasado y mantenían a los niños en una lista para recibir regalos de Navidad de la iglesia.*

• • • • • • • •

(e) Los analistas de conducta no deben compartir o crear situaciones que puedan resultar en el intercambio de información personal (escrita, fotográfica o de vídeo) sobre clientes actuales y supervisados dentro de los contextos de las redes sociales.

Esta adición al Código está destinada a proteger la confidencialidad de los clientes en el nuevo ambiente del "salvaje oeste" de las redes sociales. Los analistas de conducta, de forma comprensible, simpatizan con los clientes con los que trabajan y con la locura de publicar "selfies" en todas partes, a menudo se olvidan de que es inapropiado "publicar" a clientes en Facebook, Instagram u otras páginas de redes sociales.

## 2.07  MANTENIMIENTO DE REGISTROS (RBT)

(a) Los analistas de conducta mantienen la confidencialidad adecuada para crear, almacenar, acceder, transferir y disponer de los registros bajo su control, ya sean escritos, automáticos, electrónicos o en cualquier otro medio.

Los analistas de conducta hacen frente a una gran cantidad de evaluaciones en papel, dispositivos de almacenamiento, correo electrónico y otros documentos. Cada vez usan más los medios electrónicos para registrar datos y producir informes mensuales, trimestrales o anuales. Es esencial disponer de un método seguro para mantener la información confidencial de los clientes . Como analista de conducta, no deberías dejar los documentos en tu apartamento o en tu automóvil, donde cualquier persona que venga de visita pueda acceder a la información del cliente. Es particularmente crucial utilizar contraseñas que solo tú conozcas para acceder a la información electrónica que almacenas en tu ordenador de escritorio, ordenador portátil o iPad. Debemos considerar el peor de los escenarios posibles: si alguien que deseaba perjudicarte se encuentra con los registros confidenciales que posees del cliente, ¿podría acceder a ellos? Los registros del cliente deben ser tratados con más precaución que las joyas caras.

(b) Los analistas de conducta mantienen y eliminan los registros de acuerdo con las leyes, regulaciones, políticas corporativas y políticas organizacionales aplicables y de una manera que permita el cumplimiento de los requisitos de este Código.

Es importante estar al día sobre la legislación vigente con

respecto al mantenimiento y la destrucción de los registros de los clientes. Dependiendo de los tipos de registros, esto puede variar de uno a siete años o más. Asegúrate de verificar las leyes en tu estado y con tu agencia para conocer las políticas específicas aplicables a los registros del cliente en tu área. Lo peor sería verse implicado en un proceso judicial con un cliente para el que trabajaste varios años atrás. Si esto sucediera, ¿podrías defenderte mostrando y utilizando tus registros?

## 2.08  REVELACIÓN DE INFORMACIÓN (RBT)

Los analistas de conducta nunca divulgan información confidencial sin el consentimiento del cliente, excepto según lo exija la ley, o cuando lo permita la ley para un propósito válido, como (1) proporcionar los servicios profesionales necesarios para el cliente, (2) obtener consultas profesionales apropiadas, (3) para proteger al cliente u otros de daños, o (4) para obtener pagos por servicios, en cuyo caso la divulgación se limita al mínimo que es necesario para lograr el propósito. Los analistas de conducta reconocen que los parámetros de consentimiento para la revelación de datos deben ser desarrollados al comienzo de cualquier relación definida y que este es un procedimiento que continua durante toda la relación profesional.

Cabe señalar que "Consentimiento" significa consentimiento por *escrito*. Esta es una forma de documentación que se incluye en el Código 2.07. Hay algunos otros términos aquí que requerirán interpretación por tu parte. En (1), los servicios profesionales "requeridos" exigirán una comprensión de todos los servicios que tu cliente necesita para garantizarle una buena calidad de vida. Esto puede incluir enfermería, fisioterapia, asesoramiento o cualquier otro servicio profesional que parezca relevante. En virtud de (2), "consultorías profesionales competentes", esto podría significar aportar a un profesional, por ejemplo, que esté especializado en trastornos alimentarios o comportamiento autolesivo. En un caso excepcional en (3) donde se debe exigir el cumplimiento de la ley para proteger al cliente u otras personas de una lesión, sería importante proporcionar información sobre el cliente para asegurar que se le trata con cuidado. Finalmente, (4) alude a casos en los que la facturación a una compañía de seguros o una agencia gubernamental puede requerir la divulgación de cierta información descriptiva o de diagnóstico mínima. Se recomienda que estas divulgaciones sean las "mínimas necesarias" y todas estas condiciones se deben detallar en una Declaración de Servicios Profesionales (ver Capítulo 18) al inicio del tratamiento, con recordatorios ocasionales durante el curso del tratamiento.

## 2.09 EFICACIA DEL TRATAMIENTO O INTERVENCIÓN

(a) Los clientes tienen derecho a un tratamiento eficaz (basado en la literatura de investigación y adaptado a cada cliente). Los analistas de conducta siempre tienen la obligación de promover y educar al cliente acerca de los procedimientos de tratamiento con apoyo científico más eficaces. Procedimientos de tratamiento eficaces han debido de ser validados y hallados adecuados en sus beneficios a corto y largo plazo para el cliente y la sociedad.

El derecho a un tratamiento *efectivo* en este ítem del código se refiere a un informe de situación inicial de Van Houten et al. (1988). Este documento surgió en respuesta a un movimiento en el área de los trastornos del desarrollo para enfatizar el derecho de un cliente al tratamiento. Los líderes en nuestro campo sintieron que era importante enfatizar el término *efectivo*, ya que esa era una característica distintiva de nuestra ciencia de la conducta emergente. Se supone que la "literatura de investigación" a la que nos referimos aquí es *nuestro* trabajo de análisis de conducta que cumple con los requisitos del trabajo original de Baer, Wolf y Risley (1968), *Algunas dimensiones actuales del análisis aplicado de conducta*. Es decir, como analistas de conducta, abogamos por el uso de esa investigación que surge de la tradición del condicionamiento operante que comienza con el *Comportamiento de los organismos* de Skinner (1938). El simple hecho de que un procedimiento se publique en cualquier revista no significa que cumpla con este requisito. Existe una clara expectativa de que los analistas de conducta utilizarán procedimientos analíticos conductuales publicados en revistas y revisados por expertos con altos estándares. Aquí hay un ejemplo del choque cultural que puede ocurrir cuando estos puntos de vista se encuentran en una familia.

• • • • • • • •

### CASO 2.09 (A) CONFLICTO SOBRE TRATAMIENTO EFECTIVO

*Tengo un cliente de cinco años que es principalmente no verbal. El patólogo del habla o del lenguaje del cliente está utilizando Floortime y su propia versión adaptada de PODD ("Pragmatic Organization Dynamic Display", Muestrario dinámico de organización pragmática) para enseñar comunicación funcional en la escuela. Soy el BCBA que dirige la intervención con el cliente en su casa y mi equipo le está enseñando el sistema de comunicación PECS (Sistema de Comunicación a través del Intercambio de Imágenes). Sus vocalizaciones están emergiendo, pero de forma discreta. Es difícil encontrar a lo largo de toda la investigación disponible sobre PODD certeza de que se trate de un sistema de comunicación funcional efectivo y basado en evidencia, incluso cuando se usa con integridad procedimental. Siempre he entendido por mis colegas BCBA que Floortime no está basado en investigaciones. No estoy conforme con la idea de guiar a los padres de acuerdo al SLP en la escuela. Ella básicamente define PECS como un procedimiento simple de mandos y el análisis aplicado de conducta (ABA) como enseñanza por ensayo discreto (DTT). Pregunta 1: ¿Cómo debo proceder éticamente? Pregunta 2: ¿Hay alguna investigación dentro del alcance de ABA que apoye el Floortime o PODD como metodologías de enseñanza efectivas?"*

• • • • • • • •

(b) Los analistas de conducta tienen la responsabilidad de abogar por la cantidad apropiada y el nivel de provisión y supervisión del servicio requerido para cumplir con las metas definidas del programa de cambio de conducta.

Es cierto que no tenemos una ciencia bien elaborada para determinar la cantidad precisa y el nivel de tratamiento que es adecuado para cada cliente. Sin embargo, tenemos una rica literatura de investigación que proporciona orientación. Se espera que los analistas de conducta estén bien familiarizados con la literatura de la conducta y apliquen los hallazgos a su práctica diaria. Aquí tenemos un ejemplo.

• • • • • • • •

### CASO 2.09 (B) FACTURAR LAS MÁXIMAS HORAS

*"La política de mi compañía es primero ver cuántas horas pagará el seguro del cliente y facturar la cantidad máxima de tiempo para ese cliente, independientemente de las necesidades de éste. Por ejemplo, los clientes que presentaban UN MÍNIMO DÉFICIT DE HABILIDADES, para quienes es clínicamente apropiado recomendar solo unas pocas horas a la semana de terapia, SIEMPRE recibirían la cantidad máxima de horas asignadas por la compañía de seguros (algunas veces 20 horas por semana), a pesar de las recomendaciones clínicas. Cuando cuestioné este sistema, me dijeron: "No importa. El seguro lo paga". Observé una sesión con un cliente, un niño de 5 años con un diagnóstico de trastorno de Asperger. Estaba recibiendo "terapia de alimentación" por parte de un BCaBA en la clínica. Cuando le pregunté en qué objetivos estaba trabajando, afirmó que el cliente había cumplido con todos sus objetivos de alimentación, pero, como el seguro paga por esta terapia, la compañía le pidió que continuara viéndolo regularmente".*

• • • • • • • •

(c) En aquellos casos en que se haya establecido más de un tratamiento respaldado científicamente, se pueden considerar factores adicionales a la hora de seleccionar la intervención. Estos factores incluyen, entre otros, eficacia y rentabilidad, riesgos y efectos secundarios de las intervenciones, preferencia del cliente y experiencia y entrenamiento del practicante.

Este elemento hace que sea obvio por qué los analistas de conducta necesitan estar constantemente al tanto de la investigación en curso en nuestro campo. Hay tantos procedimientos entre los cuales elegir y tantas decisiones que tomar que a veces puede ser vertiginoso. Solo ponderar los factores de costo-efectividad frente a los riesgos (incluidos los efectos secundarios), por ejemplo, requiere una cantidad increíble de decisiones profesionales.

(d) Los analistas de conducta revisan y evalúan los efectos de cualquier tratamiento del que sean conscientes que pueda afectar a los objetivos del programa de cambio de comportamiento y su posible impacto en el programa de cambio de conducta, en la medida de lo posible.

Se puede interpretar que este elemento del código significa que, como analista de conducta, es necesario saber si hay otros tratamientos que se están implementando con el cliente y qué muestra la evidencia; Aquí tenemos un ejemplo.

• • • • • • • •

### CASO 2.09 (D) ¿CREES EN LOS MILAGROS?

*"He estado trabajando con una niña de 5 años y sus padres durante aproximadamente un año y medio. Además de los servicios de ABA que proporciono en el hogar, la familia está muy interesada en los tratamientos biomédicos. El otoño pasado, durante una de mis sesiones, el padre le dio algo que no había visto antes y me dijo que era solución mágica mineral (MMS). Una vez que llegué a casa, leí sobre MMS y sobre lo*

*que la Administración de Alimentos y Drogas (FDA) tenía que decir al respecto. Tampoco pude encontrar ningún estudio de revisión entre pares que sugiriera la efectividad o seguridad de este producto. En ese momento me preocupé y le envié un correo electrónico a la madre del niño. Mencioné cómo, como analista de conducta, me preparo para llevar a cabo investigaciones y solo uso tratamientos basados en evidencias y las intervenciones que se han mostrado más eficaces para nuestros clientes. Le envié un enlace de un artículo que sugería que era una estafa y también envié un enlace del comentario de la FDA sobre MMS: http://www.fda.gov/Safety/MedWatch/SafetyInformation/Saf etyAlertsforHumanMedicalProducts / ucm220756.htm*

*También le dije: Recomiendo que le comente este asunto a su médico. No soy médico y no sé mucho sobre este producto. Sin embargo, sé aplicar lo que la investigación revisada por pares afirma que es efectivo y este producto tiene muchas de las cualidades de lo que uno podría considerar como un tratamiento "de moda" para el autismo".*

• • • • • • • •

## 2.10 DOCUMENTACIÓN DEL TRABAJO PROFESIONAL Y LA INVESTIGACIÓN (RBT)

(a) Los analistas de conducta documentan adecuadamente su trabajo profesional para facilitar la prestación de servicios más tarde por ellos o por otros profesionales, para garantizar la rendición de cuentas y cumplir con otros requisitos de las organizaciones o la ley.

(b) Los analistas de conducta tienen la responsabilidad de crear y mantener la documentación con una clase de detalle y calidad tal que sea consistente con las mejores prácticas y la ley.

Cuando se trata de documentar su trabajo, los analistas de conducta deberían ser un ejemplo en el mantenimiento de registros. Nuestro estándar es que tomamos datos sobre lo que hacemos y la mayoría de las veces graficamos esos datos para que otros puedan verlos. Si existiese un punto débil en nuestra disciplina es muy probable que no se tratase de los datos. Este elemento del código nos recuerda que las entrevistas de admisión, las conversaciones telefónicas y las notas de las reuniones siempre deben documentarse para su uso posterior. Dada la naturaleza litigiosa de nuestra cultura actual, es probable que sea sensato crear un registro en papel para cada cliente. Por supuesto, otro uso más probable de la documentación que almacenas sobre un caso sería si necesitaras hacer una transición de un caso a otro analista de conducta por alguna razón. Basta pensar en el material que te gustaría recibir si alguien te transfiriese un cliente para comprender la necesidad de este estándar.

## 2.11 REGISTROS Y DATOS (RBT)

(a) Los analistas de conducta crean, mantienen, distribuyen, almacenan, retienen y eliminan registros y datos relacionados con su investigación, práctica y otros trabajos de acuerdo con las leyes, regulaciones y políticas aplicables; de una manera que permita el cumplimiento de los requisitos de este Código; y de una manera que permita la transición apropiada de la supervisión del servicio en cualquier momento en el tiempo.

(b) Los analistas de conducta deben conservar registros y datos durante al menos siete años y según lo exija la ley.

Este es un requisito estricto debido a (1) la naturaleza de la seguridad requerida para los datos del cliente y (2) el requisito de tiempo. En muchos casos, la protección y retención de los datos del cliente será responsabilidad de la empresa o agencia donde trabaja el analista de conducta. Sin embargo, si eres un profesional independiente, prepárate para comprar archivadores seguros y armarios con sistema de bloqueo tan pronto como fundes un negocio y desarrolla un sistema de archivo exacto para la recuperación eficiente de documentos.

## 2.12 CONTRATOS, HONORARIOS Y ACUERDOS ECONÓMICOS

(a) Antes de la aplicación de los servicios, los analistas de conducta se aseguran de que exista un contrato firmado que describa las responsabilidades de todas las partes, el alcance de los servicios analíticos conductuales que se proporcionarán y las obligaciones de los analistas de conducta según este Código.

(b) Tan pronto como sea factible en una relación profesional o científica, los analistas de conducta llegan a un acuerdo con sus clientes especificando las condiciones de compensación y facturación.

Una manera fácil de garantizar que todas las partes conozcan la naturaleza de sus servicios y sus prácticas de facturación es usar una Declaración de Servicios Profesionales (que se analiza en el Capítulo 18). Este documento puede usarse para documentar los acuerdos iniciales para que no haya dudas en el futuro.

(c) Los honorarios de los analistas de conducta son los establecidos por la ley y éstos no falsean sus tarifas. Si se anticipasen problemas relacionados con limitaciones en la financiación de los servicios, este asunto se comentaría con el cliente tan pronto como fuera posible.

(d) Cualquier cambio en las circunstancias que afecten a la financiación de los servicios debe ser revisado con el cliente. Sobre todo en lo que respecta a las responsabilidades y los límites.

## 2.13 PRECISIÓN EN LOS INFORMES DE FACTURACIÓN

Los analistas de conducta exponen con precisión la naturaleza de los servicios que proporcionan, las tarifas o costes, la identidad del proveedor, los resultados esperables y otros datos descriptivos requeridos. Parece, no obstante, que algunos "terapeutas" de conducta sin escrúpulos están actuando en nuestras comunidades; ver el siguiente caso.

•  •  •  •  •  •  •  •

## CASO 2.13 PESADILLA DE FACTURACIÓN

*"Mi hija recibía terapia ABA por parte de una terapeuta conductual certificada por la BACB. La terapeuta estaba facturando a nuestra compañía de seguros por servicios que mi hija nunca recibió. La terapeuta es un proveedor de servicios y, por ley, la terapia completa está cubierta por la compañía de seguros. Le pedí explicaciones y aclaraciones a la terapeuta, pero ella me ha negado cualquier recurso, diciéndome que me lleve a mi hija a casa. Recientemente me envió una factura por correo certificado y ha amenazado con cobrar lo adeudado. Estoy tratando de encontrar una explicación al número de horas que me ha facturado, pero la única información que tengo son los códigos de facturación al seguro".*

•  •  •  •  •  •  •  •

## 2.14    DERIVACIONES Y HONORARIOS

Los analistas de conducta no deben recibir o dar dinero, regalos u otros beneficios por derivaciones profesionales. Las derivaciones deben considerar múltiples opciones y hacerse con base en la determinación objetiva de la necesidad del cliente y del subsiguiente repertorio del profesional al que se remite. Cuando se proporciona o se recibe una derivación, el alcance de cualquier relación entre las dos partes es revelado al cliente.

El objetivo de este elemento del código es evitar una reproducción en nuestro campo de un caso parecido al caso "payola" que golpeó a la industria músical en la década de 1950 y en el que se dieron sobornos comerciales a programas de radio para reproducir ciertas canciones con más frecuencia que otras con el objetivo de aumentar las ventas de discos. Limitando la posibilidad de que un analista de conducta reciba "incentiva" por la derivación de un cliente y requerir que sugiramos múltiples opciones, reduce en gran medida la posibilidad de "sobornos" en nuestro campo.

## 2.15   INTERRUPCIÓN Y SUSPENSIÓN DE LOS SERVICIOS

(a)  Los analistas de conducta actúan en el mejor interés del cliente y del supervisado para evitar que se produzca la interrupción o suspensión de los servicios.

Si bien este es el ideal, las circunstancias del mundo real pueden ocasionalmente intervenir, como se muestra aquí.

• • • • • • • •

### CASO 2.15 (A) JUSTIFICADO

*"Estamos trabajando con una familia en la que el padre no quiere que usemos reforzadores que hemos determinado que son efectivos de acuerdo con una evaluación de reforzadores. Como resultado, estamos luchando por encontrar otros medios efectivos de reforzamiento. Además, el padre entra en la sala de terapia cada vez que su hija está enfadada. Hemos expuesto a la madre del niño cómo este asunto está complicando las sesiones. También hemos intentado reunirnos con el padre varias veces, pero él no se muestra disponible. Creemos que el cliente no se está beneficiando de nuestro servicio, pero la madre ha insistido en que está viendo que el niño consigue avances como resultado de las intervenciones que estamos implementando. Queremos asegurarnos de que estamos proporcionando servicios de una manera ética y responsable. Desde una perspectiva ética, ¿qué tipo de servicios previos a la interrupción serían apropiados y/o cuál es la mejor manera de abordar el cese de los servicios en esta situación si esta es la recomendación?"*

• • • • • • • •

(b) Los analistas de conducta hacen esfuerzos razonables y oportunos para facilitar la continuación de los servicios analítico-conductuales en caso de interrupciones no planificadas (p.ej., debido a enfermedad, deterioro, indisponibilidad, traslado, interrupción de la financiación, desastre).

Las interrupciones del servicio no planificadas son, por definición, difíciles de manejar. En particular, los analistas de conducta que son proveedores independientes tendrán dificultades en caso de encontrarse de repente indispuestos por enfermedad o accidente. El mejor plan de acción para estos profesionales es tener un colega disponible que lo pueda sustituir con poco tiempo de antelación. Esto significa que el colega necesitará permiso para leer los archivos del cliente y hablar con los clientes. Además, el analista de conducta debe estar seguro de que el sustituto es competente y cuenta con la cualificación necesaria para hacerse cargo de la intervención con el cliente.

(c) Al entrar en relaciones laborales o contractuales, los analistas de conducta tienen en cuenta la ordenanza y la adecuada resolución de la responsabilidad de los servicios en caso de que la relación laboral o contractual termine, con suma consideración al bienestar del beneficiario último del servicio.

En este elemento del código, destacan dos términos claves. El primero es "ordenado y apropiado", lo que entendemos significa que se ha empleado un tiempo y una atención considerables a cómo se interrumpen los servicios. Esto incluiría reuniones iniciales para comentar las circunstancias que han surgido, y luego reuniones de seguimiento para ver si es posible alguna resolución. Si se trata de un empleado que simplemente "no está preparado" y si la formación y el asesoramiento han fallado, la agencia, a fin de evitar que el cliente se quede sin servicios, deberá planificar la cobertura. El segundo término, "consideración primordial", puede interpretarse en el sentido de que desde la administración no se emprenderán acciones precipitadas sin tener en cuenta la necesidad que el cliente tiene de recibir servicios de forma continuada.

(d) La interrupción solo se produce después de que se han llevado a cabo los esfuerzos necesarios para la transición. Los analistas de conducta interrumpen una relación profesional de manera oportuna cuando el cliente: (1) ya no necesita el servicio, (2) no se está beneficiando del servicio, (3) está siendo perjudicado por la continuidad del servicio, o (4) cuando el cliente solicita la suspensión *(véase también, 4.11 Suspensión de programas de modificación de conducta y Servicios Analítico-conductuales).*

En algunos casos, cuando un cliente ha demostrado progreso y ya no necesita terapia o cuando, a pesar de varias revisiones del programa, no se muestra ningún progreso, el analista de conducta deberá informar al cliente sobre la situación y presentar un plan para la interrupción. Algunos clientes desarrollan apego hacia su terapeuta y se niegan a aceptar la interrupción de los servicios debido al progreso que se muestra. Si un cliente toma la decisión de suspender los servicios, es probable que este proceso se acelere para satisfacer sus necesidades. Los analistas de conducta involucrados en tales circunstancias deberían hacer un esfuerzo para ayudar al cliente a encontrar otros servicios profesionales.

(e) Los analistas de conducta no abandonan a los clientes. Antes de la suspensión, por cualquier razón, los analistas de conducta: comunican las necesidades del servicio, brindan adecuados servicios previos a la terminación, sugieren proveedores de servicios alternativos según corresponda y, previo consentimiento, adoptan otras medidas razonables para facilitar la transferencia oportuna de la responsabilidad a otro proveedor.

"Abandono" es un término hostil que sugiere que el cliente fue dado de baja abruptamente sin previo aviso. Es poco probable que esto ocurra en los servicios analítico-conductuales orientados al consumidor que proporcionamos, pero incluso una insinuación de interrupción puede causar un alboroto importante, como se muestra aquí.

••••••••

## CASO 2.15 (C, D, E) ACUSADO DE ABANDONO

*"Ayer el padre de un niño con autismo nos notificó que tiene la intención de presentar una queja contra nosotros a la BACB relacionada con negligencia y abandono. La notificación de la queja se produjo después de que recientemente iniciamos un proceso de finalización de los servicios actuales de ABA. Comenzamos a prestar servicios a este alumno en junio e intentamos concluir nuestros servicios en octubre. Le proporcionamos una notificación formal del cese en septiembre, pero ya iniciamos conversaciones sobre nuestras preocupaciones con los padres a mediados de agosto. Hemos tenido problemas continuos con este caso, problemas que hemos intentado resolver, incluido conflicto de intereses, roles dobles, así como una solicitud de los padres para las prácticas de ABA que no se corresponden con las necesidades de este niño. Estamos dispuestos a explorar la opción de permanecer involucrados más tiempo del notificado en un principio de un mes, para facilitar una transición exitosa a otro BCBA. Sin embargo, dudamos dadas las implicaciones éticas de los asuntos ya mencionados que no hemos podido remediar. Como primer paso, tenemos la intención de responder inmediatamente a este padre para ofrecer una colaboración continua en relación con la facilitación de la transición a otra agencia y/o profesional independiente que mejor se adapte a las necesidades de este niño y su madre. Por ejemplo, podríamos sugerir recomendaciones de programas dentro de las opciones locales, incluido el trabajo con BCBA que están empleados a tiempo completo en su ubicación actual, si esta es la respuesta más ética. Tenemos algunas recomendaciones que pueden satisfacer las necesidades de este niño, pero éstas justificarían nuestra participación durante más tiempo a fin de verificar que la agencia / distrito receptor tenga el personal capacitado y los profesionales en su lugar. ¿Es prudente permanecer más tiempo debido a nuestras preocupaciones éticas?"*

•••••••

# RESPUESTAS A CASOS

## CASO 2.02 LOS RIESGOS DE LA CONTRATACIÓN POR PARTE DE UN DISTRITO ESCOLAR

*Seguir la orientación del distrito no parece ser lo mejor para el cliente; nuestro código ético requiere que consideremos principalmente el interés del cliente (la familia en este caso). Parece que la política del distrito escolar es darle a la familia el menor tiempo posible para analizar el informe y preparar una respuesta para presentar en la reunión. La acción más ética en este caso sería que tú proporciones rápidamente el informe a la familia para que tenga tiempo suficiente para preparar su respuesta y, posiblemente, buscar asesoría legal en este importante asunto. Los analistas de conducta siempre respaldan los derechos de los clientes y operan según sus mejores intereses; no son armas alquiladas disponibles para el mejor postor. Si proporcionas a la familia el informe, es probable que el distrito escolar te despida y no te encargue más trabajo, así que prepárate para esa justa consecuencia.*

## CASO 2.04 (D) TRISTE FUSIÓN

*El autor de esta pregunta respaldó el apoyo de los otros BCBA en la organización y preparó una carta dirigida al comité de directores protestando por la fusión de su organización con una organización que apoyaba los procedimientos no basados en la evidencia. Tuvieron éxito en desacelerar la fusión y limitar el uso de procedimientos no basados en evidencia.*

> Los analistas de conducta defienden siempre los derechos de sus clientes y en su actuación prevalece el interés de estos; nunca son mercenarios a sueldo del mejor postor

## CASO 2.05 (A–D) PADRES ENFURECIDOS

*Los padres recurrieron su caso hasta el Departamento de Educación del Estado, que luego programó un IEP donde los padres estaban presentes. En esta reunión se decidió que no había ninguna razón para usar estos servicios conductuales provistos por el estado para este niño, que ahora se encuentra en una escuela privada donde no muestra ningún problema de comportamiento grave.*

## CASO 2.06 (D) FELIGRESES ENTROMETIDOS

*Los analistas de conducta tienen la obligación de respetar la confidencialidad de aquellos con quienes trabajan. Cuando se le preguntó acerca de los niños, la Dra. C. debería decirle cortésmente, a cualquiera que le pregunte, que no puede hablar sobre el trabajo que realiza con sus clientes y luego debería cambiar de tema amablemente.*

## CASO 2.09 (A) CONFLICTO SOBRE TRATAMIENTO EFECTIVO

*Pregunta 1. Éticamente, ¿cómo debo proceder?*

*Será difícil convencer al terapeuta del lenguaje de abandonar lo que está haciendo y use otro sistema. Sería apropiado que les explicara a los padres los motivos para utilizar PECS y los datos que apoyan su uso.*

*Pregunta 2. ¿Hay alguna investigación dentro del alcance de ABA que apoye a Floortime o PODD como metodologías de enseñanza efectivas?*

*No existe una investigación sólida (según lo define la metodología de diseño de caso único) que muestre que Floortime es un procedimiento basado en la evidencia, por lo que no debe sentirse presionado para utilizar este tratamiento de moda. Para PODD, existe un "estudio" que se publicó en 2007, y claramente no cumplía con los estándares de investigación del análisis de conducta.*

## CASO 2.09 (B) FACTURAR LAS MÁXIMAS HORAS

*Sin lugar a dudas, esta práctica no es ética, pero también es ilegal y fraudulenta. La analista de conducta se quejó a la empresa tanto de forma oral como por escrito, por la práctica de facturar el máximo de horas, independientemente de si se necesitaban o no. También informó a la compañía de seguros y, a continuación, renunció inmediatamente a su puesto.*

## CASO 2.09 (D) ¿CREES EN LOS MILAGROS?

*La analista de conducta ha ido más allá de su deber en un intento de manejar este caso de manera responsable. Ella informó a los padres de forma precisa sobre el producto. Si la analista de conducta hubiese notado efectos perjudiciales en el niño o en su comportamiento, podría haber sido necesario tomar medidas adicionales, pero hizo todo lo que se indicaba en el Código ético. Si el niño hubiese desarrollado síntomas como resultado del uso a largo plazo del producto o si su comportamiento hubiese comenzado a cambiar de manera negativa, habría sido el momento de plantear esto nuevamente a los padres. En ese momento, la analista de conducta se plantea si quiere o no continuar trabajando con el niño. Algunos padres están tan desesperados por una recuperación completa que adoptan una actitud de "Probar cualquier cosa" y "¿Qué daño puede hacer?" Los estudiantes de análisis de conducta deben aprender a mantener una visión crítica cuando se trata de tratamientos de moda. La analista de conducta en este caso fue cautelosa, cuidadosa y un honor para nuestra profesión.*

## CASO 2.13 PESADILLA DE FACTURACIÓN

*Este es un caso claro de conducta no ética así como una violación de la ley. Esto debe remitirse a la oficina de protección al consumidor que proceda o al departamento de regulación de seguros estatal en el caso de encontrarse en Estados Unidos.*

## CASO 2.15 (A) JUSTIFICADO

*Esta situación es bastante común y pueden surgir problemas cuando ambos padres están en desacuerdo con los aspectos específicos del tratamiento. El analista de conducta intentó coordinar a los padres e involucrar al padre en vano. Antes de informar sobre el cese de los servicios, hay varias cosas que considerar. ¿Se utilizó una Declaración de Servicios Profesionales al principio cuando los padres solicitaron ABA? De ser así, ¿incluía una cláusula sobre el requisito de cooperación total con el plan de comportamiento? ¿Y se mantuvo una conversación sobre las condiciones necesarias para el éxito del programa y los aspectos que impiden la aplicación? Además, ¿se incluyeron los criterios de interrupción o cese de los servicios? Si se tienen en cuenta todos estos aspectos, se debe procurar (de forma documentada) establecer una reunión para comentar estos temas. Si ninguno de los padres asiste, es hora de comenzar el proceso de finalización. Se debe aclarar a los padres que el motivo de finalización es la falta de mejora del cliente. Dos pasos finales son citar a los padres los elementos específicos del código y luego derivarlos a otra persona para recibir los servicios. En este caso, los servicios pueden incluir consultoría familiar con el fin de acercar a los padres la idea de que necesitan trabajar juntos para que su hijo avance.*

*Nota: Este caso finalizó con el cese de los servicios debido a la falta de fondos.*

## CASO 2.15 (C, D, E) ACUSADO DE ABANDONO

*El analista de conducta debe comenzar el proceso de transición de inmediato, asegurándose de mantener todas las comunicaciones por escrito y de mantener estos documentos en caso de que se necesiten más adelante. La respuesta más ética es ayudar al padre a encontrar una agencia o un BCBA que muestre las habilidades necesarias para trabajar con este niño. Al padre se le deben sugerir al menos tres referencias. En un caso como este, generalmente es mejor hacer una interrupción limpia.*

# 8
## Evaluación de la conducta (Código 3.0)

E s un principio fundamental del análisis de conducta la necesidad de "tomar datos de líneabase" antes de contemplar cualquier intervención. Las razones no son tan obvias para las personas que no estén familiarizadas, y la metodología por la cual se lleva a cabo está fuera del alcance de la mayoría de las otras profesiones. Para nosotros, tomar una líneabase significa muchas cosas, incluyendo lo siguiente:

- Se ha realizado una derivación de un comportamiento que es problemático para una persona significativa.
- La conducta es observable y ha sido definida operacionalmente de alguna manera que permite la cuantificación.
- Un observador capacitado ha visitado el entorno dónde ocurre la conducta y tiene documentadas la ocurrencia y las circunstancias bajo las cuales ocurre (esto indica que la derivación es legítima, que el problema es medible y

> **Los analistas de conducta no trabajan en base a rumores o de según lo que han oído de otras personas. Quieren ver los problemas por sí mismos**

que la conducta puede o no necesitar una intervención, dependiendo de lo que muestren los datos en el gráfico).

Los analistas de conducta no trabajan en base a rumores o de según lo que han oído de otras personas. Quieren ver los problemas por sí mismos, tener una idea de la variabilidad del día a día a fin de determinar si hay alguna tendencia. Por último, los analistas de conducta quieren entender las circunstancias bajo las cuales ocurre la conducta para tener una idea de su función.

> **Un analista de conducta astuto y con sentido ético tomará suficientes datos de líneabase como para asegurarse de que realmente hay un problema que necesita solución**

"Este niño me está volviendo loco, está constantemente fuera de su asiento, hablando con los otros niños, y nunca completa una tarea que reparto. Me paso todo el tiempo enviándolo a su asiento y diciéndole que se siente". Esta referencia de una maestra de tercer grado muy frustrada sería el estímulo para que un analista de conducta vaya al aula y observe exactamente lo que está sucediendo. La maestra preferiría sacar a este niño tan travieso de su clase. Pese a que el subdirector del colegio, el consejero escolar o el psicólogo escolar pueden comenzar inmediatamente a darle al maestro algunos consejos sobre qué hacer o programar una batería de inteligencia y pruebas de personalidad, el analista de conducta insiste en que primero se realice una evaluación de la conducta. ¿Cuánto tiempo está el alumno fuera de su asiento? ¿Cuáles son los antecedentes de este comportamiento? ¿Qué tipos de tareas le dan y cuántas completa realmente? El analista de conducta también estará interesado en saber qué tipo de ayudas utiliza la maestra para cada uno de los comportamientos y qué tipo de reforzamiento utiliza actualmente para mantener la conducta (si hay). Otra pregunta que podría surgir tiene que ver con la adecuación de las tareas de clase para el estudiante. ¿Hay alguna posibilidad de que sean demasiado difíciles o que las instrucciones sean inadecuadas? Y, finalmente, el analista de conducta, mientras observa al estudiante que le han derivado, también evaluará el entorno físico y el grado en el que influyen otros compañeros en la conducta del niño; ¿Hay alguna posibilidad de que el estudiante tenga problemas visuales o auditivos o simplemente se distrae para fastidiar a sus compañeros? El analista de conducta astuto y ético tomará suficientes datos de líneabase para asegurarse de que

## El concepto de condiciones limitantes es fundamental para comprender cómo funciona el análisis de conducta

efectivamente hay un problema que necesita solución y tendrá algunas ideas preliminares sobre las variables que podrían estar operando. Un último punto es que estos datos de líneabase se representarán gráficamente y se utilizarán como referencia al evaluar los efectos del tratamiento. Imagina cómo funcionaría esto si no hubiera una regla relativa a tomar datos de línebase primero. El analista de conducta tendría que basarse en una estimación de la frecuencia de las conductas objetivo hecha por una persona sin formación, posiblemente sesgada, que debería tomar en serio su opinión sobre las posibles variables causales, y no tendría ningún fundamento para evaluar las sugerencias realizadas. Visto desde este punto de vista, en absoluto es ético proceder de esta manera, sin embargo, este escenario es probablemente el modus operandi que los profesionales no conductuales consideran como un servicio de consultoría por un problema de conducta.

En el punto 3.0 del Código deontológico (3.0 Evaluación de la conducta), se especifica claramente qué se incluye en una evaluación de la conducta y en el Código 4.0 se incluye una obligación aún más amplia de explicar al cliente (p.ej., el maestro, el director y los padres) las condiciones necesarias para que la intervención funcione (4.06) y aquellas que podrían impedir su realización adecuada (4.07). Si el analista de conducta con sentido ético determina las variables de control de una conducta usando evaluación funcional (ver Iwata, Dorsey, Slifer, Bauman y Richman, 1982, para el estudio original sobre este método), él o ella está obligado a explicar en detalle los resultados de su evaluación a los clientes y explicar las *condiciones limitantes* que pueden afectar negativamente al tratamiento. Este último concepto, condiciones limitantes, es crucial para comprender cómo los analistas de conducta trabajan en contextos aplicados. Para tomar un ejemplo simple, si queremos utilizar un reforzador para fortalecer la conducta de *permanecer sentado en el asiento* del alumno de tercer grado descrito anteriormente,

> ## Como analista de conducta, tiene la obligación de explicar sus datos en un lenguaje sencillo que pueda entender el cliente

tenemos que averiguar cuál es el reforzador. Si, por alguna razón, no podemos encontrar el reforzador, entonces tendremos una condición limitante que excede las condiciones bajo las cuales podemos aplicar la intervención. O, si descubrimos cuál es el reforzador, pero no se le permite usarlo, o si la maestra se niega a usar el reforzador incluso si sabemos cuál es, habremos igualmente excedido las condiciones limitantes de la intervención. Si el reforzador es comestible (identificado a través de una evaluación de reforzadores), pero la maestra "no cree en el uso de aperitivos como recompensa" entonces será difícil cambiar la conducta de este niño a través de este medio. O si el analista de conducta determina que la intervención requiere de la participación de los padres, pero estos se niegan a cooperar entregando reforzadores contingentes en el hogar, habremos dado de lleno con una condición limitante de tratamiento.

Como nota final sobre la evaluación, esta es tan importante que los analistas de conducta expliquen al cliente qué significan los datos (probablemente utilizando los gráficos de trabajo reales para ilustrar los puntos clave) este punto se incluye en el Código. Allí, en el Código 3.04, se establece claramente que, como analista de conducta, usted tiene la obligación de explicar los datos de líneabase, la evaluación funcional, la evaluación de reforzadores u otros formularios de recopilación de datos de comportamiento del cliente, en inglés sencillo u otro idioma pertinente, para que él o ella pueda entender de lo que se está involucrado. Esto incluye, por supuesto, los resultados de cualquier intervención para mostrar los efectos medidos reales de lo que se probó y lo que funcionó. Además de mantener informado al cliente, guardián o defensor de nuestras intervenciones, este requisito también probablemente cumple alguna función de relaciones públicas. Le enseña al cliente que lo que hacemos es transparente y comprensible, que somos objetivos en nuestro enfoque y que utilizamos datos para la toma de decisiones. Un resultado deseado es que los clientes y los sustitutos de los clientes tan educados comiencen a hacer preguntas a otros profesionales sobre la base de sus intervenciones. Un requisito importante es buscar una consulta médica (Código 3.02) en los casos en que un comportamiento puede ser el resultado de una "variable médica o biológica". La mayoría de los analistas de conducta bien entrenados han estado haciendo esto por años, pero ahora esto se hace explícito en nuestro nuevo Código ético.

## 3.0   EVALUACIÓN DE LA CONDUCTA

Los analistas de conducta utilizan técnicas de evaluación analítico-conductuales con fines apropiados dada la investigación actual.

Este elemento del código es un recordatorio de que las evaluaciones que empleamos no tienen el propósito de determinar el cociente intelectual (CI), los rasgos de personalidad o la predicción de resultados exitosos. Los profesionales deben resistir cualquier presión para extrapolar de estas herramientas de evaluación estrechas pero muy útiles para hacer algo más que proporcionar una imagen muy precisa de algún aspecto de la conducta, ya sean habilidades sociales, académicas o del lenguaje. Si un empleado o gerente institucional presiona para pasar pruebas fuera de su zona de confort, siéntase libre de derivar a otros profesionales que realizan tales tareas, tales como psicólogos escolares o clínicos.

## 3.01 EVALUACIÓN ANALÍTICA DE LA CONDUCTA (RBT)

(a) Los analistas de conducta realizan las evaluaciones pertinentes previamente a realizar recomendaciones o a desarrollar programas de modificación de conducta. El tipo de evaluación utilizado es determinado por las necesidades del cliente y el consentimiento de éste, parámetros ambientales y otras variables contextuales. Antes de que los analistas de conducta desarrollen un programa de reducción de la conducta, deben llevar a cabo una evaluación funcional.

La razón principal para llevar a cabo una evaluación es determinar el repertorio actual del cliente para que puedan seguirse las intervenciones efectivas. Las evaluaciones de adquisición de habilidades ayudarán al terapeuta a entender dónde se encuentra el cliente en relación con otras personas de la misma edad cronológica y también pueden señalar las prioridades en la intervención. No se dice explícitamente, pero se entiende, que la evaluación se ha desarrollado adecuadamente para que sea válida y fiable. Se ha realizado un gran trabajo en la última década en evaluaciones funcionales que pueden hacerse rápidamente y con resultados consistentes. La función principal de una evaluación funcional de la conducta es descubrir las condiciones bajo las cuales es más probable que suceda o no la conducta en lugar de etiquetar al cliente.

En el caso siguiente, el interlocutor quiere saber si las evaluaciones que se realizan son apropiadas.

• • • • • • • •

### CASO 3.01 EL ÁMBITO DE PRÁCTICA PROFESIONAL

*"He estado trabajando con un BCBA que ha completado algún trabajo de posgrado en psicología clínica aunque no terminó el grado y no tiene ninguna colegiación, registro o certificación fuera del BCBA. Recientemente revisé una de los informes sobre una evaluación funcional de la conducta que hizo este BCBA a cargo de una cobertura para servicios ABA de una aseguradora. Me preocupa el uso de estos fondos y también el*

*ámbito de práctica profesional según la BACB. Aquí están mis preocupaciones:*

1. *Hubo varias evaluaciones psicológicas realizadas durante la evaluación funcional, incluidos el Developmental Profile-3 (DP-3), la Escala de Estrés Parental, y el PDD Behavior Inventory[1]. El cliente tiene 15 años y todas las evaluaciones se realizaron a través de una entrevista con los padres. El DP-3 solo está normalizado y estandarizado para niños desde el nacimiento hasta los 12 años. Las evaluaciones no proporcionan ninguna información o información adicional sobre la conducta problema específica (conducta autolesiva y agresiva).*

2. *El cliente tiene un historial de amenazas suicidas y trastorno depresivo agudo. La conducta de interés que fue evaluada fue conducta autolesiva (golpear la cabeza con la mano) y agresión verbal (estos comportamientos no se observaron durante la evaluación). El cliente fue hospitalizado 48 horas como resultado de estas amenazas. El BCBA le dijo al padre que estos comportamientos eran comunes en individuos de alto funcionamiento en el espectro del autismo y les explicó que la depresión se presenta de manera diferente en los adolescentes que en los adultos.*

*Mis preguntas son:*

1) *Cuando se realiza una evaluación bajo una certificación de la BACB y con fondos para una evaluación ABA, ¿es ético incluir pruebas de naturaleza psicológica y que no aporten información sobre la función, intensidad o nivel de comportamiento problemático evaluado?*

2) *¿Consideraría esta práctica fuera del alcance de la certificación BCBA?*

---

[1] N. del T.: El DP-3 se encuentra traducido al español aunque bajo el nombre comercial en inglés, la Escala de Estrés Parental fue validada en su versión en español por Oronoz, Alonso-Arbiol y Balluerka (2007) y está disponible en http://www.psicothema.com/pdf/3417.pdf, el PDD Behavior Inventory no ha sido traducido al español.

*Comenté mi punto de vista con la persona. Le dije que me preocupaba cómo se usaban los fondos y que la práctica parecía estar fuera del alcance de una persona con la certificación BCBA y más al alcance de la práctica de un psicólogo colegiado o registrado. El individuo no estuvo de acuerdo. Si esto está fuera del alcance de la práctica, ¿qué pasos debería seguir para abordar esta circunstancia?*

• • • • • • • •

(b) Los analistas de conducta tienen la obligación de recoger y mostrar gráficamente los datos, utilizando convenciones analítico-conductuales, de manera que permitan tomar decisiones y realizar recomendaciones para el desarrollo de programas de cambio de conducta".

Como el análisis de conducta es un campo basado en datos, para los analistas de conducta no es un gran desafío recopilar datos. Sin embargo, hay a veces dificultades para presentar los datos de tal

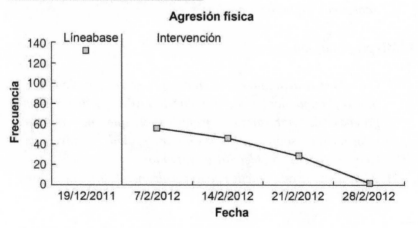

**Figura 8.1** Este gráfico que muestra los datos de un cliente fue presentado en el caso de K. G. contra Dudek en un tribunal federal en marzo de 2012.

manera que puedan ser fácilmente entendidos por personas que no son analistas de conducta. La Figura 8.1 es un gráfico presentado en un juicio en una corte federal para ilustrar el impacto de los servicios conductuales.

Los estudiantes serios que estén interesados en los métodos de presentación de datos disfrutarán de Edward Tufte's (1983), *La representación visual de información cuantitativa*. Este es un trabajo clásico en el mundo de los gráficos y una lectura obligada para analistas de conducta profesionales comprometidos.


## 3.02  CONSULTA MÉDICA

Los analistas de conducta recomiendan buscar una opinión médica si existe alguna posibilidad razonable de que la conducta en cuestión esté influenciada por variables médicas o biológicas.

A menudo se les pide a los analistas de conducta tratar comportamientos que pueden no ser de naturaleza totalmente operante. Estos incluyen respuestas que se deben a medicamentos que los clientes están tomando o a alguna variable médica o biológica. Un cliente que mueve una mano frente a sus ojos puede estar haciendo esto para llamar la atención o por estimulación visual automática. Los rasguños en la piel pueden ser causados por quemaduras solares, hiedra venenosa, ciertos alimentos o alergias a los medicamentos. Este elemento del código le recuerda al analista de conducta que considere posibilidades razonables en lo que a variables no operantes se refiere cuando reciban casos como el del ejemplo, ya que tratarlos con procedimientos operantes podría ser, no solo poco ético, sino también desastroso para el cliente.

• • • • • • • •

### CASO 3.02 EN BUSCA DE UNA NUEVA FUNCIÓN

*"Estoy buscando orientación sobre el caso de un niño de dos años con conductas graves en mi colegio. Anteriormente, las funciones de evitación (de las demandas hechas en el hogar y*

*el aula) y la atención eran bastante claras y nuestros procedimientos de intervención (manipulación de antecedentes y extinción) habían sido efectivos. Hace aproximadamente un mes, sus comportamientos comenzaron a cambiar. Esto sucedió en un momento en que muchas cosas cambiaron en su entorno: separación de los padres y cambio de colegio. El niño ahora sigue emitiendo los comportamientos problemáticos y nuestros métodos originales ya no son efectivos. Estos comportamientos más nuevos parecen emitirse en todos los entornos. Los he observado en la escuela y en su casa, y otro observador ha informado de estos en su otra escuela. Estas conductas todavía parecen estar mediadas socialmente algunas veces, pero también parecen mantenerse parcialmente mediante reforzamiento automático. Como la función ya no está clara, estamos planeando llevar a cabo una evaluación funcional. Además, dado que estos comportamientos parecen tener un componente de reforzamiento automático e involucran su cabeza (p.ej., golpear la cabeza, sacudir la cabeza), recomendé a la familia consultar a un neurólogo para realizar más pruebas y escáneres. ¿Sería ético llevar a cabo una evaluación funcional sin estos resultados? Me preocupa que pueda tomar un tiempo prolongado obtener estos resultados, y no creo que podamos esperar tanto tiempo para intervenir".*

• • • • • • • •

## 3.03 CONSENTIMIENTO A LA EVALUACIÓN ANALÍTICO-CONDUCTUAL

(a) Antes de la realización de una evaluación, los analistas de conducta deben explicar al cliente los procedimientos a utilizar, quién participará y cómo se usará la información resultante.

(b) Los analistas de conducta deben obtener la aprobación por escrito del cliente de los procedimientos de evaluación antes de su aplicación.

Como se comentó en el Caso 2.05, es esencial que los analistas de conducta obtengan el permiso de los padres u otros cuidadores autorizados para realizar una evaluación. Además, el analista de conducta debe explicar quién realizará la evaluación y cómo se utilizarán los resultados. Este simple requisito puede verse empañado por organizaciones tales como clínicas o distritos escolares, que requieren una aprobación general para todas las evaluaciones al inicio de los servicios. La intención de este elemento del código es dar control sobre la información a los cuidadores que son responsables del cliente y responsabilizar al analista de conducta para garantizar que este proceso se mantenga intacto.

## 3.04 EXPLICACIÓN DE LOS RESULTADOS DE LA EVALUACIÓN

Los analistas de conducta explican los resultados de la evaluación utilizando un lenguaje y unas representaciones gráficas de los datos que sean razonablemente comprensibles para el cliente.

El siguiente caso es un ejemplo de cómo funciona esto. Un padre que quería una evaluación independiente de la conducta de su hijo en la escuela contactó con un BCBA. El niño informaba que tenía dolores de cabeza; la madre contactó con la escuela y el director le dijo: "No tenemos idea de qué podría estar causando sus dolores de cabeza, tal vez debería llevarlo a un médico". La madre llamó a la escuela e informó al director sobre cuándo llegaría el analista de conducta. A continuación presentamos la descripción del BCBA de los eventos subsecuentes.

• • • • • • • •

### CASO 3.04 EXPLICACIÓN DE LOS PROCEDIMIENTOS DE EVALUACIÓN

*"Observé durante casi dos horas y media y luego presenté mi informe a los padres al día siguiente. Lo que vi en el aula de Jenny fue una tasa alta de conductas autolesivas y alta intensidad. Inmediatamente comencé a tomar datos sobre la*

*frecuencia; observé 359 golpes de cabeza en 2 horas y 25 minutos. Además, no se utilizaron estrategias de enseñanza basadas en la evidencia. Miré los registros que el maestro me dio y encontré un historial de intervenciones ineficaces a lo largo del tiempo. Había un plan de intervención conductual actual que en realidad parecía estar provocando y manteniendo los comportamientos. Les aconsejé a los padres que, considerando el alto nivel de conductas autolesivas, el estudiante probablemente no debería asistir a la escuela hasta que se estableciera un plan de manejo de una situación de crisis. Necesitábamos priorizar el bienestar de su la niña. Después de hablar con la familia, me puse en contacto con el presidente del equipo del plan educativo individualizado y les expliqué que no se realizarían más observaciones debido a las preocupaciones sobre la seguridad del alumno y dije que, dentro de unos días, presentaría un informe final para el equipo lo revise.*

Debido a la urgencia de estos hallazgos, no se consideró necesario hacer un gráfico. Este resumen del diagrama lo dice todo.

• • • • • • • •

## 3.05 CONSENTIMIENTO DEL CLIENTE

Los analistas de conducta obtienen el consentimiento por

---

**Resumen:** Desde las 8:30 a las 11:55 de la mañana (2 horas y 25 minutos), el estudiante se golpeó la cabeza 359 veces. Durante 28 minutos de este periodo no se realizó observación.
- 179 veces por hora
- 2.99 veces por minuto

---

**Figura 8.2** Resumen del gráfico de un informe de un BCBA sobre un niño con conducta autolesiva.

escrito del cliente antes de obtener o divulgar los registros de datos del cliente para fines de evaluación.

Los analistas de conducta que participan activamente en el trabajo con clientes pueden verse presionados ocasionalmente a revelar información del cliente a un distrito escolar u otro profesional en su agencia. Este elemento del código está diseñado para recordar a los analistas de conducta sobre esta posibilidad y protegerles de esta presión, ya que se requiere el consentimiento por escrito del cliente o del tutor legal del cliente. Tengamos en cuenta que un acuerdo general al comienzo de la escuela para todas y cada una de las evaluaciones no es adecuado para preservar esta protección en el caso de una evaluación conductual.

· · · · · · · ·

## CASO 3.05 REACIO A COMPARTIR

*"Me contactó un padre para que realizara una evaluación funcional con su hijo en su casa y también en el aula. Hay algunos problemas de conducta tales como el incumplimiento de instrucciones, conductas agresivas y la conducta de estar fuera de la tarea. Cuando la madre vio los datos, dijo que prefería que estos no formasen parte del historial del caso de su hija. Ahora el BCBA del distrito escolar me está presionando diciéndome que, dado que el niño va a la escuela, los datos les pertenecen. También se han comunicado con el jefe de mi agencia, quien ha dicho que 'siempre hemos compartido los datos con el distrito escolar, tenemos un lucrativo contrato con ellos, ¿dónde está el problema?'*

*¿Qué debería hacer?"*

· · · · · · · ·

# RESPUESTAS A LOS CASOS

## CASO 3.01 EL ÁMBITO DE PRÁCTICA PROFESIONAL

*No es apropiado que un BCBA sin las credenciales adecuadas haga pruebas psicológicas. Además, de acuerdo al punto 3.0, está claro que los analistas de conducta usan evaluaciones analítico-conductuales en lugar de pruebas psicológicas. Las pruebas psicológicas no brindan el tipo de información necesaria para proporcionar una intervención conductual.*

*Seguimiento: la organización dio por terminado el empleo del BCBA y se informó a la BACB por realizar actividades fuera del ámbito de la práctica conductual.*

## CASO 3.02 EN BUSCA DE UNA NUEVA FUNCIÓN

*Al considerar un caso como este, la pregunta ética predominante es: ¿Qué es lo mejor para el niño? En este caso, la opción más favorable a los intereses del niño consistirá en eliminar cualquier variable médica que pueda estar presente. Si no hubiera problemas médicos, entonces el siguiente paso sería diseñar una intervención conductual efectiva basada en una evaluación funcional nueva. No sería en el interés del niño hacer intervenciones conductuales que puedan ponerle en riesgo por lo que la estrategia más segura sería tratar de proteger al niño mediante el uso de bloqueo de respuesta, al mismo tiempo que se reducen las peticiones o demandas a un mínimo y se continúa utilizando la atención como reforzador.*

*Nota: El analista de conducta envió la siguiente comunicación un mes después de que se envió la pregunta inicial.*

*"Después de una reunión con mi equipo clínico y los padres, decidimos esperar a los resultados de la cita del neurólogo. Hicimos varias manipulaciones de antecedentes en su lugar durante este tiempo para evitar que ocurra alguno de los comportamientos y para preservar la seguridad al niño. Estas estrategias consistían en manipular antecedentes comunes que a menudo desencadenaban la conducta del niño (esto se realizó durante unas tres semanas mientras esperábamos los resultados del neurólogo). El neurólogo indicó que no había problemas médicos y alentó a la familia a proceder con cualquier enfoque conductual que recomendáramos. Hicimos que los padres firmaran su consentimiento para llevar a cabo una evaluación funcional y procedimos con una evaluación funcional formal, así como una más natural en el aula dado que muchos comportamientos*

*ocurrían durante las actividades grupales (con medidas de seguridad para proteger al niño y a los de su alrededor). La evaluación funcional indicó que la función era el acceso a tangibles y procedimos con un plan de intervención intensivo para abordar los problemas de conducta. También obtuvimos la aprobación del programa de intervención temprana para aumentar las horas de terapia basada en ABA en el hogar, y pusimos al terapeuta que estaba con él en las horas escolares durante las horas en el domicilio a fin de asegurar la consistencia y facilitar un adecuado entrenamiento de los padres. Como resultado de estos pasos, la intervención fue exitosa y el niño ya no presenta ninguno de estos comportamientos. Los componentes de la intervención conductual se han desvanecido y está funcionando de forma más independiente en el aula y en el hogar. Estamos muy felices con los resultados".*

## CASO 3.04 EXPLICACIÓN DE LOS PROCEDIMIENTOS DE EVALUACIÓN

*Los padres decidieron seguir los consejos del analista de conducta y solicitaron una reunión del equipo encargado de su plan educativo individualizado, manteniendo a la niña en casa entre tanto. Se realizó una reunión en la que los padres trajeron un abogado y el analista de conducta presentó un resumen de los resultados, así como sugerencias sobre los cambios que se requerían a fin de garantizar la seguridad de la alumna. Los padres solicitaron ubicarla en un centro privado con la formación del personal y los niveles de apoyo necesarios para abordar los comportamientos. En dicho centro podría aprender habilidades que le prepararían para tener éxito al regresar a un entorno menos restrictivo posteriormente. Después de comentar varias opciones, el equipo del plan educativo individualizado decidió que llevarla al centro privado era lo mejor para el estudiante y aprobó la solicitud de los padres.*

*En este caso, dado que el colegio no estaba dispuesto a pagar los servicios de un analista de conducta, debían de aceptar la transferencia de la estudiante a un colegio que siguiera los principios de ABA a fin de que un analista de conducta pudiera monitorizar sus programas de enseñanza. Posteriormente los servicios de los analistas de conducta incorporarían un plan de transición de regreso al colegio público.*

*La madre de la niña envió un correo electrónico al analista de conducta cuando la niña estaba siendo transferida al centro privado y comentó: "Personalmente, he sido un poco cautelosa con ABA debido a algunos encuentros con modelos y pensamientos antiguos, pero ha sido un placer experimentar tu firmeza ética y de carácter".*

## CASO 3.05 REACIO A COMPARTIR

*Bajo este ítem del código, el analista de conducta debe respetar los deseos del padre. El padre puede haber tenido una mala experiencia con el distrito escolar al compartir información anteriormente. Este elemento del código también protege a los analistas de conducta de ser presionados por las agencias para las que trabajan.*

# 9
## El analista de conducta y el programa de cambio de conducta (Código 4.0)

En las fases iniciales del desarrollo del campo, los analistas de conducta tenían un modus operandi en la aplicación de programas de cambio de conducta que podría ser descrito positivamente como "fluido" por parte de personas partidarias o como "improvisado", por parte de sus detractores. En aquel entonces, los programas conductuales no eran sino extensiones de procedimientos de laboratorio modificados para ser aplicados en personas y en los entornos en los que se hallaban. No se dejaba constancia escrita de nada y no había un proceso oficial de aprobación ética. Los datos siempre se recopilaban, generalmente con precisión y de forma regular, siendo los resultados tan novedosos y asombrosos que las personas involucradas se sorprendían

> Los pioneros del análisis de conducta pronto se dieron cuenta de que sus estudios no eran solo experimentos de cambio de conducta, sino una forma de terapia totalmente nueva

ante los efectos de estos primitivos procedimientos. Con el éxito llegó el reconocimiento de la seriedad de la misión que estos precursores habían emprendido. Los pioneros del análisis de conducta pronto se dieron cuenta de que sus estudios no eran solo experimentos de cambio de conducta, sino una forma de *terapia* totalmente nueva: una terapia basada en datos, pero terapia, al fin y al cabo. En el Código 4.01, queda claro que es obligación de aquellos que quieran llamarse a sí mismos analistas de conducta el permanecer conceptualmente

**A medida que el campo del análisis de conducta fue evolucionando, el tratamiento del comportamiento requería mayor cuidado, meticulosidad, consideración y responsabilidad**

fieles a los principios de nuestro campo (Baer, Wolf y Risley, 1968; Miltenberger, 2013) y evitar recurrir a teorías diferentes al aprendizaje (Skinner, 1953). A medida que el campo del análisis de conducta fue evolucionando, el tratamiento del comportamiento requería mayor cuidado, meticulosidad, consideración y responsabilidad. Se hizo evidente que se requeriría un mejor registro. A mediados de la década de 1980, los profesionales del análisis de conducta cumplían totalmente con los estándares del momento, lo que requería que el cliente, o un sustituto, realmente aprobara el programa por escrito antes de aplicarlo. Junto con los cambios en el tratamiento conductual, a medida que se hicieron avances en la investigación aplicada, las condiciones limitantes de los procedimientos conductuales se hicieron evidentes, y los terapeutas debían describir estas condiciones a los consumidores.

Esta mayor responsabilidad y rendición de cuentas también significaba que se debían seguir otros protocolos: usar procedimientos menos restrictivos, evitar consecuencias perjudiciales (reforzadores y los castigos) e involucrar al cliente en cualquier modificación del programa que se hubiera de realizar. Skinner (1953) siempre había estado en contra del uso de castigos, sin embargo, al análisis de conducta, como campo, le tomó tiempo codificar sus objetivos sobre este asunto. No fue hasta la verificación de las Guías de conducta responsable de la BACB, que luego se convertirían en el actual Código ético, que finalmente se tomó una posición concisa y coherente a este respecto (4.08): "El analista de conducta recomienda el uso de reforzamiento en lugar del castigo siempre que sea posible". La esencia de este aspecto del Código es informar a los consumidores y recordarles a los analistas de conducta que, como campo, estamos

## Una cantidad considerable de "juicio clínico" entra en juego al decidir cuándo detener un tratamiento

interesados principalmente en desarrollar programas de cambio de conducta que enseñen comportamientos nuevos, apropiados y adaptativos utilizando reforzadores inofensivos siempre que sea posible (4.10).

En el nuevo Código, 4.01 aclara que los analistas de conducta diseñan programas de cambio de conducta que son consistentes con los principios del análisis de conducta. En comparación a otras formas de tratamiento, ello representa una característica única. La recopilación continua y objetiva de datos ayuda al analista de conducta a comprender el efecto del tratamiento, mientras que el consumidor también puede hacer una evaluación continua del valor del tratamiento.

Al inicio de un programa de cambio de conducta, la mayor parte del enfoque se centra en encontrar el tratamiento adecuado y en aplicarlo correctamente y en condiciones seguras. Un requisito adicional para los analistas de conducta es que se tengan en cuenta los criterios de terminación (4.11). Básicamente, debemos preguntarnos: "¿Cuándo detendremos el tratamiento? Se presume que la terminación se produce cuando el comportamiento del consumidor ha cambiado lo suficiente como para dejar de fumar, pero, ¿cuál es el criterio? Una cantidad considerable de "juicio clínico" entra en juego al decidir cuándo detener un tratamiento, por supuesto, el cliente o su sustituto también deben participar. Al exigir que se reflexione sobre qué nivel de cambio de conducta se desea, el Código impide el tratamiento abierto que sigue indefinidamente. Si el analista de conducta trata la conducta autolesiva, por ejemplo, debe indicar algún nivel de cambio de conducta aceptable y obtener aprobación para ello. "Ausencia de conducta autolesiva durante un periodo de dos semanas" podría ser uno de esos objetivos. O bien, si el programa de cambio de conducta implica un comportamiento adaptativo, el objetivo podría ser: "Carl podrá vestirse completamente, sin ayuda, durante tres días consecutivos". Como sucede a menudo, el cliente o el sustituto del cliente puede decidir finalizar el tratamiento en ese momento o, como sucede a menudo, se puede establecer otro objetivo, como, "Carl podrá tomar el autobús urbano de forma independiente durante una semana" o "Carl podrá completar un día de trabajo completo sin conductas autolesivas u otras conductas inadecuadas".

## 4.0 LOS ANALISTAS DE CONDUCTA Y EL PROGRAMA DE CAMBIO DE CONDUCTA

Los analistas de conducta son responsables de todos los aspectos del programa de cambio de conducta desde la conceptualización hasta la aplicación y, en última instancia, la suspensión del mismo.

Esta afirmación simple y contundente deja claro que nosotros, como analistas de conducta, "conocemos" todo el proceso de intervención conductual de nuestros clientes. No utilizamos psicoanálisis, teoría de la mente, integración sensorial u otros conceptos teóricos sobre las "causas" de la conducta. Por el contrario, desarrollamos nuestras propias intervenciones basadas en la investigación *analítico conductual*, y estamos preparados para seguir adelante hasta la finalización del servicio.

## 4.01 CONSISTENCIA CONCEPTUAL

Los analistas de conducta diseñan programas de cambio de conducta que son conceptualmente consistentes con los principios analítico-conductuales.

"Conceptualmente consistente" significa consistente con la teoría del aprendizaje operante, que comenzó con el hito histórico de la publicación de *La conducta de los organismos* de B. F. Skinner en 1938. La base conceptual de la teoría del aprendizaje operante se actualizó en el trabajo clásico *Algunas dimensiones actuales del análisis aplicado de conducta* de Baer, Wolf y Risley (1968). Este enfoque continúa desarrollándose gradualmente mediante la investigación publicada en la revista *Journal of Applied Behavior Analysis* (JABA), entre otras. Como analista de conducta, sin duda encontrará propuestas de otros enfoques, como se muestra en este ejemplo.

· · · · · · · ·

### CASE 4.01 ¡LA COMUNICACIÓN FACILITADA HA VUELTO!

*"La comunicación facilitada[1] parece estar reapareciendo. Varios padres han planteado por qué no la estamos aplicando. Al parecer hay una recuperación de la comunicación facilitada una vez sus defensores han corregido algunas de sus controversias. Un ejemplo es el no mirar al teclado ya que el niño debe mostrar la intención de presionar una tecla. Parecería 'más creíble' que el niño está realmente escribiendo si mira directamente al teclado. Sin embargo, después de explorar la comunicación facilitada y practicarla de la misma manera que a los terapeutas se les enseña a usar esta técnica, todavía no estoy convencido. Los padres que son partidarios argumentan que, como yo no soy un 'creyente', el niño lo percibe y por eso no escribe. También argumentan que debería mirar el teclado 'para asegurarme de que el niño está escribiendo lo que mira'. Mi duda es si la información realmente proviene del niño. Yo no debería mirar el teclado ya que, inconscientemente, puedo predecir qué letra debe venir a continuación y mover sutilmente la mano del niño hacia esa letra. ¡Cualquier consejo sería útil!"*

· · · · · · · ·

---

[1] *N. del T.*: La comunicación facilitada es una técnica que ha sido desacreditada en multitud de ocasiones y que pretende facilitar la comunicación verbal de personas con discapacidad grave ayudándoles a señalar letras en un teclado.

## 4.02 IMPLICACIÓN DE LOS CLIENTES EN LA PLANIFICACIÓN Y CONSENTIMIENTO

Los analistas de conducta implican al cliente en la planificación y el consentimiento de los programas de cambio de conducta.

Es extremadamente importante para los analistas de conducta estar en sintonía con los valores de los clientes y con su concepto de intervención al inicio de las comunicaciones. Dado que es posible que se desarrollen conflictos, lo mejor es aclarar lo más posible nuestro marco conceptual y nuestros métodos. En el siguiente caso los padres de un niño con diagnóstico del espectro autista parecen tener opiniones firmes que pueden chocar de alguna manera con nuestros métodos.

· · · · · · · ·

### CASO 4.02 DISCUSIÓN SOBRE VALORES

*"En cuanto a los métodos… Hay algunos que me parecen más alarmantes que otros, pero al final, lo que me importa más que cualquier otra cosa es: ¿está ayudando a mi hijo? ¿Está aprendiendo? ¿es seguro? ¿Los beneficios a corto plazo serán a costa del dolor a largo plazo e incluso del trauma? ¿Qué está haciendo esto con su autoestima? ¿Se está modelando la interacción respetuosa? ¿Está siendo humillada, avergonzada, le provoca molestar la manera en que su cerebro procesa la información? ¿Los docentes y terapeutas creen que mi hija tiene la capacidad de aprender? ¿Sus maestros creen que ella es capaz y le están dando las herramientas que necesita para progresar y ser todo lo que puede llegar a ser? ¿Se supone que es competente o se ve obligada a demostrar sus conocimientos? ¿Le enseñan el mismo concepto una y otra vez? ¿Le ven como un ser humano con los mismos derechos que cualquier otra persona? ¿Te gustaría ser tratado de la manera en que estás tratando y enseñando a esta persona?"*

· · · · · · · ·

## 4.03  PROGRAMAS DE CAMBIO DE CONDUCTA INDIVIDUALIZADOS

(a) Los analistas de conducta deben adaptar los programas de cambio de conducta a las conductas, a las variables ambientales, a los resultados de la evaluación, y a los objetivos de cada cliente.

Una de las tareas más difíciles a las que se enfrenta el analista de conducta es la extrapolación de los métodos de investigación publicados a los procedimientos que funcionarán con un cliente específico. Aunque tenemos miles de estudios de diseño de caso único de alta calidad, aún es necesario hacer numerosas adaptaciones para que los resultados de evaluación, el repertorio conductual, los contextos, los objetivos de los padres y los profesores, etc. se adapten a un cliente específico. Incluso una pequeña diferencia en el procedimiento puede significar que un programa conductual no funcione o produzca efectos secundarios negativos. Por ejemplo, un reforzamiento diferencial de omisión (RDO) de 15 segundos podría funcionar bien para un niño, pero resultar muy frustrante para otro y ser totalmente ineficaz para un tercero. Lo mismo se aplica para los reforzadores que se utilizarán, quién lleva a cabo la intervención y qué más está sucediendo en el entorno. Un programa de obediencia para un niño de seis años sería totalmente diferente a un programa de seguimiento de instrucciones para un niño de cuatro años, y así sucesivamente.

(b) Los analistas de conducta no plagian los programas de cambio de conducta de otros profesionales.

Copiar un programa, incluso uno propio, para utilizarlo con otro cliente se considera plagio, y no es ético. Los programas universales para múltiples clientes son malos cuando se diseñan por una sobrecarga de trabajo por un analista de conducta demasiado ocupado, pero son aun peores cuando una agencia los impone deliberadamente como se ilustra a continuación.

• • • • • • • •

### CASO 4.03 CORTAR, PEGAR, REPETIR

*"Mi pregunta es sobre la individualización de un programa para un cliente específico. Acabo de obtener mi certificación BCBA y ahora me enfrento con un dilema sobre cómo proceder desde un punto de vista ético, ya que no quiero arriesgar mi certificación. En mi empresa, los programas de intervención conductual para cada cliente se cortan y pegan con la excepción de una breve descripción del comportamiento. Todas las otras estrategias de intervención de antecedentes y consecuencias se copian y pegan siendo todas iguales. Incluyen una versión genérica de todas las intervenciones posibles (p.ej., economía de fichas, contingencias del tipo: si haces A entonces B, etc.), pero poco o nada individualizado para cada cliente".*

• • • • • • • •

## 4.04 APROBAR PROGRAMAS DE CAMBIO DE CONDUCTA

Los analistas de conducta deben obtener la aprobación del cliente por escrito para el programa de cambio de conducta antes de la aplicación de éste o de hacer modificaciones significativas.

El Código 3.03 establece que es necesario obtener el consentimiento del cliente para realizar una *evaluación*; este proceso de aprobación también se aplica al desarrollo del programa y para cualquier modificación importante. El objetivo final para los analistas de conducta es mantener al cliente informado sobre todas las fases de intervención y solicitar activamente su aprobación antes de seguir adelante.

## 4.05 DESCRIBIR OBJETIVOS DEL PROGRAMA DE CAMBIO DE CONDUCTA

Los analistas de conducta describen, por escrito, los objetivos del programa de cambio de conducta al cliente antes de intentar poner en práctica el programa. En la medida en que sea posible, un análisis riesgo-beneficio debe llevarse a cabo sobre los procedimientos que deben aplicarse para alcanzar el objetivo. La descripción de los objetivos del programa y los medios por los que van a obtenerse son un proceso continuo durante toda la duración de la relación cliente-profesional.

El objetivo de que los clientes aprueben los *objetivos* del programa de cambio de conducta es garantizar que estos comprendan los objetivos, los métodos y el tiempo destinado, y que no acaben decepcionados con los resultados. Los padres pueden estar tan ansiosos por que sus hijos o hijas recuperen el lenguaje normal que a menudo se desilusionan cuando, después de seis meses de terapia, el niño solo dice frases cortas en lugar de oraciones completas. Al establecer los objetivos, probablemente sea prudente ser conservador para que un cliente no se desilusione con el plan de intervención general si el progreso no es rápido. El "análisis de riesgo-beneficio" (explicado en detalle en el Capítulo 16) tiene como propósito presentar los riesgos potenciales de las intervenciones para que a los clientes no les tome de sorpresa la presentación de efectos inesperados.

## 4.06 DESCRIBIR LAS CONDICIONES PARA EL ÉXITO DEL PROGRAMA DE CAMBIO DE CONDUCTA

Los analistas de conducta describen al cliente las condiciones ambientales que son necesarias para que el programa de cambio de conducta sea eficaz.

Los analistas de conducta con experiencia saben que hay circunstancias obligatorias para que un programa de cambio de conducta sea exitoso. La primera de ellas es la cooperación de los clientes. Luego, nos plantearemos si existen consideraciones de seguridad a tener en cuenta, o si disponemos de los recursos necesarios (incluido el tiempo y personal cualificado) para llevar a cabo el programa. Otras variables obvias son encontrar un reforzador potente y obtener permiso para controlar los reforzadores para que sigan siendo potentes y efectivos.

## 4.07 CONDICIONES AMBIENTALES QUE INTERFIEREN CON LA APLICACIÓN

(a) Si las condiciones ambientales impiden la aplicación de un programa de cambio de conducta, los analistas de conducta recomendarán la asistencia de otro profesional (p.ej., evaluación, consulta o intervención terapéutica por otros profesionales).

(b) Si las condiciones ambientales obstaculizan la aplicación del programa de cambio de conducta, los analistas de conducta intentarán eliminar dichas restricciones ambientales, o identificar por escrito los obstáculos que impiden eliminarlas según el caso.

Si la condición que está interfiriendo con la intervención del programa de cambio de conducta es la falta de apoyo, generalmente es necesario tener otra reunión para explicar la necesidad, establecer un programa de reentrenamiento y volverlo a intentar. Si este enfoque falla, puede ser el momento para otras estrategias, como el asesoramiento familiar a fin de dar unidad a la intervención.

• • • • • • • •

### CASO 4.07 SEGUIMIENTO DE INSTRUCCIONES

*"Hemos llevado a cabo servicios conductuales con un niño de siete años con diagnóstico trastorno del espectro autista durante aproximadamente un año. Anteriormente se han observado conductas de agresión (tirarse al suelo, golpearse la cabeza y morder a otros), mentiras (decirle a la gente que el terapeuta le hizo daño o le insultó) y comentarios inapropiados con el objetivo de herir a los demás. Aunque anteriormente el niño había realizado comentarios inapropiados a los demás, nunca había amenazado con hacerse daño a sí mismo. Durante la terapia, hemos intentado entrenar a la madre, sin embargo, esta no ha cumplido con este*

*requisito (ha faltado a las sesiones de formación). Además, no le ha confirmado al analista de conducta que esté dispuesta a ir a la formación de padres. Nos preocupa la falta de compromiso de los padres, además del hecho de que el entorno no está equipado para garantizar la seguridad del niño. Tampoco estamos seguros de que los padres presten atención a nuestras recomendaciones si aconsejamos un entorno más restrictivo que garantice la seguridad durante la realización de técnicas analítico-conductuales. Hemos revisado nuestro Código ético con respecto a esta situación y consideramos que será muy difícil hacer un análisis conductual sólido garantizando la seguridad del niño. Por lo tanto, estamos considerando derivar el caso a un entorno más restrictivo. ¿Qué otras acciones serían recomendables en esta situación a fin de garantizar la seguridad de todas las personas involucradas?"*

• • • • • • • •

## 4.08 CONSIDERACIONES RELATIVAS A LOS PROCEDIMIENTOS DE CASTIGO

(a) Los analistas de conducta recomiendan el reforzamiento en lugar del castigo siempre que sea posible.

Se ha comprobado que el castigo puede producir efectos secundarios problemáticos (Cooper, Heron y Heward, 2017, págs. 395-398) y que otras estrategias casi siempre deben usarse primero. Si bien podría haber situaciones de riesgo vital en las que sería necesario castigar como primera opción, esto sería extremadamente raro. Algunos de los efectos del castigo incluyen la presentación de respuestas de evitación y escape y reacciones emocionales que podrían ser peligrosas. Ocasionalmente, y lamentablemente, habrá algún analista de conducta deshonesto que no esté cumpliendo con este elemento del código.

• • • • • • • •

## CASO 4.08 CASTIGAR PRIMERO

*"Nos han mostrado planes de intervención conductual escritos por un BCBA que hace ponencias sobre procedimientos basados en el castigo como un primer paso aceptable en la programación. Ahora estamos viendo evidencia de su práctica a través de estos planes de intervención y a través de profesionales y consumidores con problemas. Por ejemplo, en algunos diseños hemos visto que ha recomendado la realización de trabajos físicos, como apilar leña, como castigo. Si el niño no obedece después del procedimiento de castigo, entonces puede haber algo más aversivo que se recomienda, como una ducha fría. No estoy seguro de cómo manejar esta situación, ya que atañe específicamente a este BCBA. Les decimos a las familias y profesionales que estas recomendaciones no son las mejores prácticas y hacemos otras recomendaciones lo mejor que podemos. A veces simplemente podemos recomendar a otro BCBA. Lo que me preocupa además de estas recomendaciones es que esta persona tiene un papel destacado como miembro de la facultad de la universidad en un programa verificado por la BACB. Hace talleres y conferencias locales regularmente y ocupa un puesto en el comité ejecutivo de nuestra asociación regional de análisis de conducta".*

• • • • • • • •

(b) En caso de que un procedimiento de castigo sea necesario, los analistas de conducta siempre incluyen procedimientos de reforzamiento de conductas alternativas en el programa de cambio de conducta.

Para argumentar que los procedimientos de castigo son necesarios, el analista de conducta primero necesita asegurarse de que se haya realizado una evaluación conductual funcional adecuada (3.01). Sin conocer las variables de control, el castigo puede ser simplemente un control aversivo en lugar de un plan de cambio de conducta. Si se pueden identificar conductas alternativas, también se podrán encontrar reforzadores para estas conductas.

(c) Antes de la aplicación de procedimientos basados en el castigo, los analistas de conducta se aseguran de que se han tomado las medidas adecuadas para poner en práctica los procedimientos basados en reforzamiento a menos que la gravedad o peligrosidad de la conducta requiera del uso inmediato de procedimientos aversivos.

Algunos ejemplos de conductas graves o peligrosas incluyen las conductas autolesivas como morderse las manos, golpearse la cabeza, pincharse los ojos o cortarse, así como comportamientos agresivos como atacar a otros, tirar muebles o romper ventanas. Incluso en estos casos, una revisión de la investigación publicada en el *Journal of Applied Behavior Analysis* probablemente proporcionará ideas para procedimientos efectivos. Finalmente, el analista de conducta ético siempre deberá considerar sospechar de factores médicos o biológicos, que pueden provocar comportamientos tan peligrosos como los del Caso 3.02.

(d) Los analistas de conducta se aseguran de que los procedimientos aversivos sean acompañados por un mayor nivel de formación, supervisión y vigilancia. Los analistas de conducta deben evaluar la eficacia de los procedimientos aversivos de manera oportuna y modificar el programa de cambio de conducta si este es ineficaz. Los analistas de conducta siempre incluyen un plan para detener el uso de procedimientos aversivos cuando ya no sean necesarios.

Los procedimientos aversivos pueden producir efectos secundarios impredecibles y no deseados. Cuando se utilizan se deben tomar precauciones adicionales para proteger al cliente y a otras personas del área (incluido el personal) contra un posible daño. Solo los analistas de conducta que han sido formados específicamente en el uso de procedimientos aversivos deben asumir la responsabilidad de su administración. Además, el personal deberá solicitar supervisión adicional para garantizar la seguridad.

• • • • • • • •

## CASO 4.08 (D) ALIMENTACIÓN FORZADA

*"Teníamos un cliente que estaba empezando con la 'terapia de expansión de alimentos', la cual comenzó con la alimentación forzada con trozos de fresa. La alimentación forzada causaba que el niño vomitara. Pasado un tiempo, la comida se volvía a presentar. Observé que este procedimiento estaba siendo realizado por personal no certificado. También presencié en una ocasión a un supervisor no certificado que entrenaba en esta rutina a un terapeuta de nivel asistente. Un miembro del personal elogiaba y le hacía cosquillas, y le cambiada la camiseta después de vomitar. Sin embargo, me preocupa iniciar un procedimiento tan intenso y aversivo para el niño; ya que puede afectar el éxito de la expansión de alimentos no preferidos en la dieta del cliente. El niño no parecía desnutrido durante mi tiempo en esta agencia".*

• • • • • • • •

## 4.09  PROCEDIMIENTOS MÍNIMAMENTE RESTRICTIVOS

El analista de conducta revisa y evalúa la el grado de restricción de los procedimientos y siempre recomienda aquellos procedimientos efectivos que sean lo menos restrictivos posible.

Un "procedimiento restrictivo" se define como "una práctica que limita el movimiento, la actividad o la función de un individuo; interfiere en la capacidad de un individuo para acceder a reforzamiento positivo; da como resultado la pérdida de objetos o actividades que un individuo valora; o requiere que un individuo realice un comportamiento sin darle la opción de escoger.[1] Según esta definición, concluiríamos que la restricción mecánica (física) tiene probablemente el mayor grado posible de restrictividad, mientras que el tiempo fuera sería probablemente un procedimiento menos restrictivo. Un procedimiento de coste de respuesta, aunque sigue siendo un castigo, es mínimamente restrictivo. Este ítem del código orienta a los analistas de conducta a que (1) usen los métodos menos restrictivos (Cooper et al., 2017, pág. 412), (2) no interfieran con la capacidad del cliente de acceder a los reforzadores, y (3) ofrezcan al cliente la libertad de elegir. Obviamente, esta es una fórmula compleja que debe negociarse cada vez que se contemple un procedimiento aversivo o restrictivo.

## 4.10 EVITAR REFORZADORES QUE PUEDAN HACER DAÑO (RBT)

Los analistas de conducta minimizan el uso como posibles reforzadores de elementos que puedan ser perjudiciales para la salud y el desarrollo del cliente, o que pueden requerir excesivas operaciones motivadoras para ser eficaces.

Hubo un tiempo en que se usaban varias formas de tabaco (tabaco sin combustión) como reforzadores con clientes adultos en contextos residenciales. El tabaco aspirado o tabaco de rapé eran aceptados y de uso frecuente. En aquel tiempo era posible fumar en restaurantes y bares, aviones, cines y otros lugares públicos. Muchos países ya no permiten fumar en ciertos locales públicos, por lo que ello ya no es un problema en muchos contextos. Los analistas de conducta deben preocuparse por la salud y el bienestar de sus clientes cuando buscan reforzadores potentes. Atrás quedaron los días en que los clientes en entornos residenciales podían privarse de alimentos o de agua por períodos prolongados a fin de convertir estos dos elementos necesarios en reforzadores potentes.

## 4.11 FINALIZACIÓN DE UN PROGRAMA DE CAMBIO DE CONDUCTA Y DE LOS SERVICIOS ANALÍTICO-CONDUCTUALES

(a) Los analistas de conducta establecen criterios comprensibles y objetivos (es decir, medibles) para la suspensión del programa de cambio de conducta y los describen al cliente (véase también, punto 2.15 (d) sobre *Interrupción o Suspensión de Servicios*).

Para que los criterios objetivos sean muy claros para los clientes, muchos analistas de conducta utilizan la Guía VB-MAPP (Sundberg, 2008). Cuando se cumplen los objetivos, el programa conductual puede suspenderse. Esta herramienta de evaluación analiza el rendimiento en 18 áreas y permite que el evaluador califique al niño del 1 al 5 (siendo el 5 el nivel óptimo). Un objetivo de "trabajar independientemente en tareas académicas" podría ser específico y comprensible afirmando: Trabaja independientemente o de forma autónoma en las tareas académicas durante al menos 10 minutos sin que los adultos le ayuden con la tarea".[2] Otro objetivo basado en el lenguaje para cumplir con los criterios de transición podría ser: "Intraverbal: Responde a cuatro preguntas informativas aleatorias y diferentes (preguntas del tipo qué, dónde, cuándo, cómo y por qué) sobre un solo tema para 10 temas (p.ej., ¿Quién te lleva a la escuela? ¿Dónde está tu escuela? ¿Qué llevas a la escuela?)".[3]

(b) Los analistas de conducta interrumpen los servicios con el cliente cuando se alcanzan los criterios establecidos para ello, por ejemplo, cuando una serie de objetivos acordados se han cumplido (ver también, 2.15 (d) *Interrupción o Suspensión de Servicios*).

Si bien este elemento del código es bastante claro, hay ocasiones en que entran en juego otras contingencias, a menudo económicas, y un analista de conducta puede "comportarse mal" al hacer caso omiso de las necesidades de un cliente, como se muestra aquí.

• • • • • • • •

## CASO 4.11 (B) ERRORES EN EL ORDEN DE LAS PRIORIDADES

*"JD es un analista de conducta que pasó su examen BCBA durante el tiempo que se estaba dando la situación descrita a continuación.*

*A uno de los clientes de JD, Andrew, se le ha ofrecido un programa de intervención conductual intensivo financiado por el gobierno mediante el proveedor de servicios locales. Por lo tanto, los padres notificaron a JD que Andrew ya no necesitará los servicios de JD a final de mes. JD recordó a la familia que cuando comenzaron, firmaron un contrato que requería una notificación de un mes antes de que el cliente pudiera cancelar los servicios. JD dijo que la notificación de este mes tenía que entregarse antes del tercer día de cualquier mes, de lo contrario, la notificación entraría en vigor para los días restantes del mes corriente, así como un mes después de eso. Los padres están perplejos por esta política (aunque la firmaron), pero cuando se resistieron, JD comenzó a volverse agresivo y a enfadarse. Los padres no quieren cerrar las vías de comunicación con JD en caso de que deseen continuar con los servicios después de que hayan terminado con el servicio del gobierno. JD admite a un compañero que es consciente del hecho de que si los clientes se van no tiene un fundamento jurídico legal para notificar su rescisión. Pero está preocupada por la pérdida de ingresos a la que daría lugar que este cliente se fuera antes de haber encontrado otro. Por lo tanto, JD continúa presionando a los padres para que se queden durante el período acordado, e insinúa que tomará acciones legales contra ellos si no lo hacen".*

• • • • • • • •

## RESPUESTAS A CASOS

### CASE 4.01 ¡LA COMUNICACIÓN FACILITADA HA VUELTO!

*Es preocupante saber que este método, completamente desacreditado por otra parte, está siendo pagado, y caro, por familias y. Lamentablemente, los analistas de conducta no pueden hacer gran cosa, excepto intentar educarles, una vez los padres deciden aplicar comunicación facilitada en su hogar (excepto tratar de educarles). No obstante, no pueden forzar al analista de conducta a utilizarlo como parte de la terapia basada en ABA.*

### CASO 4.02 DISCUSIÓN SOBRE VALORES

*Nuestro campo considera que los padres deben participar siempre desde el inicio de la intervención. Pedimos a los padres (o a cualquier otra persona) que no juzguen nuestra profesión por los errores de una persona. Somos terapeutas que nos apoyamos en la evidencia y nos sentimos incómodos con términos imprecisos como humillado, avergonzado, sentirse mal, procesamiento de la información en el cerebro, etc. Sabemos qué procedimientos funcionan en base a investigaciones previas, y sabemos cómo adaptar estos procedimientos a clientes individuales. Aportamos valores humanos junto con nuestra orientación científica. También, otorgamos una dosis saludable de escepticismo a los enfoques que están cargados de creencias aparentemente humanitarias y utilizan terminologías sensibleras y compasivas, pero que carecen del más mínimo dato como respaldo a sus afirmaciones.*

*Idealmente, la declaración del padre se presentaría en el momento en que se tomaran las decisiones sobre si el niño debería o no recibir servicios conductuales para determinar si los miembros del equipo de tratamiento consideran que pueden cumplir con este estándar y si están dispuestos a ser juzgados, quizás con dureza, si no lo cumplen. Ciertamente, el equipo de intervención podría describir los valores y las características de una intervención analítico-conductual. Un problema con la declaración del padre es los requisitos subjetivos que podrían ser fácilmente interpretados de una forma u otra por alguien con opiniones personales firmes.*

### CASO 4.03 CORTAR, PEGAR, REPETIR

*Este elemento del código no podría ser más claro: el plagio de cualquier tipo no es ético, y hay buenos motivos para que así sea considerado. Nuestro enfoque de intervención se basa sólidamente en el concepto de individualización del tratamiento. Un programa que tiene éxito con un niño con tendencias agresivas simplemente no funcionará con otro, ya que las variables causales son sin duda bastante diferentes. Es absolutamente inapropiado cortar y pegar un plan de intervención para un cliente y pretender que se adaptará a otra persona con un comportamiento parecido. El plan de intervención, sin duda, fracasará, y se desperdiciará un tiempo y unos recursos valiosos tratando de descubrir las razones por las cuales no hubo éxito. Cuando un analista de conducta ve que esto ocurre, debe mostrarle al responsable de la organización el Código y argumentar su postura. Si éste se resiste, deberemos afirmar: "por favor, no me pida que viole mi código ético, puedo perder mi certificación". También, es una buena idea escribir un correo electrónico documentando cuál fue el contenido de la conversación con el encargado de la empresa.*

## CASO 4.07 SEGUIMIENTO DE INSTRUCCIONES

*El primer autor aconsejó al analista de conducta que informara a los padres que sería necesario comenzar a reducir los servicios, ya que no era posible tener éxito en este entorno. Esto es lo que el analista de conducta respondió unas semanas más tarde: "Como se había recomendado, ayer hablé con los padres de este niño e hice una recomendación para transferirlo a un entorno más restrictivo". Como era de esperar, el padre declaró que no creía que fuera necesario ubicar al niño en este tipo de contexto ya que simplemente estaba haciendo cosas para llamar la atención. Intenté explicar las dificultades de llevar a cabo los servicios analítico-conductuales sin una supervisión adecuada y le aseguré que la seguridad del niño era nuestra principal preocupación. También recomendé a la familia un psicólogo que trabaja con otros niños en el espectro para recibir más atención.*

Comunicación ocurrida dos meses después de esta comunicación:

*"Después de leer sus comentarios, nos tomamos en serio su consejo e intentamos desvanecer los servicios. Hice una visita personal a ambos padres y les expliqué que debido a la falta de acuerdo sobre un plan de intervención y los desafíos que enfrentamos para prestar una intervención efectiva, pensamos que era mejor interrumpir los servicios, al menos por el momento hasta que la situación del tribunal sea resuelta. Los padres afirmaron que, en lugar de perder los servicios, preferirían llegar a un acuerdo con nosotros sobre lo que tenían que hacer para poder mantenerlos. Tras esta petición, redactamos un contrato que delimitaba explícitamente lo que*

*necesitábamos para continuar con los servicios. Algunos de los requisitos eran que hubiera comunicación entre todas las partes (por lo tanto, cualquier correo electrónico debe enviarse a todas las partes) para que todos estuvieran informados en tiempo real, celebración de reuniones con todas las partes presentes y alcanzar un acuerdo sobre la intervención.*

*Nos complace informarles que ambos padres acordaron de inmediato y firmaron el contrato. Incluso declararon que el miedo a perder la terapia para su hijo en realidad los motivó a comunicarse mejor y a resolver las cosas".*

## CASO 4.08 CASTIGAR PRIMERO

*Como primer paso, se debe notificar a la BACB por escrito con los detalles proporcionados.*

*La solución más fácil para tratar con los planes de intervención de esta persona es sellarlos con el siguiente indicativo: "Rechazado por violación del Código 4.07" y devolverlos. Con respecto a los "profesionales y consumidores con problemas", los analistas de conducta que ven prácticas cuestionables podrían tener un breve párrafo preparado para su distribución que eduque a estos profesionales y consumidores. La redacción podría ser similar a: "Entendemos que es posible que haya visto programas de conducta que enfaticen la necesidad del castigo como primer tratamiento. Queremos que sepa que esto se considera una práctica poco ética según nuestro Código ético…"*

*Finalmente, en un caso en el que el terapeuta que ofreció "castigo primero" se encuentre en una facultad y tenga responsabilidades docentes, se podría enviar una carta al presidente del departamento y al decano señalando estas violaciones escandalosas del Código. Al hacerlo se deberá adjuntar una copia de la carta enviada a la BACB.*

*Seguimiento: cuando terminó el contrato de esta persona, la universidad no renovó su plaza.*

## CASO 4.08 (D) ALIMENTACIÓN FORZADA

*Este elemento del Código requiere un "mayor nivel de capacitación, supervisión y control" si se utilizan procedimientos aversivos con los clientes. La alimentación forzada seguramente se consideraría como un procedimiento aversivo, por lo que este es un caso obvio de conducta no ética que amenaza la seguridad del niño. El analista de conducta debe actuar rápidamente para evitar daños dirigiéndose al supervisor, al administrador y, si es necesario, a las autoridades locales, señalando el peligro de que personal inexperto y sin la capacitación necesaria lleve a cabo este método. El analista de conducta también deberá presentar una queja a la BACB.*

## CASO 4.11 (B) ERRORES EN EL ORDEN DE LAS PRIORIDADES

*El analista de conducta en este caso claramente ha perdido el rumbo, ya que está más preocupada por la pérdida de ingresos que por ayudar a sus clientes. Esta conducta no es ética y es perjudicial para los padres teniendo un impacto negativo en nuestro campo. El Código exige al analista de conducta que tenga conocimiento de primera mano de esta situación que se dirija a este individuo y trate de educarle sobre los valores de nuestra profesión. En caso de que esta acción no produzca una solución favorable a los intereses del cliente, deberemos notificar el caso a la BACB.*

# 10

## Analistas de conducta en el rol de supervisores (Código 5.0)

U na supervisión de alta calidad de la experiencia práctica es el aspecto más relevante para el desarrollo de nuevos profesionales en cualquier campo. La supervisión ha adquirido mayor importancia desde que la BACB empezó a exigir un curso de entrenamiento de ocho horas basado en el *Programa de capacitación del supervisor* (BACB, 2014a). La BACB también estableció como requisito que, en cada ciclo de certificación, los supervisores de experiencia práctica deben completar tres horas de formación continua (CEU) relacionadas con supervisión.

Esta sección del código requiere que los analistas de conducta asuman toda la responsabilidad cuando están ejerciendo como supervisores. Deben supervisar solo dentro de sus áreas de competencia. Además, los analistas de conducta que supervisan a otros no deben asumir más supervisados de los que pueden manejar con eficacia.

Aunque es habitual que los supervisores deleguen tareas relacionadas con los clientes, tales como la observación y la recopilación de datos, entrevistas de admisión, realización de análisis

> Una supervisión de alta calidad de la experiencia práctica es el aspecto más relevante para el desarrollo de nuevos profesionales en cualquier campo

funcionales, redacción de programas de intervención y otros, el Código ahora deja claro que los supervisores deben determinar cuidadosamente si los supervisados están preparados para llevar a cabo dichas tareas de manera "competente, ética y segura". Si no lo están, se les debe proporcionar formación al respecto para que puedan desempeñar las tareas especificadas. Proporcionar supervisión de la experiencia práctica de alta calidad es el aspecto más crítico para el desarrollo de nuevos profesionales en cualquier campo. Además, los supervisores ahora tienen la responsabilidad de "diseñar" el proceso de supervisión y capacitación, lo que significa que debe planificarse con anticipación y que los supervisados deben contar con una descripción escrita de cómo se llevará a cabo la supervisión. Antes de que se desarrollaran los estándares actuales de supervisión, la "supervisión" podía describirse topográficamente, por ejemplo, "me reuniré con usted una vez a la semana en mi oficina". Atendiendo a las nuevas directrices, el supervisor debe observar con frecuencia y directamente a los supervisados y proporcionarles retroalimentación preciso e inmediato, de manera que realmente *mejore* su desempeño. El último requisito nuevo es que los supervisores deben incluir algún sistema para evaluar *su* efectividad. Este énfasis en la efectividad de la supervisión es innovador y exigente, y es un buen augurio para los futuros grupos de supervisados.

## 5.0   ANALISTAS DE CONDUCTA COMO SUPERVISORES

Cuando los analistas de conducta ejercen como supervisores, deben asumir plena responsabilidad de todas las facetas de este compromiso (*ver también 1.06 Relaciones múltiples y conflicto de intereses, 1.07 Relaciones de explotación, 2.05 Derechos y prerrogativas de clientes, 2.06 Mantener la confidencialidad, 2.15 Interrumpir o discontinuar servicios, 8.04 Medios de comunicación y Servicios de difusión, 9.02 Características de la investigación responsable, 10.05 Cumplimiento con estándares de supervisión y formación de la BACB).*

Después de algunos años de experiencia como BCBA, muchos analistas de conducta son promocionados al nivel de "supervisor" y comenzarán a trabajar con profesionales que acaben de empezar el entrenamiento. Algunos de ellos, lo único que reciben es un nuevo título y un aumento en el sueldo, ya que se supone que aprendieron todo sobre la supervisión en el postgrado. Muy pocos de estos nuevos supervisores reciben algo más que una formación de ocho horas, sin seguimiento in-situ para ver si sus nuevas habilidades se han generalizado. Y, sin embargo, nuestro Código ahora exige que estos supervisores recién nombrados asuman toda la responsabilidad en todas las facetas de este compromiso, lo que incluye evitar conflictos de interés, evitar la explotación de terceros, respetar los derechos de los clientes, evitar violaciones de la confidencialidad, evitar la interrupción repentina de los servicios, y evitando todo tipo de exposición en los medios. Y, si los supervisores están implicados en investigación, también debe estar contemplado. Finalmente, los supervisores deben asegurarse de que ellos y sus supervisados cumplen con el Código ético.

Algunos ejemplos de conductas relacionadas con la supervisión efectiva son fomentar que los supervisados se impliquen en habilidades clínicas relevantes, observándolos mientras están desempeñando dichas habilidades e identificando por escrito o en video todo lo que necesite mejorar. A continuación, los supervisores deben priorizar los pasos correctivos que deben darse, comenzando por cuestiones de seguridad y continuando por temas éticos y problemas en la adquisición de habilidades o en la reducción de problemas de conducta y observando las emociones del supervisor y cómo podrían afectar al cliente. Un aspecto que los supervisores deben tener especialmente en cuenta es si los supervisados han continuado realizando errores de forma repetida desde la sesión de retroalimentación anterior y determinar si son capaces de mantener y generalizar de un cliente a otro las habilidades recién aprendidas.

Durante la sesión de retroalimentación, el supervisor debe asegurarse de que el supervisado tome notas y asimile los comentarios correctivos que le ha dado. Además, los supervisores deben modelar la conducta apropiada y pedirle al supervisado que lleve a cabo la conducta adecuada. Obviamente, el supervisor debería utilizar moldeamiento y enseñanza sin errores durante estas sesiones. Las siguientes reuniones deben programarse (para repetir la secuencia anterior) en las dos semanas posteriores para determinar si el supervisado ha incorporado la retroalimentación correctivo.

• • • • • • • •

## CASO 5.0 SUPERVISOR VAGO

*"Mi pregunta es sobre mi supervisor. Soy un alumno graduado y trabajo 10 horas a la semana en una escuela. La conocí por teléfono antes del primer día de mi trabajo, me hizo algunas preguntas y luego me propuso reunirnos un par de días después en una de las aulas. La reunión era a la 1:00 p.m. y llegué antes de tiempo y esperé y esperé, pero no apareció. Mientras me dirigía a la oficina principal, sonó mi teléfono, "¿cómo te ha ido?". Le dije que había estado esperándola y que "no hice nada", ya que no estaba seguro de qué tenía que hacer. Ella respondió "Oh, tenía que haberte comentado que iba a llegar tarde, supongo que he olvidado llamarte. Vamos a intentarlo de nuevo el jueves. Simplemente ve al aula y preséntate ante la maestra y pídele que señale a Allie, que es la niña con la que hay dificultades, tiene que escapar". Tuve noticias de ella dos semanas más tarde y le pregunté si me iba a observar: "No, ahora no, tengo muchas cosas en marcha, simplemente pon tus documentos de supervisión en mi buzón de la escuela y te los firmaré".*

• • • • • • • •

## 5.01 SUPERVISIÓN COMPETENTE

Los analistas de conducta supervisan solo en sus áreas de competencia definida.

El término clave en este punto es "competencia definida", término que en realidad no está definido operacionalmente. Un analista de conducta *competente* sería aquel que tenga los conocimientos, las habilidades y la capacidad necesarios para realizar tareas rutinarias en las áreas generales de nuestro campo, incluido el entrenamiento con ensayos discretos, la gestión del aula y el trabajo con clientes con retrasos en el desarrollo en sus hogares y entornos residenciales, y la prestación de servicios estándar de intervención en autismo (incluida la admisión, observaciones informales iniciales, establecimiento de objetivos, obtención de los permisos necesarios, etc.) en la clínica, en la escuela y en el hogar. Estas habilidades se enseñan en la mayoría de los programas de posgrado, y una persona con esta experiencia y trayectoria profesional debe ser capaz de llevar a cabo las tareas rutinarias de supervisión en las áreas mencionadas. Sin embargo, si a uno de sus supervisados se le asigna trabajar con un cliente con un trastorno de la alimentación potencialmente mortal o con conductas autolesivas peligrosas, es muy probable que el terapeuta no sea competente para tomar el caso, pero que incluso el supervisor tampoco llegue al nivel de competencia necesario. En análisis de conducta, la competencia se define por los tipos de formación y supervisión específica que nuestros profesionales han tenido ya sea en el postgrado o en algún momento posterior. Esto podría incluir participar en una serie de talleres impartidos por un experto, seguidos de una experiencia práctica en un centro especializado en tratamiento e investigación. Recibir un certificado por haber completado una formación en un programa como el especificado dotará al supervisado de la *competencia definida*, la cual se establece como necesaria en este punto del código.

## 5.02 VOLUMEN DE SUPERVISIÓN (NUEVO)

Los analistas de conducta solo aceptan un volumen de actividad de supervisión acorde con su capacidad para ser efectivos.

Este nuevo elemento de Código focaliza la atención en el resultado de la supervisión más que en el proceso. Con el término "eficaz" hacemos referencia a que los supervisores "muestran un mejor rendimiento para cada supervisado". No es suficiente simplemente reunirse con los supervisados y mantener discusiones; los supervisores deben gestionar su tiempo y utilizar sus habilidades de moldeamiento de tal manera que sus alumnos muestren mejoras observables en sus habilidades.

Es difícil especificar un número preciso de supervisados de los que un supervisor podría ser responsable, ya que algunos supervisores también tienen tareas administrativas y casos propios que deben atender. Por ejemplo, en algunas organizaciones, una persona es nombrada como supervisora a tiempo completo; en otras, miembros del personal con cargos superiores supervisan a tiempo parcial. Vamos a hacer una estimación equilibrada, y supongamos que un supervisor dedica 15 horas por semana a sus funciones de supervisión. Una organización normal sería observar y reunirse individualmente con cada persona supervisada al menos una hora a la semana y posteriormente mantener una reunión grupal de una hora con todos juntos. Si el supervisor tenía que supervisar a 10 supervisados, esto equivaldría a un total de 11 horas por semana, sobrándole algo de tiempo para el viaje, gestión de documentación como la organización de la agenda, redacción de memorias e informes, análisis de datos, revisión de grabaciones, y la preparación de sesiones de entrenamiento y role-play, así como para lidiar con emergencias y resolución de conflictos.

El supervisor eficaz debería cumplir las siguientes consideraciones: a todos los supervisados se les observa y proporciona retroalimentación de forma programada, individualmente y con regularidad, ningún supervisado presenta quejas contra él y un cuestionario de satisfacción a los supervisados y clientes indicaría al menos un "8" en una escala de 10, donde 10 es Sobresaliente. Una medida de efectividad más exhaustiva podría incluir datos sobre el progreso del cliente, que debería ser "igual o superior" a la tasa de éxito esperada o estipulada.

Algunas variables que podrían afectar a esta fórmula estándar incluirían el estatus de los supervisados y la dificultad de sus casos; un nuevo supervisado con una carga de casos difíciles obviamente requerirá más tiempo que un BCaBA con años de experiencia trabajando con clientes relativamente fáciles.

## 5.03 DELEGACIÓN A LOS SUPERVISADOS

(a) Los analistas de conducta delegan en sus supervisados solo aquellas responsabilidades que razonablemente se pueda esperar que dichas personas desempeñen de manera competente, ética y segura.

(b) Si el supervisado no tiene las habilidades necesarias para desempeñar el trabajo de manera competente, ética y segura, los analistas de conducta proporcionan las condiciones para la adquisición de dichas habilidades.

Estos dos elementos se complementan entre sí: los supervisores solo delegan aquellas responsabilidades en las que los supervisados pueden tener éxito, y si el individuo no está preparado para realizar tareas específicas relacionadas con la intervención de manera independiente, es obligación del supervisor proporcionar el entrenamiento necesario. Se presupone que el supervisor ha observado al supervisado lo suficiente, a través de grabaciones o mediante role-play, para comprender sus puntos fuertes y débiles y para hacer los ajustes necesarios. Una regla de oro es *no dar nada por hecho*.

• • • • • • • •

### CASO 5.03 CONFUNDIDO

*Annie es una BCBA que trabaja en un nuevo centro que cuenta con dos BCBA, varios BCaBA, 30 niños y un entorno vanguardista. Un cliente, Gloria, ha estado en el centro varios meses. Ha evolucionado favorablemente, pero sigue siendo en gran parte no verbal. Puede pedir algunas cosas vocalmente, pero también usa un PECS electrónico (sistema de comunicación de intercambio de imágenes). Los padres le dijeron al BCBA que Gloria hace sonidos vocales que les resultan molestos, y querían saber si se podía hacer al respecto. Annie recomendó un procedimiento que se había hecho popular en la investigación, aunque no lo había usado antes: interrupción y redirección de respuesta. Estaba emocionada de tener una respuesta al problema, así que implementó dicho procedimiento de inmediato con su equipo de terapeutas.*

*Cuando la otra BCBA del centro vio el procedimiento implementado, observó que cada terapeuta parecía estar aplicando el procedimiento de manera diferente. Algunos parecían aplicarlo ante vocalizaciones que eran apropiadas, y otros solo lo aplicaban a sonidos que eran repetitivos o no funcionales. Cuando esta BCBA preguntó al equipo sobre el procedimiento dos de los cuatro terapeutas del equipo de Gloria lo llamaron un programa de "imitación verbal". Parecían no entender el motivo de su aplicación. Por último, los datos mostraron que todos los mandos vocales y otras conductas vocales o verbales de Gloria habían disminuido desde el inicio del procedimiento de interrupción y redirección de respuesta. Cuando la otra BCBA le preguntó a Annie sobre lo que decía la investigación respecto al uso de dicho procedimiento en los alumnos que están aprendiendo sus primeras respuestas vocales, Annie respondió: "No lo sé... No lo he leído".*

• • • • • • • •

## 5.04  DISEÑO DE ACTIVIDADES DE SUPERVISIÓN Y FORMACIÓN EFECTIVAS

Los analistas de conducta se aseguran de que la supervisión y la formación son analítico-conductuales, de manera efectiva y éticamente diseñada, y cumplen con los requisitos para obtener una licencia o certificación profesional, u otros objetivos definidos.

Este requisito especifica que los analistas de conducta usan procedimientos conductuales cuando se trata de formación y supervisión. Somos analistas de conducta; eso es lo que enseñamos y esos son los métodos que utilizamos para enseñar análisis de conducta.

> **Somos analistas de conducta; eso es lo que enseñamos y esos son los métodos que utilizamos para enseñar análisis de conducta**

Como se puntualizó en el Caso 1.03, es inapropiado que los supervisores analistas de conducta enseñen *mindfulness* u otros métodos analíticos no conductuales a sus supervisados. Al limitar el alcance de la formación exclusivamente a ABA, garantizamos esencialmente que los supervisados lean y aprendan exclusivamente procedimientos basados en la evidencia.

• • • • • • • •

### CASO 5.04 MASAJE CONTINGENTE NO PLANIFICADO

*"Ryan ha estado tirando del pelo con una frecuencia muy alta. Se arranca su propio cabello y el de los demás. Katie, una BCBA, le dijo al personal que comenzara a usar un registro narrativo ABC (Antecedente-Conducta-Consecuencia). Después de varias semanas, la otra BCBA del centro observó que el personal estaba masajeando la cabeza y las manos de Ryan como una intervención para la conducta de tirar del pelo. La BCBA revisó los datos y vio que la frecuencia de la conducta no parecía estar disminuyendo. El gráfico mostró que, en todo caso, la frecuencia de la conducta de tirar del pelo de Ryan había estado aumentando durante varias semanas desde el inicio de la intervención. Nadie parecía haberlo detectado. Los padres se acercaron al centro para decir que los tirones de pelo también estaban ocurriendo en la escuela a la que Ryan asistía medio día. Los profesores de dicha escuela se quejaban especialmente porque Ryan tiraba del pelo de los niños de su clase. Cuando la otra BCBA comentó esto a Katie, le respondió que estaba segura de que la intervención iba bien, ya que no había visto muchos tirones en sus observaciones, y el personal se quejaba menos".*

• • • • • • • •

## 5.05 COMUNICACIÓN DE LAS CONDICIONES DE SUPERVISIÓN

Los analistas de conducta aportan una descripción escrita clara del objetivo, los requisitos, los criterios de evaluación, las condiciones y los términos de supervisión antes del inicio de la supervisión.

Al igual que esperamos que los analistas de conducta proporcionen descripciones escritas de los programas de intervención a sus clientes, deben presentar un contrato de supervisión que describa lo que se espera de los supervisados antes de comenzar el período de supervisión.

• • • • • • • •

### CASO 5.05 SIN INFORMACIÓN

*"Me asignaron un nuevo caso por teléfono. Me dijeron a qué escuela ir, a qué aula y a qué hora debía llegar. "Luego te enviaré el programa de intervención como archivo adjunto en un correo electrónico", escribió mi supervisor. El correo electrónico nunca llegó, y a pesar de ello dejé un mensaje de voz y envié dos mensajes de texto a mi supervisor. Llegué a la escuela y al aula a tiempo, siguiendo las indicaciones, me acerqué a la maestra, me presenté y le pregunté si tenía un alumno para mí. Señaló a un niño de la última fila que tenía la cabeza sobre su mesa y que estaba sollozando. Realmente no sabía qué hacer, así que me senté junto a él e intenté darle algo de consuelo".*

• • • • • • • •

## 5.06 PROPORCIONAR RETROALIMENTACIÓN A LOS SUPERVISADOS

(a) Los analistas de conducta diseñan sistemas para dar retroalimentación y reforzamiento de manera que mejore el desempeño del supervisado.

(b) Los analistas de conducta proporcionan y documentan, dan retroalimentación de forma inmediata y continuada, sobre el desempeño de un supervisado (ver también 10.05 *Cumplimiento con los estándares de supervisión y formación de la BACB*).

Para el entrenamiento y supervisión en ABA, lo más adecuado es el entrenamiento de habilidades conductuales (EHC) (Capítulo 24, Bailey y Burch, 2010). Básicamente

**Para el entrenamiento y supervisión en ABA, lo más adecuado es el entrenamiento de habilidades conductuales**

implica explicar o modelar el Para el entrenamiento y supervisión en ABA, lo más adecuado es el entrenamiento de habilidades conductuales comportamiento deseado, dando al supervisado la oportunidad de demostrar la habilidad, seguido de retroalimentación correctiva[1] o positiva. La "retroalimentación inmediata" hace referencia a qué debe ocurrir en los minutos posteriores a la ejecución de la conducta y no horas después. Por ejemplo, el supervisor observa al supervisado de 3:00 a 3:30 p.m., toma apuntes o videos de la sesión, y luego se reúnen inmediatamente después, de 3:30 a 4:00 p.m., para comentar y proporcionar retroalimentación, darle tiempo a formular preguntas, llevar a cabo role-playing y poder practicar, etc. Dependiendo del nivel del supervisado y la naturaleza del caso, estas supervisiones deberían ocurrir semanal o quincenalmente.

• • • • • • • •

### CASO 5.06 SITUACIÓN INCÓMODA O EMBARAZOSA

*"El miércoles me reuní con una persona que superviso. Me mostró un registro de tiempo detallando la variedad de actividades de trabajo de campo realizadas durante las dos semanas. Algunas de sus actividades incluían la lectura de diversos textos. Cuando le pregunté acerca de un texto determinado que figuraba en el registro de tiempo, resultó muy evidente que no había realizado las 4,5 horas de lectura que había documentado para ese texto en concreto. Comentamos*

*este asunto de manera tranquila y profesional, pero ella mostró signos de "pánico" cuando se dio cuenta que la había descubierto falsificando su registro de tiempo del trabajo de campo. Después de dejarle el resto del día para pensarlo, me informó que su intención era encontrar otro BCBA para las siguientes supervisiones. Por supuesto, me siento cómodo al finalizar nuestro contrato de supervisión, pero estoy preocupado por mis obligaciones éticas en esta situación. Siento que debo informar a alguien sobre el comportamiento de la supervisada, pero no estoy seguro si eso forma parte del rol de supervisor. Creo que es importante que no falsifique ninguna documentación nunca más, pero no creo que deba impedirse que intente certificarse si completa con éxito y de una manera ética el resto de su trabajo de campo".*

• • • • • • • •

## 5.07  EVALUACIÓN DE LOS EFECTOS DE LA SUPERVISIÓN (NUEVO)

Los analistas de conducta diseñan sistemas para tener una evaluación continua de sus propias actividades de supervisión.

Este nuevo elemento de código implica un nuevo estándar para los supervisores. Tres enfoques parecen ser adecuados. En primer lugar, si los supervisores cumplen el punto del código 5.05, habrán especificado por escrito lo que se espera de cada supervisado, incluyendo algún tipo de cronograma para cumplir los objetivos, por ejemplo, "Tras un período de tres meses, Jane podrá...". Por lo tanto, el supervisor comparará el repertorio de cada supervisado al comienzo y al final de los tres meses y determinará cuánto progreso ha logrado. A continuación, se puede obtener un dato final, por ejemplo, "Jane ha cumplido el 95% de las metas que se identificaron para ella en el área de entrenamiento con ensayos discretos". Si el supervisado no ha cumplido los objetivos, el supervisor debe asumir la responsabilidad y revisar sus métodos de supervisión haciéndose preguntas como: "¿Le doy retroalimentación de forma inmediata?"

"¿Los comentarios son individualizados?" "¿Estoy incluyendo suficiente role-play y práctica?" Una supervisión efectiva implica que el supervisor ajuste los comportamientos de supervisión si los supervisados no están aprendiendo habilidades y logrando metas.

En segundo lugar, la mayoría de los supervisores podrían beneficiarse de la retroalimentación ocasional de otro supervisor al que se le pida que observe al primero o vea un video de una sesión de supervisión. El jefe del supervisor también sería una persona adecuada para observar y proporcionar, ya que esta persona hará la revisión anual del desempeño del supervisor.

En tercer lugar, y finalmente, el supervisor debe realizar evaluaciones periódicas de los supervisados, haciendo preguntas como "¿La frecuencia de mis observaciones ha sido suficiente para cubrir sus necesidades?" "¿Cree que se ha beneficiado de la retroalimentación proporcionada?" "Por favor, califique mi uso de reforzamiento positivo durante las reuniones de retroalimentación en una escala de 1-5" y otras preguntas de validación social que puedan ser pertinentes. Estos formularios de calificación deben entregarse al jefe del supervisor, quien luego los incluirá en la evaluación anual del supervisor.

Para poderlos calificar como un "sistema", el supervisor debería asegurarse de que alguno o todos estos métodos se llevaron a cabo sistemáticamente, que se tomaron y analizaron datos y que se realizaron las modificaciones en la supervisión de forma consecuente.

## RESPUESTAS A CASOS

### CASO 5.0 SUPERVISOR VAGO

*La conducta de este supervisor es irresponsable hasta el punto de no ser ética. Su supervisora debe ser informado y quizás la BACB. Una persona que está tan ocupada no debería aceptar una tarea como supervisor. Esta supervisora debe hacer lo correcto y explicarle a su supervisora que tiene demasiadas actividades y responsabilidades como para ser un buen modelo de conducta y poder supervisar a los analistas de conducta junior que necesitan orientación y entrenamiento.*

## CASO 5.03 CONFUNDIDO

*Como principiantes, los analistas de conducta no deberían aplicar ningún procedimiento que no hayan investigado minuciosamente. Cualquier técnica nueva tiene restricciones y limitaciones respecto a la aplicación, y algunas de ellas pueden implicar efectos secundarios. Annie no solo no tenía ningún conocimiento real sobre la interrupción y redirección de respuesta, sino que tampoco entrenó al personal ni supervisó su uso. Eso fue totalmente irresponsable. En este ejemplo, vemos qué sucede cuando se implementa este tipo de aplicación improvisada, que es justo lo contrario de lo deseable. Además, cualquier mejoría que el cliente pudiera haber mostrado anteriormente podría revertirse.*

## CASO 5.04 MASAJE CONTINGENTE NO PLANIFICADO

*Katie comenzó correctamente pidiéndole al personal que empezara con un registro narrativo ABC. Sin embargo, no monitorizó la situación con Ryan en absoluto, y su equipo comenzó a darle masajes de cabeza y manos como una forma de calmarlo. Esto sugiere que no fueron entrenados para detectar las consecuencias reforzantes. Katie no monitoreó los datos, que reflejaban que la frecuencia de la extracción del cabello estaba aumentando y se estaba generalizando a otros contextos. Este tipo de violaciones del 5.04 no debe pasar desapercibido en la organización y podría ser reportada a la BACB.*

## CASO 5.05 SIN INFORMACIÓN

*Un supervisado nunca debería recibir instrucciones para un nuevo caso por teléfono. Es poco profesional y poco ético. La "descripción escrita clara del objetivo, los requisitos y los criterios de evaluación" deberían estar en un documento Word (o similar) que cada supervisor tendría que compartir con los nuevos supervisados en el momento en que se asigne un nuevo caso. El supervisor y el supervisado deberían reunirse cara a cara y comentar los detalles de la tarea y las condiciones de supervisión.*

## CASO 5.06 SITUACIÓN INCÓMODA O EMBARAZOSA

*Existe algo de controversia sobre si el uso de las lecturas asignadas para las horas de supervisión es ético. Muchos supervisores asignan lecturas a los estudiantes pero no contabilizan el tiempo de lectura como horas de supervisión. Además, el supervisado podría ser despedido en el acto por mentir acerca de completar su tarea (una violación de Integridad 1.04). En una situación como esta, el supervisor debe considerarse a sí mismo un informador y comunicar a la BACB el incidente e indicar que canceló el contrato con el supervisado en el acto.*

# 11

## Responsabilidad ética de los analistas de conducta hacia su profesión (Código 6.0)

El análisis de conducta, aunque crece rápidamente como profesión, es todavía un campo muy pequeño en comparación con otras áreas relacionadas, como el trabajo social o la psicología clínica. En su mayor parte, todavía no estamos en el punto de mira de la mayoría de los estadounidenses, y, según nuestra experiencia anterior, sabemos que la conducta poco ética de un pequeño número de personas puede dar una mala imagen de todo nuestro campo. Si queremos ganar la confianza del público, debemos establecer un estándar muy alto de conducta moral y ética para nosotros. Ser un analista de conducta ético significa no solo mantener este Código ético para su protección y la protección de sus clientes sino también preservar y mejorar la reputación del análisis de conducta en general. Al analizar la responsabilidad ética de los analistas del

> **Creemos en la optimización del valor, la dignidad y la independencia de cada individuo y en el desarrollo de los repertorios necesarios para lograr estos objetivos**

> **Si queremos ganar la confianza del público, debemos imponernos un estándar muy alto de conducta moral y ética**

conducta hacia la profesión, la sección 6.0 del Código establece que cada uno de nosotros tiene una "obligación con la ciencia de la conducta y la profesión del análisis de conducta". Evidentemente esto incluye los nueve principios éticos fundamentales comentados en el Capítulo 2, así como también aquellos valores inherentes en un enfoque conductual. Además de ser honestos y justos, asumir responsabilidad y promover la autonomía, los analistas de conducta también promueven el valor de datos objetivos y fiables para determinar la eficacia del tratamiento, utilizando dicha información en la toma de decisiones y teniendo la conducta individual como nuestro principal foco de estudio. Los analistas de conducta valoran nuevas evaluaciones, intervenciones efectivas y no intrusivas y la producción de cambios conductuales socialmente significativos que tengan una valor para la persona y la sociedad. Creemos en la optimización del valor, la dignidad y la independencia de cada individuo y en el desarrollo de los repertorios necesarios para lograr estos objetivos. A veces es necesario recordarles a nuestros colegas estos valores fundamentales, y este elemento del Código nos proporciona la ocasión.

Además, el Código 6.0 es un estímulo para que todos los analistas de conducta promocionen nuestra metodología y hallazgos al público (Código 8.01) y nos sirve de recordatorio para que revisemos ocasionalmente el Código para que estemos al tanto de los estándares que se han establecido. Una tarea bastante onerosa implica monitorear a otros profesionales (o paraprofesionales) de nuestra comunidad para asegurarse de que no se anuncien como profesionales certificados cuando no lo son. Esta vigilancia está justificada si tenemos en cuenta el daño que los profesionales no debidamente capacitados podrían causar a los clientes. Además, si algo le sucede a un cliente produce un daño adicional a la reputación de nuestro campo, lo cual es una preocupación constante para aquellos que trabajan duro para mantener altos estándares. Sencillamente no es ético hacer la vista gorda con aquellos que afirman ser BCBA cuando no lo son.

La forma en que alguien "desalienta" a estas personas no certificadas no se detalla en el Código, pero posiblemente contactar con la Behavior Analysis Certification Board sería un primer paso; otro podría consistir en contactar con la Association for Behavior Analysis International (ABAI) o su asociación nacional o local para obtener asesoramiento y asistencia.

## 6.0 RESPONSABILIDAD ÉTICA DE LOS ANALISTAS DE CONDUCTA HACIA LA PROFESIÓN DEL ANÁLISIS DE CONDUCTA

Los analistas de conducta tienen una obligación con la ciencia de la conducta y la profesión del análisis de conducta.

La "obligación" mencionada aquí hace referencia a que los analistas de conducta ponen nuestra ciencia, nuestra tecnología y nuestra profesión por encima de todas las demás metodologías. Tenemos una visión del mundo y una perspectiva; apoyamos la ciencia y la práctica de la ciencia. El análisis de conducta no permite múltiples visiones del mundo o múltiples explicaciones de la conducta. Desde este punto de vista, otras explicaciones de la conducta contradicen nuestro enfoque basado en la ciencia. Aceptar esta obligación no es difícil para aquellos que recibieron sus títulos de licenciatura, maestría o doctorado en análisis de conducta, pero puede implicar un gran dilema para aquellos que fueron entrenados originalmente en algún otro campo, especialmente si ese otro campo no estaba basado en la evidencia científica.

> **Sencillamente no es ético hacer la vista gorda con aquellos que afirman ser BCBA cuando no lo son**

• • • • • • • •

## CASO 6.0 DEFENDER EL ANÁLISIS DE CONDUCTA

*"Estoy trabajando con una familia que ha elegido utilizar múltiples intervenciones que no están basadas en la evidencia científica. Las intervenciones incluyen arrastrarse y gatear, respirar dentro de una bolsa para aumentar la ingesta de dióxido de carbono, masajear las manos, usar cepillos Nuk para masajear el interior de la boca y hacer que el cliente huela diferentes olores. Estas intervenciones deben realizarse muchas veces a lo largo del día. He comentado con la madre del alumno el uso de intervenciones basadas en evidencia científica. Le di los estándares nacionales de autismo y comenté con ella los hallazgos de otras investigaciones sobre las intervenciones. Le dije que no podía apoyar las intervenciones que estaba utilizando. Actualmente estamos trabajando con el alumno tres horas al día e implementamos un programa de conducta verbal. La madre del alumno desea aplicar el programa alternativo durante todas nuestras sesiones, y está muy molesta y frustrada porque no apoyamos las técnicas. He sido claro en que no apoyo estas intervenciones alternativas. También hice saber a la madre que he implementado intervenciones basadas en la evidencia. No estoy seguro si es ético para mí continuar con el caso ya que la madre sigue en la misma línea. También quiero ser consciente y respetuoso de las decisiones de la familia. No estoy seguro si es ético o no que deje el caso al no estar de acuerdo con su decisión de programación adicional. ¡Necesito consejo!"*

• • • • • • • •

## 6.01 REAFIRMAR LOS PRINCIPIOS (RBT)

(a) Por encima de toda la formación profesional, los analistas de conducta defienden y promueven los valores, la ética y los principios de la profesión del análisis de conducta.

Este elemento del código refuerza la postura adoptada en 6.0 acerca de que esperamos que los analistas de conducta respalden nuestro campo por encima de cualquier otro enfoque. Los valores del análisis de conducta incluyen un sólido compromiso con el estudio del comportamiento humano individual y socialmente significativo y con una metodología para cambiar ese comportamiento para la mejora del individuo y la sociedad. Consideramos seriamente las siete dimensiones de ABA tal como las describen Baer, Wolf y Risley (1968) en sus principios fundamentales: nuestro campo es aplicado, conductual, analítico, tecnológico, conceptualmente sistemático, eficaz y produce cambios en el comportamiento que son duraderos en el tiempo y en todos los contextos (generalización). Nuestro principal compromiso es estudiar las conductas aprendidas (las adquiridas a través del condicionamiento operante) y el uso de estrategias de reforzamiento positivo para lograr el cambio. Evitamos los conceptos hipotéticos que supuestamente afectan al comportamiento pero para los cuales no hay evidencia empírica demostrada. Los diseños de caso único con un buen control experimental proporcionan la evidencia empírica que es la base del análisis de conducta. En el siguiente caso, vemos una deriva de conducta que plantea dudas sobre el compromiso de este individuo con el análisis de conducta.

• • • • • • • •

### CASO 6.01 (A) ¿ÉTICO USAR REIKI?

*"Después de dirigir un programa de formación para padres durante los últimos ocho años, he expandido significativamente mis habilidades de asesoramiento a través de la investigación y la práctica. Aunque descubrí que los padres están muy motivados por el cambio que ven en sus hijos, también presentan barreras que les impiden aplicar los planes de tratamiento. La mayor barrera que he encontrado es el estrés de los padres. El estrés por las finanzas, la falta de servicios, la falta de apoyo familiar y el dolor.*

*En un esfuerzo por asesorar a estas familias, me interesé mucho en mindfulness y comencé a investigar a fondo su aplicación. Cuando me topé con una intervención llamada*

*Reiki, era escéptico pero estaba intrigado. Mi experiencia previa me ha enseñado a buscar investigación para validar cualquier intervención nueva. Después de investigar Reiki, descubrí que es una técnica japonesa para la relajación y reducción del estrés que también promueve la curación. Se utiliza para disminuir el estrés, la ansiedad y el dolor en varias poblaciones.*

*"A mis amigos y colegas les hacía gracia que un analista de conducta se interesara en algo tan aparentemente "no conductual". Después de explicarles la investigación disponible sobre Reiki y mostrarles cómo usarlo, me animaron a pensar cómo aplicarlo para disminuir el estrés en padres de niños con necesidades especiales.*

*"Aquí es dónde me surge mi duda ética. Algunos analistas de conducta han desaprobado la idea de que un BCBA proporcione este tipo de servicios. Se ha indicado que proporcionar este tipo de servicios no es ético, ya que no hay suficiente investigación para apoyarlos y se aprovecha de una población vulnerable. Mi intención no es usar Reiki como tratamiento para el autismo. Mi objetivo es trabajar con los padres, pero no he dicho "no" cuando los padres me han pedido que lo intente con sus hijos.*

*"Creo firmemente que la ciencia solo puede progresar cuando las personas piensan de forma original e independiente. Dicho esto, entiendo la importancia de los datos para la ciencia y solo continuar con intervenciones que no puedan causar daño. He recogido datos sobre la aplicación de Reiki con cada persona que he tratado. Para aquellos que siguen el tratamiento, ha habido una disminución en sus niveles de estrés y ansiedad a lo largo de varias sesiones. Tengo la impresión de que hay suficiente evidencia para examinar el uso de esta intervención con los padres. Si bien considero que este trabajo es fascinante, por encima de todo soy analista de conducta. ¡No quiero poner en peligro mi certificación BCBA o mi reputación con ABAI y ser incluido en el grupo de personas que proporcionan servicios considerados no aceptables por los profesionales en el campo!*

*Estoy buscando orientación sobre este asunto: ¿es*

*inaceptable, teniendo en cuenta mi certificación y licencia, que proporcione este servicio de esta manera limitada (es decir, reducción del estrés para los padres)? Si me dicen que no es apropiado que alguien se presente como BCBA y lo haga, estoy dispuesto a dejar de proporcionar este servicio o, en caso contrario, retirar las letras BCBA de mis tarjetas de presentación".*

• • • • • • • •

(b) Los analistas de conducta tienen la obligación de participar en organizaciones o actividades científicas y profesionales basadas en el análisis de conducta.

El siguiente ítem del código proporciona el impulso para la propia superación constante como profesional; esto es ahora una "obligación" en lugar de "ser incitado a ello", como decía en el anterior código ético. La idea básica es que los profesionales en ABA deben mantenerse al tanto de los nuevos desarrollos en el campo. Leer revistas, asistir a conferencias y a seminarios es la mejor manera de mantenerse informado y actualizado, pero a algunos les resulta difícil.

• • • • • • • •

### CÓDIGO 6.01 (B) AISLADO

*"En mi país es bastante difícil participar en actividades profesionales basadas en el análisis del conducta, ya que rara vez se organizan. La mayoría de las reuniones y conferencias profesionales no ofrecen a los asistentes ningún conocimiento nuevo porque nadie está realizando investigaciones sobre análisis de conducta aquí. Nuestros recursos para investigación son muy limitados y lo son todavía más para viajar. Como consecuencia, la mayoría de los ponentes exponen solo información sobre su trabajo clínico, que no evoluciona mucho a lo largo de los años".*

• • • • • • • •

## 6.02  DIFUSIÓN DEL ANÁLISIS DE LA CONDUCTA (RBT)

Los analistas de conducta promueven el análisis del comportamiento poniendo a disposición del público información sobre el mismo a través de presentaciones, debates y otros medios.

El objetivo de este elemento del Código es alentar a los analistas de conducta a exponer su trabajo en una forma que lo haga fácilmente entendible para el público. Hemos reconocido durante años que nuestro vocabulario técnico no es útil para comunicarse con clientes, abogados y ciudadanos comunes, los cuales podrían beneficiarse de tener más información acerca de nuestros principios y procedimientos. Sin embargo, como se verá en este próximo caso, es necesario tener en cuenta quién utilizará la información provista y cómo la usarán.

• • • • • • • •

### CASO 6.02 UN PEQUEÑO CONOCIMIENTO...

*Paso la mayor parte de mi tiempo formando en los principios del análisis aplicado de conducta a otros profesionales que trabajan fuera de nuestro campo. A pesar de que la diseminación del conocimiento es algo muy positivo para nuestro campo, a veces temo que sin suficiente formación, estas personas podrían potencialmente causar más daño que beneficio no solo a los niños del espectro sino también al campo del análisis de conducta en general. ¿Cree que hay algo de verdad en afirmar que, un poco de análisis de conducta es más peligroso que ningún análisis de conducta, en el sentido de que las personas pueden no estar aplicando correctamente las técnicas en las que han sido entrenados? O bien, una vez que algunos profesionales no conductuales obtienen un poco de información sobre nuestras técnicas, piensan que están listos para usarlas".*

### RESPUESTAS A CASOS

## CASO 6.0 PARA EL ANÁLISIS DE CONDUCTA

*El analista de conducta no está obligado a continuar la terapia ABA en estas circunstancias. Básicamente, será imposible evaluar los resultados del tratamiento debido a la aplicación simultánea de estos tratamientos de moda no probados. Con múltiples intervenciones, contingencias y terapias en marcha, no hay forma de determinar qué intervenciones han dado resultados positivos o negativos. Parece que el analista de conducta ha hecho todo lo posible para enseñar a la familia. El analista de conducta debe (y está obligado a) avisar a la familia y ayudarla a encontrar a otra persona que le proporcione tratamiento. Esto podría ser difícil, dadas las circunstancias.*

## CASO 6.01 (A) ¿ES ÉTICO USAR REIKI?

*Los enfoques alternativos para comprender la conducta están muy generalizados y son muy populares entre la gente de la calle. Los defensores de estos enfoques proclaman su entusiasmo por estos exóticos y a veces misteriosos programas y se declaran curados de cualquier dolencia que hubieran tenido. En este caso, el analista de conducta buscaba una solución para el estrés de los padres y "tropezó" con Reiki, que es una técnica japonesa para la relajación y reducción del estrés que también promueve la curación. Se implementa mediante la "imposición de manos" y se basa en la idea de que una energía invisible "de la fuerza de la vida fluye a través de nosotros y es lo que nos hace estar vivos".[1] Dado que Reiki claramente no es un procedimiento basado en la evidencia científica (usando nuestra definición) y no es conceptualmente consistente con ABA, no es apropiado que un analista de conducta lo use como parte de un programa ABA. Este servicio debe interrumpirse y cualquier referencia al mismo debe eliminarse de las tarjetas de visita y la página web del analista de conducta.*

## CÓDIGO 6.01 (B) AISLADO

*Incluso si se encuentra en un país en el que no se organizan muchas conferencias de análisis de conducta, es posible mantenerse al día leyendo artículos en revistas y comunicándose con otros analistas de conducta a través de internet. Hay bastantes webinars que cubren temas en nuestro campo. Probablemente el mejor recurso fuera de los Estados Unidos para reuniones de conducta y seminarios es la European Association for Behavior Analysis (http://www.europeanaba.org). Su sitio web incluye bastantes recursos, incluida la publicación actualizada de conferencias y videos que están disponibles para quienes se unen a la asociación.*

## CASO 6.02 UN PEQUEÑO CONOCIMIENTO...

*Necesitamos tener claro lo que significa "hacer disponible información sobre el análisis de conducta". Esta afirmación debe interpretarse en el sentido de que hacemos posible que los consumidores potenciales, los políticos y otros profesionales sepan qué tipos de problemas tratamos y qué tipos de resultados se han logrado. Después, añadimos inmediatamente la advertencia de que no se obtienen estos resultados en todos los casos. Al impartir una conferencia pública o formar a otros profesionales, deben exponerse las limitaciones de ABA. En concreto, el ponente debe mencionar áreas en las que no tenemos suficiente investigación para ofrecer soluciones. También podría ser útil educar a la sociedad acerca de cómo los analistas de conducta trabajan junto con otras profesiones de ayuda estrechamente relacionadas. Otro punto que podría tratarse tiene que ver con los fundamentos filosóficos del análisis de conducta: creemos que la mayor parte de la conducta humana se aprende por las consecuencias y que podemos cambiar la conducta cambiando esas consecuencias.*

*Cuando se habla con la sociedad sobre el análisis de conducta es importante evitar sugerir que cualquier ciudadano pueden aplicar estos procedimientos por sí mismo. Debemos alentar a la audiencia a que busquen la asistencia de un analista de conducta certificado por la Junta (BCBA) para asegurarse de que los métodos conductuales se utilicen de manera adecuada, segura y efectiva.*

# 12
## Responsabilidad ética de los analistas de conducta ante otros analistas de conducta (Código 7.0)

L os analistas de conducta tienen, en su amplio catálogo de actividades, una variada cantidad de responsabilidades ante sus colegas. La nueva responsabilidad (7.01) que se ha agregado en el Código ético actualizado es que tenemos la obligación de promover una cultura ética en nuestros entornos de trabajo y educar a quienes nos rodean sobre este Código (ver Capítulo 20).

Si eres un terapeuta de conducta puede que te preocupen aquellas conductas poco éticas de las que tengas conocimiento directa o indirectamente. Conocer las prácticas poco éticas de algún colega no quiere decir que debamos "fisgonear" en los asuntos de los demás colegas. La mayoría de nosotros hemos sido culturalmente condicionados por padres y maestros para "meternos en nuestros propios asuntos" y, en la vida privada, seguir esta regla es algo bastante sensato. Lo que hacen los demás en sus vidas privadas *es* asunto suyo, a menos que, por supuesto, afecte a la tuya de alguna manera. Esta es básicamente la situación a la que un profesional se enfrenta cuando cree que un colega analista de

> Los colegas deshonestos no solo dañan su propia reputación profesional, sino también la de todos los analistas de conducta

conducta ha infringido el Código ético. El asunto se convierte en un asunto de tu incumbencia en virtud del hecho de que los colegas deshonestos pueden dañar no solo su propia reputación profesional, sino también la tuya.

> Si
> de Cuando los analistas de
> si conducta tienen noticias de
> ha infracciones éticas, el no
> pr hacer nada para
>    solucionarlo no será lo más
>    adecuado

Es en este sentido al que se refiere el apartado 7.02 del Código ético, a pesar de lo incómodo que pueda ser, debes exponer el problema ético en cuestión a la persona implicada y buscar una solución. Es de esperar que el colega implicado se dé cuenta rápidamente de su error, se disculpe y lo corrija de manera profesional. No es tu función establecer cómo debe corregirse, sino actuar como un "colega de confianza" para la persona implicada y posiblemente para el cliente implicado.[1] Debe buscarse una solución ética al problema y solucionarlo lo más rápidamente posible. Esto funciona la mayor parte del tiempo. Sin embargo, puede suceder que el colega se resista tenazmente a reconocer el problema o se niegue a hacer algo al respecto.

Si se descubre que se han quebrantado los derechos de un cliente o que existe un "daño potencial", se debe hacer lo que sea necesario para protegerlo, lo que incluye, llegado el caso, ponerse en contacto con las autoridades pertinentes. En algunos casos, la situación puede ser considerada como una falta que haya que notificar formalmente a la BACB, y será necesario presentar una queja formal.

## 7.0 RESPONSABILIDADES ÉTICAS DE LOS ANALISTAS DE CONDUCTA ANTE SUS COLEGAS

Los analistas de conducta que trabajan con otros analistas y con diferentes profesionales deben ser conscientes de sus obligaciones éticas en cualquier situación profesional (véase también, *10.02 Responsabilidad ética de los analistas de conducta ante el BACB*).

En general, las personas prefieren evitar conflictos, y los analistas de conducta no son una excepción. Por esta razón, el punto 7.0 del Código ético da la sensación de que el analista de conducta tiene que ser escrupuloso en este sentido. La mayoría de las veces, la primera reacción ante un acto aparentemente deshonesto es indignarse, especialmente si la conducta poco ética de otro profesional afecta al derecho del cliente a recibir tratamiento adecuado, a su confidencialidad o a su seguridad. Pero cuando se enfrenta a una infracción de la ética profesional, la regla a seguir es mantener la calma y ser precavidos. En primer lugar, se debe asegurar que se está operando con evidencias de primera mano. Por ejemplo, atender a un rumor sobre un presunto abuso como: "¡Ella le gritó y luego le escupió en la cara!" no es una evidencia. Si el rumor viene de un profesor, podría decirle que es obligación del profesor informar del incidente, pero no puedes hacerlo por él. Si se observa un abuso, hay que informarlo. Si se oye una conversación en la que un compañero está hablando de un cliente usando el nombre del cliente, estaría justificado acercarse al colega, no para enfrentarse o acusarlo, sino para aclarar e intentar comprender lo que sucedió. Si su observación fue correcta y la persona admite la acción, se tiene la obligación de tratar de recordarle al colega las pautas deontológicas relevantes a seguir. Cuando los analistas de conducta tienen noticias de violaciones de la ética profesional, lo más apropiado no es precisamente quedarse de brazos cruzados.

## 7.01 PROMOCIÓN DE UNA CULTURA ÉTICA (RBT, NUEVO)

Los analistas de conducta deben promover una cultura ética en sus entornos de trabajo y hacer que otros profesionales conozcan este Código deontológico.

A medida que nuestra profesión madura, un número creciente de analistas de conducta pueden pasar de ser un simple profesional empleado de una empresa de servicios ABA a director clínico, presidente o Director General (CEO). En esta nueva responsabilidad, se pueden promover políticas que se ajusten a los estándares éticos y al Código deontológico. Además, con el nuevo ítem 7.02 incluido en el Código, ahora hay una directriz específica para hacerlo. Aquí presentamos un ejemplo de las directrices dadas por el Director General de una empresa de servicios de análisis de conducta a sus empleados.[2]

• • • • • • • •

### CASO 7.01 ESTABLECER UNA CULTURA ÉTICA EN UN SERVICIO ABA

*"Comportarse bajo estándares éticos es primordial para tener éxito como analista de conducta. Pero también lo es diseñar un entorno de trabajo que facilite que nuestros colegas sigan esos estándares, lo cual ayuda a crear y mantener una cultura ética. Esto significa que, como Analista del Conducta, usted no solo es responsable de su propio comportamiento ético, sino también de alentar a otros profesionales en nuestro campo a promover una conducta deontológica similar. Inspirar a otros a mantener los estándares de nuestra profesión puede crear una atmósfera ética de trabajo. Esta motivación a menudo se genera al utilizar las tecnologías del análisis de conducta para crear contingencias que refuercen el comportamiento honesto y de principios éticos dentro del lugar de trabajo. Los analistas de conducta pueden establecer estas contingencias de diversas formas, desde la discusión de los aspectos deontológicos cuando se desarrolle la supervisión de los casos, hasta la priorización de los aspectos éticos durante las evaluaciones. Incluso elogiar verbalmente el leguaje apropiado utilizado por el personal en la oficina puede tener un efecto relevante. Promover esta cultura puede ser una tarea abrumadora, por lo que las organizaciones pueden beneficiarse con la asignación de un analista de conducta para actuar como*

*supervisor responsable de las tareas éticas y ayudar a comunicar esta perspectiva. Este profesional ayudaría brindando capacitación a otros sobre la complejidad del código ético y colaborando en la formación de colegas y responsables de la administración del servicio para adoptar estándares éticos exigentes".*

•••••••••

## 7.02  VIOLACIÓN DEL CÓDIGO ÉTICO POR OTROS PROFESIONALES Y RIESGO DE HACER DAÑO (RBT)

(a) Si el analista de conducta cree que puede existir una infracción legal o ética, debe primero determinar si ha posibilidades de daño a terceros, si se trata de una infracción legal, de una situación que debe comunicarse de forma obligatoria a la autoridad que competa, o si existe una agencia, organización o regulación vigente que aborde la infracción en cuestión.

El primer paso a dar ante una vulneración de las normas éticas comienza por decidir de manera segura si la situación realmente constituye una violación legal o ética. Ante posibles vulneraciones legales, el analista de conducta necesitaría consultar las leyes pertinentes a nivel local, regional o estatal y nacional. Para decidir si se trata de una vulneración de las normas éticas, se debe consultar el presente Código u otro código profesional competente para tomar una determinación.

•••••••••

### CASO 7.02 (A) UN CASO DE INFRACCIÓN DOBLE

*"Un terapeuta bajo mi supervisión me informó que recientemente fue a una entrevista de trabajo. Cuando el terapeuta le dijo al entrevistador dónde trabaja actualmente, aquel hizo comentarios menospreciando al propietario de la compañía para la que trabajaba. El entrevistador le dijo que esa persona fue despedida por fraude. Por mi parte, desconozco*

*si esa acusación es cierta o no. Durante la entrevista, el entrevistador también dio al entrevistado información personal sobre una de las familias con la que estaba trabajando profesionalmente y que solía recibir servicios por parte de la empresa para la que se estaba entrevistando. La información era específica, identificaba a la persona y era confidencial. No sé qué hacer en estas dos situaciones. Mi instinto me dice: (1) que hay que contactar con el gerente de la empresa y, (2) informar a los padres de la vulneración de la confidencialidad. Me preocupan las posibles consecuencias para el terapeuta que me informó de todo esto, y también me preocupa que un gerente de recursos humanos esté difundiendo información confidencial sobre una familia muy vulnerable, tratando además de manchar la reputación de otro profesional".*

• • • • • • • •

(b) Si se vulneran los derechos legales de un cliente, o si existe la posibilidad de daño, los analistas de conducta deben tomar las medidas pertinentes para protegerlo, incluyendo, entre otras, denunciarlo a las autoridades, siguiendo la política de la organización en la que trabaja, consultar con los profesionales apropiados, y documentándose para afrontar el incidente.

Este ítem constituye un requisito de obligado cumplimiento para los analistas de conducta, ya que (a) decidieron que existía un daño potencial a terceros y se había trasgredido alguna norma específica. Para determinar la acción a tomar en este punto es necesario haber desarrollado unas avanzadas habilidades profesionales Si existe riesgo de causar daño a un cliente vulnerable, entonces es obligatorio notificarlo al servicio o agencia responsable del bienestar del niño o del adulto. Hay que tener en cuenta que no es la responsabilidad del

> **Si hay riesgo de causar daño a un cliente vulnerable, entonces es obligatorio notificarlo al servicio o agencia responsable del bienestar del niño o del adulto**

informador determinar la gravedad del daño o cuáles son las consecuencias que tiene el informar; el analista de conducta simplemente hace una llamada y facilita un informe completo de lo que conoce de primera mano. Si se trata de una vulneración de la legalidad, el analista de conducta deberá ponerse en contacto con la agencia apropiada, como puede ser la fiscalía o quizás la policía, dependiendo de la naturaleza de la ilegalidad. El siguiente caso lo ilustra más directamente.

• • • • • • • •

### CASO 7.02 (B) ASUNCIÓN INEQUÍVOCAMENTE FALSA

*"La madre de un niño de 9 años con discapacidades múltiples me pidió que completara una evaluación de las conductas que ocurrían en la escuela. El centro aprobó la evaluación independiente y, tras mi reunión inicial con el equipo de trabajo, la madre del niño informó que el estudiante había visitado recientemente a varios médicos y a un neurólogo debido a posibles dolores de cabeza. Dada la información disponible, el doctor creía que el niño tenía migrañas. Después de revisar los datos recientes de la profesora y tras mi observación inicial, me sorprendí al descubrir que la alumna se estaba golpeando la cabeza hasta 300 veces por hora. La maestra me dijo que, "solo tenía que sacarla de su entorno". El programa conductual consistía en proporcionar algo comestible cuando fuese necesario e interrumpir la actividad que no le gustaba hacer a la alumna para volver a ponerla h hacer esa tarea una vez que dejaba de golpearse la cabeza. La madre generalmente no observa estos comportamientos en el hogar y tampoco el terapeuta ocupacional privado durante sus sesiones. El tratamiento no parece el adecuado y habría que corregirlo, pero teniendo en cuenta que me remitieron al caso solo para hacer una evaluación independiente, no estoy seguro de qué hacer".*

• • • • • • • •

(c) Si una resolución informal parece apropiada, y no viola ningún derecho de confidencialidad, los analistas del conducta deben intentar resolver el problema llamando la atención de esa persona y documentándose para abordar el problema. Si el asunto no se resuelve, los Analistas del Conducta han de informar del asunto a la autoridad correspondiente (p.ej., jefe, supervisor, autoridad reguladora).

Este paso se tomaría si no hubiese un daño inmediato para el cliente y si el profesional responsable de la transgresión estuviera disponible para una reunión cara a cara con él. Tales reuniones son obviamente incómodas y requieren una considerable delicadeza. Idealmente, el analista de conducta debe comenzar la reunión con preguntas no acusatorias para determinar si el acusado reconoce la supuesta información. La resolución más razonable sería admitir las acusaciones, reconocer que ha ocurrido una vulneración del Código ético y llegar al compromiso de desistir en su conducta. Esto sería apropiado si el acusado plagiara programas de intervención conductual o algo de naturaleza similar. Otro escenario podría ser que el acusado niegue los cargos o afirme que no es "gran cosa", no admite que se haya producido una transgresión del Código ético, y no tiene intención de realizar ningún cambio en su comportamiento. En este caso, es necesario informar a la BACB u otra autoridad competente.

> Un analista de conducta que tiene un problema con un colega tiene la obligación de reunirse con la persona cara a cara e intentar resolver el problema

• • • • • • • •

## CASO 7.02 (C) ACUSACIONES ANÓNIMAS

*"El correo electrónico en cuestión llegó a mi buzón. Tenía una dirección de respuesta que no reconocí y pronto me di cuenta del por qué. El mensaje estaba lleno de ira y de acusaciones concretas sobre un colega cuyo nombre era fácilmente*

*identificable por los detalles. Hacía referencia a los niños con los que trabajaba este colega y a su supervisora, que también era fácilmente identificable. También se alegaba un conflicto de intereses por favoritismo en la asignación del trabajo.*

*"Las acusaciones fueron impactantes e inmediatamente envié un mensaje al remitente que decía: Por favor, identifíquese. No hubo respuesta y recibí un segundo correo electrónico más enérgico pocos días después. Esperé tres días más y luego establecí una reunión con cada una de las personas acusadas en el correo electrónico para compartirlo con ellos. En la reunión, indiqué que, en mi opinión, el envío de un correo electrónico como este era una conducta poco ética. Comenté lo que pensaba acerca de las violaciones éticas específicas. Un resumen de mis notas se presenta a continuación:*

*"Ocultar la identidad es un acto radicalmente deshonesto. Básicamente nos está diciendo: "Quiero atacarte para hacerte daño y no puedas defenderte". Si permitiéramos este tipo de conducta en nuestra profesión pronto perderíamos credibilidad ante la sociedad y nos convertiríamos en un grupo incontrolado que busca tomarse la justicia por su mano e inclinado a la venganza ante cualquier infracción. Una persona sincera y honesta que tiene una queja sobre un colega buscaría a la persona y hablara de los problemas cara a cara. Manejar una queja con un colega de forma tortuosa y confusa es ciertamente poco ético.*

*"Aunque enviar un correo electrónico anónimo no es ilegal, sin duda es inmoral; es claramente contrario a la conciencia de los profesionales normales y socava el pacto fundamental que tenemos entre nosotros para respetarnos mutuamente y operar de manera justa e imparcial respecto a nuestros desacuerdos. Un e-mail anónimo es el equivalente a un ataque a traición sobre una víctima inocente, que no sabe ni podía puede defenderse.*

*"Un Analista del Conducta que tiene un problema con un colega tiene la obligación de reunirse con la persona cara a cara e intentar resolver el problema. El Código ético no permite ningún margen de maniobra sobre este tema y no hay excusa*

*para manejar una situación difícil de una manera tortuosa y malintencionada. Ciertamente, es incómodo comentar una posible vulneración ética con un colega, pero el asunto tiene que ponerse sobre la mesa para discutirlo y las quejas deben transmitirse de una manera civilizada y tranquila. Las personas acusadas, -haciendo algún trabajo de detective electrónico-, pudieron rastrear al autor del correo electrónico y exigirle una reunión cara a cara y una explicación de sus acusaciones anónimas".*

· · · · · · · ·

(d) Si el asunto cumple con los requisitos de la BACB, los analistas de conducta deben enviar una queja formal a la BACB (ver también, 10.01 *Respuesta oportuna, generación de informes y actualización de la información facilitada a la BACB*).

No es poca cosa llegar a un punto en el que un analista de conducta considere necesario informar sobre otro colega BACB respecto a infracciones éticas y aún más arduo cuando se informa a un supervisor o al director de la empresa donde trabaja. Muchos rehuirán de esta responsabilidad y, sin embargo, es esta función de autocontrol lo que mantendrá nuestra profesión fuerte y protegerá a nuestros clientes de posibles daños. En este caso, la víctima del Caso 7.02 (c) decidió que necesitaba informar a la BACB de la acusación anónima. Una de las víctimas del ataque anónimo envió una carta de cuatro páginas a la BACB; este es un extracto de dicha carta que enumera los Estándares Disciplinarios Profesionales (Código 10.0) que ella creía habían sido transgredidos:

· · · · · · · ·

### CASO 7.02 (D) DENUNCIAS ANÓNIMAS A LA BACB

*"Integridad: esta analista de conducta no ha sido sincera ni honesta. No se ha ajustado a los códigos legales y morales de la comunidad social y profesional, y se ha negado a resolver este conflicto de manera responsable de acuerdo con la ley.*

*Mantener la confidencialidad: esta analista de conducta no ha mantenido la confidencialidad. Ha compartido información confidencial sobre mí y mis clientes.*

*Custodia de los registros: no mantuvo la confidencialidad de la información reservada. Un tercera persona pudo usar su computadora, que contenía información muy confidencial, incluyendo datos sobre mis dos clientes y sobre mí misma.*

*Divulgación: esta analista de conducta divulgó información confidencial sin mi consentimiento.*

*Transgresiones de la ética profesional por parte de analistas de conducta y otros profesionales: esta analista de conducta no me expuso directamente los problemas que figuran en el correo electrónico. Me expuso un asunto mientras trabajábamos juntos, y se resolvió. Casi 5 meses después de que mi trabajo finalizara, se envió este correo electrónico de forma engañosa e ilegal a uno de mis antiguos profesores universitarios sin mi conocimiento ni consentimiento".*

• • • • • • • •

## RESPUESTAS A LAS PREGUNTAS

### CASO 7.01 ESTABLECER UNA CULTURA ÉTICA EN UN SERVICIO ABA PROFESIONAL

*Declaraciones como esta representan un intento abierto de un analista de conducta -propietario de un servicio profesional ABA para dejar claro qué conducta ética es esperada y respetada y que todos los empleados no solo cumplan con el Código ético, sino que se animen y apoyen mutuamente en ese sentido. Esta misma agencia participa en la iniciación de un movimiento a nivel nacional para alentar a otras empresas a respaldar un Código ético para las Organizaciones Conductuales (COEBO). Para más información, consulte el Capítulo 20 y vaya a http://www.coebo.com/the-code*

### CASO 7.02 (A) DOBLE INFRACCIÓN

*Los comentarios hechos al terapeuta que estaba siendo entrevistado sobre el dueño de la empresa ciertamente representan una violación de la confidencialidad (lo que no es ético) y posiblemente también una difamación (lo que es ilegal). Revelar información personal sobre un cliente a una persona no autorizada es una infracción ética así como una violación de la ley Health Insurance Portability and Accountability (HIPAA, ley de portabilidad del seguro de salud y responsabilidad) (es decir, una ley federal), y esto es un asunto muy serio. Sin embargo, dado que no estuvo presente en la entrevista, la información es de segunda mano para usted (es decir, se trata de rumores). Puede sugerirle al terapeuta algunas acciones a tomar, pero no tiene derecho en este caso a realizar ninguna acción por usted mismo. El terapeuta ciertamente puede ponerse en contacto con los padres, pero lo mejor es sugerirle que contacte con los dueños de la compañía donde trabaja el entrevistador para informar que tienen una persona con pocos escrúpulos éticos entre sus empleados. La familia vulnerable puede desear tomar medidas contra el entrevistador, pero, de nuevo, ellos tendrían esta información de segunda mano, lo que lo hace difícil. Para tener alguna perspectiva sobre la gravedad de este tipo de rumores, "Trasgredir las normas de la HIPAA puede generar sanciones civiles y penales".[3] Si la violación de la ley HIPAA se debe a una negligencia intencionada y no se corrige, la multa mínima en USA es de 50,000 $ por la infracción, con un* *máximo anual de 1.5 millones de $.[4]*

## CASO 7.02 (B) ASUNCIÓN INEQUÍVOCAMENTE FALSA

*En este caso el analista de conducta, después de registrar los datos en la escuela y mostrárselos a la madre, le aconsejó que no enviara a su hija de nuevo al colegio, ya que parecía ser un "ambiente conductualmente tóxico" que provocaba y mantenía las autolesiones. La madre decidió seguir este consejo y solicitó una reunión con el equipo escolar encargado del programa educativo (individual education program o IEP en el original) de su hija a la que asistió su abogado. El analista de conducta presentó a los reunidos los registros obtenidos en la escuela y los comparó con los datos registrados en el hogar. La madre solicitó una cambio de colegio inmediato para su hija a otro centro escolar que ella había seleccionado. Esta solicitud fue otorgada sin resistencia y sin más estipulaciones.*

## CASO 7.02 (C) ALEGATOS ANÓNIMOS

*Este es uno de los actos más ofensivos que estos autores han encontrado: un analista de conducta contra otro. La víctima encontró un programa informático que rastreó las direcciones IP y las cuentas de correo electrónico. La dirección IP coincidía con la misma IP del correo electrónico anónimo. Por lo tanto, el correo electrónico se envió de hecho desde la computadora del trabajo "anónima".*

## CASO 7.02 (D) ANÓNIMO REMITIDO A LA BACB

*No tenemos libertad para divulgar el resultado de la carta que se envió a la BACB. Sin embargo, La persona del "anónimo" abandonó su puesto de trabajo poco después de que se envió el informe y parece haber abandonado también el estado en el que residía.*

# 13

## Declaraciones públicas (Código 8.0)

S e trata de una idea subyacente muy común entre los analistas del conducta: "Necesitamos diseminar la información sobre ABA". Esto parece estar sucediendo cada vez con más frecuencia. Google News rutinariamente refiere historias sobre nuevas instalaciones y servicios de análisis de conducta que se están abriendo en Estados Unidos y el resto del mundo. Un juez en una importante demanda federal realizada en Miami en 2012 emitió la siguiente sentencia: «los representantes han establecido a través de sus testigos expertos que existe en la literatura médica y científica una plétora de meta-análisis, estudios y artículos revisados por pares que establecen claramente que ABA es un método de tratamiento eficaz y significativo para prevenir la discapacidad y restablecer las

> La aprobación de las leyes estatales sobre seguros obligatorios respaldaron legalmente el tratamiento basado en el análisis aplicado de conducta (aba). Esto les ha dado una "voz" que antes no tenían a los profesionales que practican aba

habilidades evolutivas de los niños con autismo y TEA. Se ordena al Estado de Florida *que proporcione, financie y autorice el tratamiento basado en el análisis aplicado de conducta* a todas aquellas personas susceptibles de recibir servicios de "Medicaid" menores de 21 años en el Estado de Florida que hayan sido diagnosticadas con autismo o trastorno del espectro del autismo» (Lenard, 2012). Hubo un efecto dominó tras esta sentencia, los servicios de análisis de conducta se pusieron a disposición de miles de personas en todo Estados Unidos. Finalmente, desde un punto de vista legal, el análisis de conducta se hizo un lugar. La aprobación de las leyes estatales sobre seguros obligatorios dio un respaldo legal al tratamiento basado en análisis aplicado de conducta. Esto les ha dado una "voz" que antes no tenían a los profesionales que lo practican. Esta visibilidad pública debe ser moderada y responsable, como corresponde a nuestra metodología de tratamiento basada en la evidencia científica. La última versión de nuestro Código ético refleja esta preocupación y obligación.


## 8.0   DECLARACIONES PÚBLICAS

Los analistas de conducta deben cumplir con este Código ético en sus declaraciones públicas relacionadas con sus servicios profesionales, productos o publicaciones, y con su actividad profesional. Las declaraciones públicas incluyen, entre otras, publicidad pagada o no, folletos, impresos, listados de directorios, currículum vitae, entrevistas en los medios de comunicación, declaraciones en litigios legales, conferencias y presentaciones públicas, redes sociales y materiales publicados.

Es importante recordar que este Código ético debe ser tenido en cuenta en cualquier comunicación pública sobre productos, servicios o cualquier ámbito de trabajo del análisis de conducta. Por ejemplo, se deben mantener altos estándares profesionales (1.04), mantener la confidencialidad (2.06), no exagerar su efectividad (8.02) y reconocer la contribución de otras aportaciones (8.03). Se entiende que las declaraciones públicas incluyen cualquier forma de publicidad, listados de directorios profesionales, publicación de su curriculum vitae; cualquier forma de presentación oral, ya sea en una sala de tribunal o en una presentación pública; o en cualquier forma de publicación impresa o en las redes sociales.

Aquí hay un ejemplo de conducta profesional contraria a la ética relacionada con las redes sociales.

· · · · · · · ·

**CASO 8.0 DOS ANALISTAS DE CONDUCTA SE PRESENTAN EN UNA PÁGINA WEB. . .**

*"Dos analistas de conducta ofrecen supervisión práctica dentro de una secuencia de cursos verificados para la obtención del certificado BCBA. Publicaron comentarios despectivos sobre la calidad del programa y el profesorado en una popular red social en respuesta a un comentario de felicitación a un estudiante graduado en el programa. Nunca utilizaron el nombre del Departamento que impartía el programa, pero la Universidad y el programa eran fácilmente identificables en su comentario. Los comentarios publicados fueron descubiertas por un profesor del programa".*

· · · · · · · ·

Si los dos analistas del conducta tuvieran dudas sobre la calidad del programa, deberían haber hablado de esto con la Universidad involucrada e intentar una solución. Hacer públicas sus inquietudes supone una desorientación injustificada para los graduados en el programa.

## 8.01 EVITAR LAS DECLARACIONES FALSAS O ENGAÑOSAS (RBT)

(a) Los analistas de conducta no debe hacer declaraciones públicas falsas, engañosas, confusas, exageradas o fraudulentas, ya sea por lo que dicen, transmiten sugieren, o por lo que omiten, con respecto a su investigación, práctica u otro tipo de actividad profesional, ni tampoco de otras personas u organizaciones a las que están afiliados. Los analistas de conducta han de presentar como credenciales para su trabajo en el campo del análisis de conducta, exclusivamente su grado universitario alcanzado en primer lugar y principalmente o exclusivamente la certificación como analistas de conducta.

Este ítem del Código ético está diseñado para poner en valor un aspecto central de nuestra identidad, que los analistas de conducta siempre describen con sinceridad sus antecedentes y capacitación profesional, sus métodos y resultados en la intervención, así como los resultados de la investigación. Los analistas de conducta no exageran o tergiversan el análisis de conducta para llamar la atención o incrementar su reputación o su negocio. Cuando los analistas de conducta presentan sus credenciales en un congreso o en un sitio web, deben incluir solo aquellas certificaciones relacionadas con ABA. Por ejemplo, una persona que inicialmente se formó como Terapeuta Ocupacional (TO), y luego obtuvo su doctorado en análisis de conducta, no debería referirse a su grado de TO al describir su trabajo profesional como analista de la conducta.

En este caso, para la persona que se anuncia en un sitio web es difícil separar su trabajo como analista de la conducta de todo el resto de su formación previa recibida.

• • • • • • • •

## CASO 8.01 (A) JILL TIENE CERTIFICACIÓN PARA VARIOS OFICIOS

*Jill es una persona que está cualificada y/o tiene una certificación en las siguientes áreas: administrar e interpretar tests de integración sensorial, programas de escucha terapéutica, metrónomos interactivos, ha realizado una formación en integración auditiva, tiene un diploma que le habilita para realizar una evaluación inicial del síndrome de Irlen y tiene un certificado de intervención ABA.*

• • • • • • • •

(b) Los analistas de conducta no ponen en práctica intervenciones que no están basas en el análisis de conducta. Ningún servicio que no esté basado en análisis de conducta puede proveerse dentro del contexto educativo, de capacitación y credencialización del analista de conducta. Tales servicios deben distinguirse claramente de las prácticas del analista de conducta y de la certificación BACB mediante el siguiente descargo de responsabilidad: "Estas intervenciones no son de naturaleza analítica-conductual y no están cubiertas por mi certificación como BACB". El descargo de responsabilidad debe situarse junto con los nombres y descripciones de todas las intervenciones que no sean analíticas-conductuales.

El objetivo de este ítem del Código ético es evitar confusiones entre el análisis de conducta y todas las demás formas de tratamiento disponibles. De acuerdo con nuestros estándares, muchas de estas intervenciones no están basadas en la evidencia. Los analistas de conducta entienden ABA como un enfoque singular que tiene sus raíces en el análisis experimental de la conducta y que ahora se ha extendido a diversas aplicaciones humanas con resultados notables, sistemáticos y replicables. Mezclar tratamientos científicamente contrastados con terapias de moda es simplemente inaceptable para la mayoría de los analistas de conducta. El público en general no suele conocer los fundamentos del método científico y es susceptible a publicidad apoyada en gran medida en anécdotas brillantes, testimonios asombrosos y aparentes promesas de recuperación y curación, elementos estos que pueden ejercer presión sobre los analistas de conducta para que usen estas terapias de moda (Foxx y Mulick, 2016). Sin embargo, la respuesta adecuada es no sucumbir a estas presiones, sino al contrario ejercer presión en sentido contrario de forma cívica y educar. Mezclar las "terapias de juego" con ABA solo porque atrae más dinero no es ético. Veamos la siguiente descripción en la página web de un analista de conducta:

• • • • • • • •

*"Noreen tiene experiencia en terapia de juego, terapia de conducta verbal, lectoscritura sin lágrimas, integración sensorial, entrenamiento en habilidades sociales, comunicación aumentativa, manejo de ansiedad y mucho más...".*

• • • • • • • •

Una forma adecuada de educar al público sería que Noreen se presentase sin mezclar todos estos tratamientos de moda con su trabajo como analista de conducta.

• • • • • • • •

*"Noreen, está certificada como analista de conducta por la BCBA, ha trabajado con colegas que utilizan tratamientos como terapia de juego, terapia de conducta verbal, escritura a mano sin lágrimas, integración sensorial, entrenamiento en habilidades sociales, comunicación aumentativa, manejo de ansiedad y ayuda a evaluar su efectividad. Por favor, tenga en cuenta que estas intervenciones no son de naturaleza analítica-conductual y no están garantizadas por su certificación BACB".*

• • • • • • • •

Este caso es un ejemplo en el que la persona con la certificación BCBA-D parece tener una amplia experiencia previa con DIR o terapia de juego y está acreditada para resaltar que se trata de un tratamiento no basado en la evidencia, como lo es el análisis de conducta.

• • • • • • • •

## CASO 8.01 (E) APOYO DE BCBA-D A LA TERAPIA DE JUEGO

*Me he encontrado con un BCBA-D cuyos informes escritos (sobre niños para quienes proporcionamos servicios conductuales) sugieren que la "terapia de juego" es un tratamiento basado en la metodología ABA. De hecho, ella incluso afirma en su informe que no deben usarse los "ensayos*

*discretos" y que la terapia de juego es una opción mejor. Esta*
*persona ha sido una partidaria de la terapia de juego durante*
*muchos años, y la ha utilizado durante mucho tiempo. Sus*
*recomendaciones no aportan ningún tipo de datos, ni sugiere*
*que los anotemos. Ha sido bastante difícil trabajar con las*
*familias y conseguir que acepten la metodología ABA porque*
*dicen que este clínico les recomendó no usar ABA más de una*
*vez.*

• • • • • • • •

(c) Los analistas de conducta no publicitan tratamientos que no están basados en métodos analítico-conductuales.
(d) Los analistas de conducta no deben identificar tratamientos no basados en la metodología analítico-conductual como tales en sus facturas o presupuestos.
(e) Los analistas de conducta no deben poner en práctica tratamientos que no estén basados en la metodología analítica-conductual cuando pertenezcan a un servicio autorizado de análisis de conducta.

Estos apartados del punto 8.01 dejan claro que los analistas de conducta deben evitar cualquier tipo de confusión entre el análisis de conducta y los tratamientos no conductuales, incluida la comunicación facilitada, la terapia de juego, la integración sensorial, las dietas sin gluten y sin caseína, las intervenciones antihongos, la inserción de componentes magnéticos en el calzado, chalecos con pesas y muchos más.[1] Algunos de estos tratamientos "dan miedo" como el uso de soluciones minerales milagrosas (que en realidad usan una solución a base de lejía), la castración química, la quelación, la oxigenoterapia hiperbárica y las células madre de ovejas.[2]

## 8.02 PROPIEDAD INTELECTUAL (RBT)

(a) Los analistas de conducta deben obtener permiso para utilizar materiales legalmente registrados o tengan derechos de autor según exige la ley. Esto incluye realizar las citas apropiadamente facilitando los símbolos de marcas comerciales o copyright, existentes de aquellos materiales que son propiedad intelectual de otros.

(b) Los analistas de conducta deben citar adecuadamente a los autores originales cuando imparten conferencias, talleres u otras presentaciones.

Es importante que cuando los analistas de conducta realizan presentaciones, escritos o sean entrevistados hagan referencia expresa a los autores o investigadores que fueron responsables originales del material presentado.

Con respecto a las presentaciones, talleres y conferencias, hay una tendencia natural al "difundir la palabra" usando la primera persona ("Creo que lo siguiente..."), para parecer que se tiene un mayor conocimiento del tema frente a la audiencia. Esta tendencia debe ser evitada y citar directamente a los autores que realmente llevaron a cabo la investigación original o consiguieron un avance conceptual.

En los medios impresos, como periódicos o revistas, los editores a menudo solicitan a los autores que utilicen fuentes originales y se aseguren de que los derechos de autor y las marcas comerciales estén protegidos.

Las redes sociales son otra historia. Claramente, existen beneficios relacionados con llegar a un público más amplio y correr la voz rápidamente a través de las redes sociales. Sin embargo, también existen problemas relacionados con esta forma de diseminar la información dado que son difíciles de administrar, no está supervisadas y, a menudo, se encuentran fuera de control. Si bien es casi imposible controlar la cantidad masiva de medias verdades e información distorsionada aparecidas en las redes sociales, los analistas de conducta deben hacer todo lo posible para no dar la impresión de que el material utilizado es suyo si fue desarrollado por otra persona.

## 8.03 DECLARACIONES HECHAS POR OTROS (RBT)

(a) Los analistas de conducta que implican a otros para hacer o publicar declaraciones referentes a su práctica, productos o actividades profesionales mantienen la responsabilidad profesional de tales declaraciones.

(b) Los analistas de conducta deben hacer esfuerzos razonables para prevenir a otros a quienes no supervisan (p.ej., empleadores, editores, patrocinadores, empresas-clientes y representantes de la publicación o de los medios de difusión) para no hacer declaraciones engañosas con respecto a las prácticas de los analistas de conducta o a sus actividades profesionales o científicas.

(c) Si los analistas de conducta conocen declaraciones engañosas realizadas por otros sobre su trabajo, deben tratar de corregirlas.

(d) Una publicidad pagada relacionada con las actividades de los analistas de conducta debe estar identificada como tal, a menos que sea evidente a partir del contexto.

Este ítem del Código ético pone la responsabilidad de las declaraciones públicas directamente en manos de los analistas de conducta. Cuando un analista de conducta contrata a otros para realizar comunicados de prensa, administrar una página web o gestionar Facebook, LinkedIn, Twitter, Instagram, Pinterest u otras redes sociales, el analistas de conducta es el responsable del contenido y de su publicación.

## 8.04 PRESENTACIONES EN LOS MEDIOS Y SERVICIOS ELECTRÓNICOS

(a) Los analistas de conducta que utilizan medios electrónicos (p.ej., video, e-learning, redes sociales, transmisión electrónica de información) conoce las limitaciones de los medios electrónicos para adherirse a este Código ético.

Parece que vivimos en "The Age of the Hacker" (la edad de los hackers), y el análisis de conducta no es inmune al uso ilegal y destructivo del material obtenido a través de medios electrónicos. Aquellos que están a la vanguardia de los medios digitales, el comercio electrónico, la teleconsulta y la enseñanza on-line para promover sus negocios, capacitar a sus clientes o educar a sus estudiantes deben ser conscientes de que son responsables de mantener el control sobre los datos que crean, reciben, modifican y transmiten. Ciertamente, no nos gustaría ver un titular como el siguiente sobre el análisis de conducta: "la compañía estadounidense de seguros de salud Premera Blue Cross ha informado que sus sistemas informáticos fueron jaqueados, revelando los datos financieros y médicos de 11 millones de clientes".[3]

(b) Los analistas de conducta que hacen declaraciones públicas o realizan presentaciones usando medios electrónicos no deben divulgar información personal identificable sobre sus clientes, supervisores, estudiantes, muestra de participantes de investigación u otros destinatarios de sus servicios que obtuvieron durante el curso de su trabajo, a menos que se haya obtenido el consentimiento por escrito.

(c) Los analistas de conducta que realizan presentaciones usando medios electrónicos deben ocultar la información confidencial sobre los participantes, siempre que sea posible, para que no sean identificables por otros y para que los comentarios en las redes no puedan dañarlos.

Como forma de mostrar su lado humano, muchos analistas de conducta usan fotos de sus clientes en sus páginas web o en presentaciones públicas. Esto se considera contrario a la ética profesional, ya que exponen públicamente a esas personas (y a sus familias) y revela a todo el mundo que están recibiendo tratamiento por ser TEA, tener un trastorno evolutivo u otros trastornos de la conducta. Instamos a todos los colegas a revisar sus páginas web, redes sociales y presentaciones electrónicas para corregir esto. Si está navegando por la red o asistiendo a una conferencia y observa esto, el procedimiento adecuado es primero llamar la atención sobre este descuido al creador o propietario de la página o al conferenciante y pedirle que haga la corrección pertinente. La razón de esta petición es que "los clientes tienen derecho a mantener su privacidad y la confidencialidad". Si no se corrige en un tiempo razonable, se debe informar a la BACB.

(d) Cuando los analistas de conducta emiten declaraciones públicas, consejos o comentarios por medio de conferencias públicas, manifestaciones, programas de radio o televisión, medios electrónicos, artículos, material enviado por correo u otros medios de comunicación, toman precauciones razonables para asegurar que (1) las declaraciones se basan en la apropiada literatura y en la práctica analítico-conductual, (2) las declaraciones son por lo demás compatible con este Código, y (3) el consejo o comentario no crea un contrato de servicio con el destinatario.

Un buen ejemplo de una presentación pública de calidad sobre el análisis de conducta es una entrevista disponible en podcast realizada a Conny Raaymakers, una terapeuta certificada como BCBA. (4)

## 8.05  TESTIMONIOS Y PUBLICIDAD (RBT)

Los analistas de conducta no deben solicitar ni utilizar testimonios sobre servicios de análisis de conducta de clientes actuales para ser publicados en sus páginas web o en cualquier otro soporte electrónico o impreso. Respecto a los testimonios de los clientes anteriores, se debe identificar si fueron solicitados o no, incluir una declaración precisa de la relación entre el analista de conducta y el autor del testimonio, y cumplir con todas las leyes aplicables sobre las declaraciones.

Es importante tener en cuenta desde el principio que los testimonios son simplemente otra forma de publicidad y son en esencia incompatibles con el análisis de conducta. Nos encontramos en un campo profesional basado en datos, y los testimonios son, en el mejor de los casos, anécdotas. Además, uno de nuestros principios básicos es que proporcionamos tratamiento individualizado a nuestros clientes en función de sus fortalezas y déficits únicos, su motivación, sus reforzadores conocidos y su historia de reforzamiento. No esperamos los mismos resultados en todos los cliente. Un testimonio desgarrador de los padres acerca de cómo el análisis aplicado de conducta "curó a su hijo" sin duda hace que el terapeuta se sienta bien, pero puede engendrar falsas expectativas en cualquiera que lo lea y lo tome en serio.

Esta sección del Código ético establece una distinción importante entre los clientes *actuales* y los "antiguos clientes" por una buena razón. Una vez que un cliente ha sido dado de alta, presumiblemente con éxito, no van a verse envueltos en un conflicto de intereses. Pero es totalmente diferente con los clientes actuales. Pedir a los clientes actuales que realicen testimonios públicos los sitúa en una posición incómoda en la que pueden sentir la necesidad de suavizar sus comentarios para impresionar a los terapeutas. Los padres a los que se les pide que realicen testimonios públicos pueden temer que si no lo hacen de manera adecuada disminuya la calidad del tratamiento que recibe su hijo. Los clientes actuales pueden pensarlo, y con razón, que un comentario elogioso hacia el terapeuta pueda significar servicios especiales, privilegios o atención especial para su hijo.

El uso de testimonios de clientes ya dados de alta requiere que el anunciante (generalmente en una página web de un servicio ABA) cumpla con estrictas pautas de transparencia e incluya una exención de responsabilidad.[5] Un testimonio como el que se encuentra aquí no sería aceptable bajo el punto 8.06 del Código ético, ya que está claro que el niño *sigue siendo* un cliente del servicio.

• • • • • • • •

*"Brian ha estado con ustedes más de un año con algunos*

*periodos de ausencia, pero no es el mismo niño que cuando comenzamos. Ha llegado tan lejos con su ayuda que no podría estar más feliz con el programa y el personal de Rocky Ridge. Su lenguaje, conducta, habilidades sociales, académicas y su actitud general han mejorado drásticamente. ¡Rocky Ridge se ha convertido en una parte tan importante de nuestras vidas y nuestra familia! ¡ Los recomiendo a todas las personas con las que hablo!" (Mamá de Brian)*

• • • • • • • •

Una vez que el tratamiento se completó y "Brian" estaba en la escuela, el siguiente testimonio *sería* aceptable.

• • • • • • • •

*"Brian estuvo con ustedes durante tres años (con algún periodo de interrupción del tratamiento), pero no es el mismo niño que cuando comenzamos. Ahora asiste a un aula regular de Educación Infantil y no podría estar más feliz con el programa y el personal de Rocky Ridge. Su lenguaje, conducta, habilidades sociales, académicas y actitud en general mejoraron drásticamente. RR fue una parte importante de nuestras vidas y nuestra familia! ¡Los recomiendo a todas las personas con las que hablo!" (Mamá de Brian)*

• • • • • • • •

A veces, lo ético es proporcionar una exención de responsabilidad de un testimonio. La siguiente renuncia de responsabilidad del testimonio de la madre de Brian *sería* aceptable.

• • • • • • • •

*"Este testimonio fue solicitado a la madre de Brian en el momento que se le dio el alta tras tres años de terapia intensiva en el Centro Rocky Ridge. No se le pagó por realizar este testimonio, pero fue invitada a una cena especial con nuestros profesionales graduados. Este testimonio se basa en las experiencias singulares de una familia, y los significativos resultados alcanzados no son representativos".*

• • • • • • • •

Tenga en cuenta el uso del tiempo pasado que indica que Brian ya no es un cliente del Centro, que se le pidió realizar el testimonio, y que la madre recibió alguna forma de compensación por medio de una cena. También téngase en cuenta que la Comisión Federal de Comercio (FTC) exige la declaración de exención de responsabilidad.

Para aquellos que todavía están considerando el uso de testimonios, tengan en cuenta que la FTC ha legislado sobre esta forma de publicidad y ha especificado directrices estrictas.[6]

• • • • • • • •

> *Los analistas de conducta pueden anunciarse describiendo los diferentes tipos de tratamientos basados en la evidencia que proporcionan, la cualificación de su personal y los datos objetivos acumulados o publicados, de acuerdo con las leyes aplicables.*

• • • • • • • •

Un buen ejemplo de un anuncio publicitario sin usar testimonios personales es la página web de Integrated Behavioral Solutions (https://ibs.cc). Aquí hay algunos extractos encontrados en la web.

• • • • • • • •

> *"Los programas de tratamiento están diseñados para ofrecer una enseñanza de precisión para conseguir habilidades específicas en una variedad de entornos. Los terapeutas de IBS brindan terapia directa a los niños en el hogar, en la escuela y en la comunidad".*
>
> *"La buena práctica de los programas de tratamiento para niños con autismo cuentan con el respaldo de analistas de conducta certificados por la BCBA, que controlan el progreso y reajustan las estrategias cuando es necesario".*
>
> *"Ahora está muy bien establecido en la literatura científica que las personas con autismo pueden lograr un progreso sustancial en cada una de estas áreas cuando se les facilitan los*

*tratamientos adecuados. Para los niños, en particular, estos deben incluir su inclusión precoz en un programa de tratamiento, programación instruccional intensiva (es decir, 25 o más horas a la semana, 12 meses al año), muchas sesiones de instrucción uno-a-uno y en pequeño grupo, sesiones de entrenamiento de los padres y procedimientos de evaluación y ajuste continuo del programa".*

*"IBS proporciona estas soluciones a una variedad de individuos (incluidos niños desde los 18 meses a adultos) en muchos entornos diferentes, que incluyen programas intensivos en el hogar, aulas de ABA en las escuelas públicas e instalaciones comunitarias. Aunque nuestra área principal de especialización son los trastornos del espectro del autismo, IBS también atiende a una variedad de niños y adultos con otros trastornos de conducta y del desarrollo".[7]*

• • • • • • • •

## 8.06 REQUERIMIENTO PERSONAL DE PRESTACIÓN DE SERVICIOS (RBT)

Los analistas de conducta no ofrecen sus servicios, directamente o a través de representantes, sin ser invitados mediante una solicitud personal por parte de usuarios reales o potenciales de los servicios que prestan y quienes, por sus circunstancias particulares, pueden ser vulnerables a influencia indebida. Los servicios de gestión de conducta organizacional o de gestión de rendimiento en el ámbito de la empresa podrán comercializarse a empresas, independientemente de la situación financiera de estas.

• • • • • • • •

### CASO 8.06 PARTICIPACIÓN CUESTIONABLE EN UNA ACTIVIDAD PARA RECAVAR FONDOS

*"Se me ha pedido que participe en un evento de recaudación de fondos representando al centro donde trabajo.*

*Específicamente se me ha requerido que realice gratuitamente una evaluación inicial (p.ej., una Evaluación de la Conducta Verbal en el contexto natural, VB-MAPPS) y un informe escrito de los resultados. He reflexionado sobre los estándares éticos implicados en esta acción, y la mayoría de los problemas que veo se podrían aclarar con un contrato firmado para esta ocasión. Dicho esto, el único problema que queda todavía por aclarar realmente se refiere al punto 8.07: "Solicitud en persona". Mi preocupación sería llegar al hogar de la familia, que tienen un niño que ha sido diagnosticado recientemente, y sabiendo que se trata de una familia vulnerable, cómo mantener los límites en torno a los términos de la evaluación explícitamente claros. Desde mi punto de vista, veo un problema en cómo te comportas profesionalmente en esta situación. Donde una persona considera que podría mantener los límites muy claramente, y entrar en la casa, hacer el trabajo contratado, sin dejar a esa persona con la sensación de que "estar en deuda" con la BCBA, es posible que otro profesional no sea capaz de mantener esos límites suficientemente claros. Dado que se trata de una situación algo confusa, me gustaría recibir algún comentario al respecto".*

• • • • • • • •

# RESPUESTAS A CASOS

## CASO 8.0 SITIO WEB DE DOS ANALISTAS DE CONDUCTA

*Las dos BCBA violaron claramente el punto 7.02(c) del Código ético: Si una resolución informal parece apropiada, y no viola el derecho de confidencialidad, los analistas de conducta deben intentar resolver el problema poniéndolo en conocimiento de esa persona y documentando sus opiniones sobre el asunto. Dado que el nombre de la Universidad y el programa se puede deducir de lo publicado, se trataría de un incumplimiento del punto 8.0 del Código ético relacionado con las redes sociales.*

*Dependiendo de la naturaleza de los comentarios publicados en el sitio web, es posible que el programa de postgrado necesite buscar un abogado para ver si se trata de una agravio con base suficiente para presentar una demanda. Ya que se ha producido la infracción, el BCBA que descubrió la publicación tiene la obligación de confrontar a ambos profesionales y pedirles una explicación. Si la respuesta no es satisfactoria, debe informarse al comité de la BACB.*

## CASO 8.01 (A) JILL TIENE CERTIFICACIÓN PARA DIFERENTES PROFESIONES

*Jill es un clásico caso de una persona que parece considerar ABA simplemente como otro artilugio en su bolsa de trucos profesionales; su publicación podría inducir a error a los usuarios al pensar que ABA es similar a la otra capacitación que ha tenido.*

## CASO 8.01 (E) APOYO DEL BCBA-D A LA TERAPIA DE JUEGOS

*Se le aconsejó a la persona que hizo la pregunta que contacte directamente con la profesional BCBA-D y analice con ella el Código ético. Cuando se contactó con ella varios meses después, escribió: "La persona ya no es una profesional BCBA y no renovó su certificación después de nuestra comunicación".*

## CASO 8.06 SUBASTA CUESTIONABLE CON PUJA SILENCIADA

*Esto es muy infrecuente. La familia recibe una evaluación gratuita, pero luego es probable que se registre para recibir servicios conductuales. Esta es una forma indirecta de petición de servicios, pero al fin y al cabo una petición. Lo mejor es que se rechace la solicitud de evaluación y se le indique que es inapropiado hacer la solicitud de esta manera.*

*Seguimiento del analista de conducta varios meses después: No hice la evaluación como se solicitó. No quería proporcionar a la familia un nuevo diagnóstico, ya que la consideré muy vulnerable. La situación podría haber sido algo coercitiva como resultado de dicha evaluación gratuita. Sin embargo, decidí ofrecer un taller de capacitación, sobre un tema específico (cooperación y motivación para aprender, o algo similar), que podría haber sido financiado por el centro escolar, por ejemplo. No consideré que hubiese ningún riesgo de daño con esa donación.*

# 14
## Analistas de conducta e investigación (9.0)

L a mayoría de las secciones en el Código ético de la BACB se refieren a la prestación de servicios directos a los clientes. Sin embargo, hay algunos temas adicionales cubiertos en el Código, y "Analistas de la conducta e investigación" es un de esos temas.

A pesar de que pueden estar trabajando principalmente como consultores o asistentes conductuales, habrá momentos en que los analistas de conducta pueden encontrarse en programas de posgrado o cursos en los que participarán en el diseño y la realización de un proyecto de investigación. Las consideraciones éticas son de suma importancia cuando se lleva a cabo una investigación, y, en la mayoría de los casos, los temas éticos serán supervisados por las juntas de revisión institucional (IRB, por sus siglas en inglés) que están en vigencia para aprobar, revisar y hacer un seguimiento de las actividades de investigación. La función subyacente de las IRB es proteger el bienestar de los participantes en investigación con humanos, y el Código ético de la BACB proporciona un nivel adicional de especificidad con respecto a la ética.

La realización de investigaciones en el análisis de conducta implica el conjunto más complejo de requisitos que se pueden encontrar en el Código. Algunos de los requisitos son bastante amplios e incluyen el diseño e informe de su estudio, 9.01, así como la advertencia de que cualquier investigación que realice debe cumplir con las leyes y regulaciones locales y estatales o regionales, incluidas aquellas que requieren informes obligatorios. Las características de la investigación ética y responsable se detallan en una docena de requisitos detallados en el Código, que van desde obtener la aprobación de una junta de revisión formal, 9.02 (a) para proteger la "dignidad y el bienestar" de quienes participan para evitar conflictos de intereses. La Sección 9.03 incluye el requisito de obtener el consentimiento "informado" de los participantes o aquellos que son sus tutores, y la 9.04 cubre el uso de información confidencial obtenida de la investigación en la enseñanza u otras formas de instrucción. Durante años, las buenas prácticas para los analistas de conducta incluyeron la presentación de informes a los participantes al final del estudio, y esto se menciona en 9.05. El nuevo Código cubre temas adicionales posteriores a la investigación, como la ética de estar involucrado en el proceso de concesión y revisión de revistas, 9.06, prohibiciones contra el plagio, 9.07, y reconocer por escrito las contribuciones de otros que han participado en la investigación. En una poderosa sección final, 9.09, el Código aclara que los analistas de conducta no falsifican los datos, 9.09 (a), no omiten ningún hallazgo que pueda cambiar las implicaciones del trabajo, 9.09 (b), no vuelven a publicar los datos que se han publicado anteriormente, 9.09 (c); y finalmente, los analistas de conducta comparten sus datos originales con otros investigadores profesionales para avanzar en el campo, 9.09 (d).

La investigación en el análisis de conducta (así como todas las demás investigaciones psicológicas) se rige por las normas establecidas en la Ley de Investigación Nacional de 1974,[1] que condujo al establecimiento de Juntas de Revisión Institucionales (IRB, por sus siglas en inglés) universitarias, ya que casi todas las investigaciones se llevan a cabo en contextos universitarios. El objetivo es revisar y aprobar la investigación conductual con seres humanos y hacer un seguimiento a fin de evitar cualquier daño a los participantes. En el proceso de revisión de propuestas, los miembros del IRB pueden llevar a cabo un análisis de riesgo-beneficio (ver Análisis de riesgo-beneficio en el Glosario) para determinar si la investigación debe llevarse a cabo. Si el IRB cree que el riesgo es demasiado grande para el valor que podría obtenerse, la propuesta de investigación puede rechazarse o enviarse para su revisión. Debido al riguroso control sobre la investigación, muy pocas quejas éticas sobre violaciones llegan a la atención de la BACB. La mayoría de los problemas relacionados con la investigación se enviarán directamente a el IRB, que se encarga de la supervisión.

## 9.0 ANALISTAS DE LA CONDUCTA E INVESTIGACIÓN

Los analistas de conducta diseñan, conducen e informan sus investigación de acuerdo con estándares reconocidos de competencia científica e investigación ética.

## 9.01 CONFORME CON LEYES Y REGLAMENTOS (RBT)

Los analistas de conducta planifican y realizan investigaciones de una manera consistente con todas las leyes y regulaciones aplicables, así como también con los estándares profesionales que rigen la realización de la investigación. Los analistas de conducta también cumplen con otras leyes y regulaciones aplicables relacionadas con los requisitos de informes obligatorios.

Este elemento aclara que los investigadores deben conocer y respetar las leyes "aplicables" con respecto a la participación de cualquier persona en su investigación. Esto incluiría a aquellos que no pueden dar su consentimiento y por lo tanto no conocen las implicaciones del acuerdo (incluidos los riesgos y los compromisos de tiempo).

## 9.02 CARACTERÍSTICAS DE LA INVESTIGACIÓN RESPONSABLE

(a) Los analistas de conducta realizan investigación solo después de obtener la aprobación por parte de un comité de revisión de investigación formal e independiente.

Los estudiantes de posgrado que realizan investigación por primera vez pueden encontrar difícil abrirse paso a través de los muchos obstáculos impuestos por una evaluación de un IRB riguroso. En la mayoría de los casos, los investigadores principiantes pueden tener que enviar revisiones más de una vez para cumplir con los altos estándares de un IRB. El objetivo de este rigor es garantizar que los participantes de la investigación no sufran ningún daño. Otro objetivo de la revisión intensiva de las propuestas de investigación es proteger a la universidad o centro de investigación de demandas legales, ya que la investigación se realiza con el permiso de la universidad, en las instalaciones de la universidad, y muy probablemente esté bajo la supervisión de un miembro del profesorado.

Para que el proceso de obtención de la aprobación de el IRB sea más eficiente, la mayoría de las IRB tendrá un sitio web a través de la universidad donde se enumerarán todos los requisitos y se proporcionarán los formularios necesarios. La toma de datos de línea de base se considera parte del experimento, por lo que los investigadores deben recordar obtener la aprobación de el IRB antes de tomar incluso el primer punto de datos. No se considera ético hacer lo contrario. Una gran parte de la revisión de el IRB es un examen detallado de los formularios de consentimiento que se utilizan porque no se considera ético tomar datos de personas sin su permiso.

(b) Los analistas de conducta que realizan investigación aplicada junto con la provisión de servicios clínicos o humanos deben cumplir con los requisitos para la intervención y la participación de la investigación por parte de los clientes-participantes. Cuando la investigación y las necesidades clínicas entran en conflicto, los analistas de conducta priorizan el bienestar del cliente.

Un gran porcentaje de los estudios de conducta aplicados se llevan a cabo en entornos clínicos o educativos, y este elemento nos recuerda que los analistas de conducta respetan las necesidades de esos entornos y el derecho al tratamiento del cliente en dichos entornos. No es apropiado, por ejemplo, sacar a los niños de la clase por períodos prolongados para que participen en un experimento que no los beneficiará de ninguna manera obvia.

(c) Los analistas de conducta realizan investigación de manera competente y con la debida preocupación por la dignidad y el bienestar de los participantes.

En un estudio publicado para evaluar los efectos del ejercicio en la conducta y el rendimiento académico de los niños pequeños, se requirió que los participantes participaran en carreras moderadas al aire libre durante 30 minutos. En los días de lluvia, los experimentadores decidieron mover la carrera a los pasillos de la escuela, donde los participantes fueron acompañados por uno de los investigadores. Debido a la presencia del investigador, sería obvio para cualquiera en la escuela que estos estudiantes fueron seleccionados por alguna razón, y es posible que reciban burlas o cuestionamientos por parte de sus compañeros. Esto es una violación de su dignidad y no debería haber sido una opción en el estudio.

(d) Los analistas de conducta planifican su investigación para minimizar la posibilidad de que los resultados sean engañosos.

Hay muchas maneras de engañar a los lectores sobre la investigación, desde el uso de una definición de comportamiento vaga, pero aparentemente importante como por ejemplo la "creatividad" (cuando en realidad los participantes solo están ensamblando tuercas y tornillos), hasta emplear una fórmula de acuerdo entre observadores que hace que el índice de acuerdo sea más alto de lo que debería. Los investigadores tienen la obligación ética de evitar cualquier terminología, método o procedimiento de selección de temas que de cualquier forma tergiversen cualquier aspecto de su investigación para sus lectores.

(e) A los investigadores y asistentes se les permite realizar solo aquellas tareas para las cuales están debidamente capacitados y preparados. Los analistas de conducta son responsables de la conducta ética de la investigación realizada por asistentes u otras personas bajo su supervisión o vigilancia.

Los asistentes de investigación mal entrenados no solo pueden provocar errores graves, incluso fatales, en la recopilación de datos (p.ej., a través de la interpretaciones personales de la conducta), pero podrían, en algunas circunstancias, poner a los participantes en riesgo. Los investigadores están éticamente obligados a entrenar completamente a sus asistentes. Una parte de la capacitación exhaustiva incluye la observación directa y, quizás, la evaluación periódica de los asistentes para garantizar su adherencia a la metodología. Tal procedimiento asegurará que los participantes no sufran ningún daño durante su aplicación. Este es especialmente el caso de la investigación aplicada realizada en la comunidad. En un caso reciente, cuando una madre quería saber si su hijo podía ser atraído al automóvil de un extraño, el terapeuta acordó diseñar un experimento para probar esta posibilidad. El "experimento" se realizó en el estacionamiento de una conocida cadena minorista. El analista de conducta no tenía las precauciones de seguridad necesarias y no había pensado en los posibles resultados. La madre corrió gritando por el estacionamiento cuando su hijo siguió a un experimentador hasta su automóvil, y luego llamó a la policía para pedirle que le diera una advertencia al niño. Si esto hubiera sido enviado a el IRB en forma de una propuesta, es dudoso que hubiera sido aprobado.

(f) Si un problema ético no está claro, los analistas de conducta buscan resolver el problema mediante consultas con juntas de revisión de investigación independientes y formales, consultas entre pares u otros mecanismos apropiados.

Una vez que se aprueba y se pone en marcha un proyecto de investigación, existe la expectativa de que el analista de conducta utilizará el IRB como recurso en el caso de cualquier problema ético que pueda surgir. Esta puede ser una de las razones por las cuales surgen pocas preguntas de investigación relacionadas a la ética en línea directa con ABAI (Asociación para el análisis de conducta).

(g) Los analistas de conducta solo conducen la investigación de forma independiente después de haber realizado con éxito la investigación bajo un supervisor en una afiliación especifica (p.ej., tesis, disertación, proyecto de investigación específico).

"Quiero hacer una investigación" es un estribillo común de los estudiantes que se entusiasman con ABA o alguna otra área de la psicología. Ven estudios publicados que parecen ser bastante simplistas (un estudio reciente fue realizado por un padre, con su hijo como sujeto) y sienten que podrían hacerlo igual de bien. La mayoría de los estudios publicados no resaltan el hecho de que se realizaron bajo los auspicios de un IRB de la universidad, ya que la mayoría de los editores de revistas lo entienden. Además, existe una relación algo matizada entre la práctica del análisis de conducta y la investigación aplicada; ambos toman datos, lo grafican, lo muestran a otros y, a menudo, presentan sus resultados en conferencias. Este elemento del Código dibuja una línea fina que separa la práctica de la investigación.

(h) Los analistas de conducta que realizan la investigación toman los pasos necesarios para maximizar el beneficio y minimizar el riesgo para sus clientes, supervisores, participantes de investigación, estudiantes y otras personas con quienes trabajan.

Históricamente, la investigación psicológica "usaba a los sujetos" en sus laboratorios, donde las teorías se evaluaban y se elaboraban las reputaciones de los estudiantes de segundo año universitario para los que era necesario que participaran en los experimentos para su introducción a los cursos de psicología. No se mencionó ningún beneficio para los participantes como resultado de su participación, y los riesgos fueron mínimos, ya que las tareas a menudo eran triviales y artificiales. Cuando apareció el análisis aplicado de conducta (ABA, por sus siglas en ingles) (Baer, Wolf, & Risley,

1968), se estableció un nuevo estándar. La investigación conductual aplicada comenzó a abordar problemas comunes en la vida de las personas y en la cultura, y los estudios se llevaron a cabo en contextos cotidianos como vecindarios, escuelas y centros comerciales o en las calles de la ciudad. Existe un cierto riesgo de trabajar en la comunidad, y el investigador tiene la obligación de mitigar esos riesgos con procedimientos que generalmente involucran asistentes que están preparados para evitar accidentes o lesiones. Es emocionante trabajar en un problema aplicado, como aumentar el uso compartido del automóvil, el reciclado de la comunidad o la seguridad de las armas, pero cada uno tiene sus propios riesgos que deben preverse. La IRB insistirá en todas las protecciones posibles para cualquier posible amenaza a la seguridad de los participantes, y los nuevos investigadores aplicados deberían estar preparados para responder a tales preguntas en sus propuestas.

(i) Los analistas de conducta minimizan el efecto de los factores personales, financieros, sociales, organizacionales o políticos que pueden conducir al mal uso de su investigación.

Este requisito ético para los investigadores es uno de los más difíciles de predecir o monitorear, ya que es casi imposible determinar cómo los hallazgos pueden ser utilizados o interpretados por otros que pueden tener algún interés personal o una posición política. No obstante, es obligación de los investigadores estar atentos al mal uso de su trabajo. El lugar donde esto podría ocurrir en la publicación de la investigación sería en la sección de Discusión de un artículo. Aquí, el autor puede generalizar los hallazgos y hacer sugerencias para futuras investigaciones, así como proporcionar algunas advertencias sobre las circunstancias bajo las cuales se podrían aplicar los métodos. Alentamos a todos los investigadores a aprovechar esta oportunidad.

(j) Si los analistas de conducta conocen el uso indebido o la tergiversación de sus productos de trabajo individuales, toman las medidas adecuadas para corregir el uso incorrecto o la tergiversación.

El primer autor se enteró hace muchos años, por accidente, de que su trabajo en tiempo fuera se usaba para apoyar el uso de cajas de cartón utilizadas en las aulas como castigo para los estudiantes de primaria. Afortunadamente, su conexión con el director impidió que esto llegara demasiado lejos. De no haber sido en su ciudad natal, este tipo de uso indebido de la información podría haberse extendido fácilmente y posiblemente haber llegado a ser nocivo y haber generado publicidad negativa.

(k) Los analistas de conducta evitan conflictos de interés cuando realizan investigaciones.

Como se describe en el Código 1.06 (Relaciones múltiples y Conflictos de interés), deben evitarse los conflictos de intereses en todas las áreas de la práctica, y esta advertencia se aplica también a la investigación. Un conflicto puede ocurrir si un investigador tiene un interés personal en el resultado de un estudio. Un ejemplo de esto podría ser si la investigación implica la evaluación de los efectos de un determinado medicamento en la hiperactividad de los niños y el analista de conducta posee acciones en la compañía farmacéutica que fabrica el medicamento. O un terapeuta o investigador puede tener un interés especial en demostrar que cierto tratamiento especial es superior a otros, ya que lleva el nombre de su cadena de clínicas. Probablemente el conflicto más común, viene en forma de sesgo hacia un determinado resultado, lo cual tiene que ver con la concesión de fondos y la construcción de la propia vida. Las propuestas a menudo se escriben para probar cierta teoría y los resultados que la confirman hacen más probable que la teoría sea financiada nuevamente en el futuro.

Uno de los casos más famosos de fraude en la investigación fue el Dr. Steffen E. Breuning,[2] publicado en los "documentos científicos deliberadamente engañosos" (New York Times, 1987) y fue expuesto por un colega, el Dr. Robert L. Sprague de la Universidad. de Illinois (Sprague, 1998). Bruening fabricó datos para demostrar que la medicación antipsicótica podría producir disquinesia tardía. El interés y el motivo de Breuning parecían ser la mejora de su reputación como investigador más el consecuente avance en el trabajo (fue ascendido de una posición en el Centro Regional de Discapacidades del Desarrollo de Coldwater a profesor en el Instituto Psiquiátrico Occidental de la Universidad de Pittsburgh, donde sería más probable recibir grandes financiaciones federales). Breuning admitió posteriormente su culpabilidad por "hacer declaraciones falsas a una agencia federal que financiaba su investigación" (Scott, 1988), lo que resultó en la recepción de 160.000 dólares en financiación del instituto nacional de salud mental norteamericano (NIMH) para estudiar los efectos de los medicamentos metilfenidato (Ritalin®) y la dextroanfetamina (Dexedrina®) en el control de la hiperactividad. Claramente, un interés excesivo en avanzar profesionalmente impulsado por incentivos financieros puede entrar en conflicto con la búsqueda de la verdad.

(l) Los analistas de conducta minimizan la interferencia con los participantes o el entorno en el que se realiza la investigación.

Idealmente, la investigación conductual se llevaría a cabo sin perturbar la rutina de los participantes (excepto para fomentar una conducta más apropiada o menos peligrosa). Algunos cambios de horario o rutinas pueden realizarse para que el analista de conducta pueda observar un fenómeno más de cerca o tomar datos más precisos, pero en general, a menos que el IRB avale la intrusión, la regla al realizar investigación es no perturbar el entorno del individuo. Las circunstancias que pueden justificar la interferencia incluirían conductas peligrosas, frecuentemente perjudiciales o autodestructivas, o cuando el tratamiento, la capacitación o el cambio de contingencias pudieran dar lugar a mejoras claras en la salud o en las conductas relacionados con la educación. Fuera de los límites estaría cualquier forma de privación de comida, descanso, comodidad o amigos, y cualquier intrusión en el derecho del participante a la privacidad, movimiento, elección, etc.

(Administración de Discapacidades Intelectuales y de Desarrollo, 2000).[3]

## 9.03  CONSENTIMIENTO INFORMADO

Los analistas de conducta informan a los participantes o su tutor o sustituto en un lenguaje comprensible sobre la naturaleza de la investigación; que son libres de participar, rechazar participar o retirarse de la investigación en cualquier momento sin penalización; sobre factores importantes que pueden influir en su voluntad de participar; y responden cualquier otra pregunta que los participantes puedan tener sobre la investigación.

Este elemento del código no deja nada fuera y deja bastante claro que los investigadores del análisis de conducta tienen la obligación de tomar cualquier medida necesaria para asegurar que los participantes en sus experimentos comprendan la naturaleza de su participación y los riesgos involucrados y que pueden retirarse en cualquier momento. Los comités de IRB examinarán de cerca los formularios de consentimiento para asegurarse de que no haya vacíos, de modo que los participantes estén a salvo del estrés físico o emocional. El proceso de obtención del consentimiento informado también tiene ventajas para el investigador. Si hay un problema con un participante, habrá evidencia documentada de que el individuo fue informado de cómo el experimento se llevaría a cabo y estuvo de acuerdo por escrito para participar.

## 9.04  USO DE INFORMACIÓN CONFIDENCIAL PARA FINES DIDÁCTICOS O INSTRUCTIVOS

(a) Los analistas de conducta no revelan información personal identificable con respecto a sus clientes individuales u organizacionales, participantes de investigación u otros destinatarios de sus servicios que obtuvieron durante el curso de su trabajo, a menos que la persona u organización haya dado su consentimiento por escrito o al menos que exista otra autorización legal para hacerlo.

(b) Los analistas de conducta disfrazan la información confidencial concerniente a los participantes, siempre que sea posible, para que no sean individualmente identificables para los demás y para que las discusiones no causen daño a los participantes identificables.

El objetivo de este artículo es proteger a los participantes de la exposición pública relacionada con la participación en la investigación conductual aplicada. Por ejemplo, a los padres no les gustaría ver el nombre de su hijo en un gráfico etiquetado como "Conducta disruptiva de Cindy" o "Conducta autolesiva de Charles" como parte de un seminario o presentado en una conferencia. La solución normal es asignar números a los participantes y simplemente presentarlos, por ejemplo, como "Participante 14". Incluso las iniciales de los participantes pueden ser reveladoras en ciertos entornos donde todos conocen a los demás en el grupo, por lo que eso es desaprobado. Usar seudónimos es aceptable siempre que no sean estereotípicos.

### 9.05  SESIONES INFORMATIVAS

Los analistas de conducta informan al participante que las sesiones informativas tendrán lugar al final de la participación del participante en la investigación.

En muchos estudios psicológicos, el verdadero propósito de la investigación se oculta a los participantes para no sesgar sus respuestas. Los analistas de conducta rara vez realizan estudios engañosos, pero debe establecerse desde el principio que habrá un informe final al concluir el experimento. Los participantes reciben información completa de todas las facetas del estudio y pueden formular cualquier pregunta que deseen.

### 9.06  SUBVENCIÓN Y PUBLICACIONES EN REVISTAS

Los analistas de conducta que sirven en comités de revisión de subvenciones o como revisores de manuscritos evitan la realización de cualquier investigación descrita en las propuestas de subvención o manuscritos que se revisaron, excepto en replicaciones para acreditar plenamente los investigadores anteriores.

Las agencias otorgantes organizan paneles de revisión de un grupo de investigadores que sirven como pares el uno para el otro. Los cuales deben firmar documentos al comienzo de una sesión de revisión, que podría durar aproximadamente una semana, indicando que no revelarán ninguna información obtenida durante la revisión ni actuarán sobre ninguna idea o metodología que puedan descubrir en el proceso. También se entiende que serán totalmente objetivos en su análisis de las subvenciones presentadas. Un sistema muy similar opera con la mayoría de las revistas, donde el editor establece un proceso de revisión por pares para cada manuscrito enviado y los revisores juran mantener toda la información en secreto y no robar ideas para su propia investigación. Cualquier actividad contraria a estos valores se considera conducta no ética.

## 9.07 PLAGIO

(a) Los analistas de conducta citan completamente el trabajo de otros cuando corresponde.
(b) Los analistas de conducta no presentan partes o elementos de otro trabajo o datos como propios.

El plagio es una forma de robo académico del uso de ideas, datos o trabajo escrito y luego tomar el crédito por ello. Esto puede suceder cuando un investigador de análisis de conducta está leyendo un artículo y encuentra una idea o pasaje que luego es robado y utilizado sin dar crédito al autor original. Dicha conducta se ve seriamente mal vista en la academia y resulta en la expulsión de la universidad o de la escuela de postgrado.

## 9.08 RECONOCIMIENTO DE CONTRIBUCIONES

Los analistas de conducta reconocen las contribuciones de otros a la investigación al incluirlos como coautores o al pie de página de sus contribuciones. La autoría principal y otros créditos en publicaciones reflejan con exactitud las contribuciones científicas o profesionales relativas de las personas involucradas, independientemente de su estado relativo. Las contribuciones menores a la investigación o la redacción de publicaciones se reconocen adecuadamente, como en una nota de pie de página o una declaración introductoria.

En los últimos años, la investigación del análisis de conducta se ha convertido en un asunto grupal, con a veces hasta 10 autores que aportan sus conocimientos y habilidades para producir un producto final. Es una práctica estándar para estos profesionales que cooperan establecer al comienzo de la labor investigativa (que puede durar un año o dos) cuál será el orden de los autores y cómo se reconocerán las contribuciones secundarias o minoritarias. Se considera de mala fe excluir a alguien que ha trabajado diligentemente durante meses. Este elemento del código enumera este tipo de exclusión como una práctica no ética, ya que tal falta de reconocimiento significaría una disminución rápida en el interés de todas las partes involucradas.

## 9.09 PRECISIÓN Y USO DE LOS DATOS (RBT)

(a) Los analistas de conducta no fabrican datos ni falsifican resultados en sus publicaciones. Si los analistas de conducta descubren errores en sus datos publicados, toman medidas para corregir dichos errores en una corrección, retracción, errata u otro medio de publicación apropiado.

Ya hemos comentado el caso Breuning de falsificación de datos en 9.02 (k). El héroe en este incidente fue el Dr. Robert L. Sprague. El Dr. Sprague fue uno de los primeros colegas y partidarios de Breuning que, a pesar de su estrecha relación, determinó que era malo para la ciencia (es decir, poco ético) permitir que esta conducta inescrupulosa permaneciera oculta. La capacitación en el debido respeto por la metodología científica comienza en el laboratorio de pregrado y continúa a través de la tesis de la escuela de posgrado y la investigación de tesis. El papel del mentor no puede subestimarse en la producción de investigadores que valoran la verdad y la honestidad por encima de todo, incluso su propia promoción. Falsificar datos en círculos académicos se eleva al nivel de comportamiento pecaminoso. Todos en un laboratorio o grupo de investigación tienen un gran interés en respaldar los más altos estándares de confiabilidad, ya que cualquier señal de falsificación de datos empañará su reputación y arriesgará su empleabilidad. Los investigadores que diseñan experimentos deben tener especial cuidado en capacitar a los estudiantes y técnicos que recopilan datos para adoptar esta reverencia por la exactitud de los mismos. Los estudiantes de investigación y los recolectores de datos deben informar de inmediato cualquier error al director del laboratorio para que los datos falsificados nunca aparezcan en ninguna publicación. Si se descubren errores, los investigadores tienen la responsabilidad de asegurarse de que se corrijan de inmediato, y todas las revistas tienen métodos para hacer exactamente eso.

(b) Los analistas de conducta no omiten los hallazgos que puedan alterar las interpretaciones de su trabajo.

En casi cualquier estudio, incluidos los mejor controlados, algunos de los datos no aparecen como el resto. A menudo se les llama "valores atípicos", y tales hallazgos pueden sesgar los resultados de tal manera que disminuyan la probabilidad de publicación. Existe la tentación de descartar estos datos, pero esa tentación debe ser resistida ya que los resultados inusuales, incoherentes y curiosos son parte de la verdad del fenómeno que se estudia. Eliminar estos datos es engañar a los colegas que deseen replicar los hallazgos. Si los investigadores intentaran este truco y luego descubrieran el engaño de alguien como el Dr. Sprague, la ira del mundo académico caería sobre el investigador original. Entonces, en resumen, los investigadores éticos del análisis de conducta no excluyen los datos por ningún motivo.

(c) Los analistas de conducta no publican, como datos originales, datos que hayan sido publicados previamente. Esto no excluye la publicación de datos cuando están acompañados de un reconocimiento adecuado.

Una violación clásica de esta regla sagrada de la academia fue originalmente citada en Bailey y Burch (2002, p.203) en el caso de Chhokar y Wallin (1984a, 1984b), donde estos investigadores publicaron dos versiones del mismo estudio, incluyendo los mismos gráficos, dentro del mismo año en el *Journal of Applied Psychology* y el *Journal of Safety Research*; para todos los propósitos prácticos, solo los títulos eran diferentes.

(d) Después de que se publican los resultados de la investigación, los analistas de conducta no ocultan los datos sobre los que basan sus conclusiones a otros profesionales competentes que buscan verificar los reclamos sustantivos a través del reanálisis y que intentan utilizarlos solo para ese fin, siempre que la confidencialidad de los participantes pueda protegerse, a menos que los derechos legales relativos a los datos de propiedad privada impidan su liberación.

Es importante que los investigadores de análisis de conducta compartan sus datos con colegas que deseen replicar sus hallazgos; este es un elemento significativo del proceso científico. Es la forma en que un campo crece, gana credibilidad y finalmente se establece como una disciplina digna de apoyo público y reconocimiento a largo plazo. El acaparamiento secreto de los datos despierta sospechas entre los colegas sobre la credibilidad de los métodos y la interpretación de los hallazgos y, por estas razones, se considera una conducta no ética.

Aquí hay una serie de escenarios que pueden serle útiles para poner a prueba su conocimiento del código ético 9.0.[4]

• • • • • • • •

## PARTE I

John está inscrito en un programa de maestría en una universidad local y trabaja en una escuela privada para niños con trastorno generalizado del desarrollo. Para una clase, desarrolló una propuesta de investigación basada en algunas lecturas que completó para la clase. Le gustaría extender los resultados de Mason e Iwata (1990) al examinar los efectos de la integración sensorial en el comportamiento estereotípico no perjudicial; planea examinar los efectos inmediatos y diferidos de la terapia sobre la estereotipia. A él le gustaría exponer a los niños a esta terapia durante 60 minutos cada día. Él medirá el nivel de estereotipia durante la sesión de 60 minutos y durante una sesión de 60 minutos después de la terapia. La integración sensorial no se suele utilizar en la escuela, por lo que John habla con la directora de la escuela sobre el estudio. El cronograma de los niños debería modificarse para incluir los 60 minutos de integración sensorial y los 60 minutos posteriores a la terapia (sin interacción con otros). El director de la escuela está entusiasmado con la idea y, después de recibir detalles adicionales de John, le da permiso para realizar el estudio (la escuela no cuenta con un comité de investigación humana). John se reúne varias veces con su asesor de la facultad para comentar el diseño experimental con más detalle. A continuación, comienza a recopilar datos de línea de base sobre la estereotipia para todos los niños de la escuela.

1) En este punto, ¿qué ha hecho John correctamente o incorrectamente?

# PARTE II

*John se siente abrumado rápidamente con toda esta recopilación de datos, por lo que recluta a algunos estudiantes de pregrado en la universidad para que lo ayuden con el estudio. Cuando John comienza a aplicar la condición de integración sensorial, hace que varios de los estudiantes de pregrado observen una sesión para que también puedan aplicar la terapia con algunos de los niños. Poco después de que los niños comienzan la terapia, varios de los maestros se quejan de que los niños pasan demasiado tiempo en la terapia y en las condiciones posteriores a la terapia. Los maestros comienzan a hacer arreglos para que algunos niños se salten la terapia, haciendo varias excusas.*

*1) En este punto, ¿qué ha hecho John correctamente o incorrectamente?*
*2) ¿Qué debería hacer John ahora?*

# PARTE III

*Preso del pánico, John decide reducir las sesiones de terapia a 30 minutos y eliminar por completo las sesiones posteriores a la terapia. Los maestros parecen estar satisfechos con esta modificación porque los niños comienzan a asistir a la terapia de forma regular de nuevo. John finalmente termina su recopilación de datos y comienza a analizarlos. Mientras inspecciona de cerca sus datos, nota que la estereotipia disminuye constantemente durante los primeros 15 minutos de cada sesión de terapia; sin embargo, estas reducciones no se mantuvieron durante los 30 minutos completos. John cree que este es un hallazgo importante. Por lo tanto, vuelve a analizar sus datos para que sus gráficos solo incluyan la estereotipia que ocurrió durante los primeros 15 minutos de cada línea de base y de la sesión de terapia. La directora de la escuela está encantada cuando ve sus gráficos y de inmediato comienza a promocionar la nueva terapia en su escuela. Él la oye decir a los padres de posibles estudiantes que la terapia produce reducciones notables en el comportamiento estereotípico, lo que conduce a mejoras en la atención y el aprendizaje. John está un poco incómodo con esto, pero está contento de que la directora de la escuela esté tan satisfecha con sus esfuerzos. Ella comenzó a hablar sobre posibles oportunidades de trabajo para él en la escuela después de graduarse, incluyendo un nuevo puesto como director de investigación. También le dice que nunca ha tenido su nombre en una publicación de investigación, por lo que está ansiosa por ver el estudio sobre integración sensorial publicado. Ella lo alienta a comenzar a trabajar en el manuscrito e incluso le da permiso para trabajar en él en la escuela.*

*3) En este punto, ¿qué ha hecho John correctamente o incorrectamente?*

*4) ¿Qué debería hacer Juan ahora?*

• • • • • • • •

# 15

## Responsabilidad ética de los analistas de conducta frente a la BACB (10.0)

E ste capítulo, nuevo en la tercera edición de *Ética para analistas de conducta*, completa la consolidación de los antiguos *Estándares éticos y de disciplina profesional* y las *Gúias para la práctica responsable del análisis de conducta*. De esta consolidación llega el nuevo *Código deontológico de seguimiento profesional y ético para analistas de conducta*. El objetivo principal de este esfuerzo fue el de crear "un documento de cumplimiento obligatorio para (a) presentar de una forma más clara el código ético de la BACB y (b) continuar ampliando el ámbito de la conducta profesional en el que poder aplicar medidas disciplinarias. El segundo objetivo era expandir las capacidades del sistema disciplinario de la BACB en lo que respecta a conveniencia, volumen de casos y medidas correctivas. El nuevo "Código es de aplicación por derecho propio y en su totalidad". Suponemos que "las infracciones menores del Código se solucionarán entre la parte demandante y el profesional certificado en el momento en que se produzcan". (Boletín informativo de la BACB,

Si el departamento jurídico de la BACB determina que se debe atender una reclamación, esta se asignará al Comité de Cumplimiento del Código o al Comité de Examen Disciplinario septiembre de 2014c, pág. 2).

La BACB ha creado dos "comités especializados" para encargarse de las reclamaciones relacionadas con la ética profesional. Si el departamento jurídico de la BACB determina que se debe atender una reclamación, esta se asignará al Comité de cumplimiento del Código o al Comité disciplinario. El Comité de cumplimiento del Código se ocupará de las reclamaciones "de menor gravedad" y se centrará en las respuestas obtenidas y en las medidas correctivas. Las infracciones consideradas de mayor gravedad se asignarán al Comité de Examen Disciplinario, que podrá imponer "sanciones disciplinarias" (boletín informativo de la BACB, septiembre de 2014c).

En el nuevo apartado 10.0 se presentan varios requisitos y se explican en detalle. Los analistas de conducta deben proporcionar "información exacta y veraz" a la BACB, cumplir con los plazos y actualizar la información que proporcionan a la BACB en un plazo de 30 días. Los profesionales certificados no deben vulnerar los "derechos de propiedad intelectual" de la BACB y deben adherirse a las normas relacionadas con la administración de exámenes. Por último, los analistas de conducta deben cumplir las normas de supervisión y de trabajo del curso de la BACB, conocer el código e informar sobre "profesionales no certificados" a las comisiones pertinentes.

## 10.0 RESPONSABILIDAD ÉTICA DE LOS ANALISTAS DE LA CONDUCTA FRENTE A LA BACB

Los analistas de conducta deben adherirse a este Código, así como todas las reglas y normas de la BACB.

## 10.01 PROPORCIONAR INFORMACIÓN EXACTA Y VERAZ A LA BACB (RBT)

(a) Los analistas de conducta sólo proporcionan información veraz y exacta en las aplicaciones y documentos presentados a la BACB.

Los profesionales certificados, candidatos y estudiantes que soliciten la certificación deberán poner especial cuidado en la preparación de los documentos que presentan a la BACB. Se les informa de que el personal de la BACB revisa y a menudo investiga las fuentes de la información contenida en las solicitudes para comprobar su validez. Los administrativos de las universidades y centros acreditados pueden verificar los títulos sobre los que se haya interpuesto una reclamación. Al buscar programas de estudios, los estudiantes tienen el deber de analizar los programas con mucha atención para asegurar su legitimidad. Por desgracia, existen estafadores en internet que ofrecen títulos falsos tras una apariencia perfectamente legal. Estas organizaciones conceden títulos aparentemente auténticos a cambio de dinero. Estos "títulos" no pueden certificarse y no serán aceptados.

(b) Los analistas de conducta deben ocuparse de que cualquier error en la información presentada a la BACB se subsane inmediatamente.

Una vez certificados, los analistas de conducta deberán permanecer en contacto con la BACB para informar inmediatamente de cualquier cambio que se produzca en su solicitud inicial y asegurarse de que se actualiza. Estos cambios incluyen la corrección de información errónea, como en casos en los que un candidato haya presentado un título creyendo que provenía de una universidad acreditada y después se haya enterado de que no lo estaba. De igual modo, si un profesional certificado ha firmado el formulario de comprobación de un candidato supervisado y después se descubre que el número de horas que se había registrado es incorrecto, el profesional certificado deberá dar parte de la corrección.

## 10.02 PRONTITUD EN LAS RESPUESTAS, INFORMES Y ACTUALIZACIONES DE INFORMACIÓN QUE SE PROPORCIONAN A LA BACB (RBT)

Los analistas de conducta deben cumplir con todos los plazos de la BACB incluyendo, aun que sin limitarse a, la notificación dentro de un plazo de 30 días de cualquiera de las siguientes circunstancias:

(a) Infracciones del Código, ser objeto de una investigación, acción o sanción disciplinaria, presentación de cargos, condena, declaración de culpabilidad o de no contender la acusación (*nolo contendere*) por parte de una organización gubernamental o sanitaria, una tercera parte pagadora o una institución docente. Nota de procedimiento: Los analistas de conducta condenados por delitos graves relacionados directamente con la práctica del análisis de conducta y/o la salud y seguridad públicas no podrán solicitar su registro, certificación o recertificación en la BACB durante un período de tres (3) años desde el agotamiento de los recursos legales, el cumplimiento de la libertad condicional o la puesta en libertad definitiva (en caso de reclusión), la que resulte posterior; (ver también el apartado 1.04d Integridad).

Si se descubre una infracción del Código por parte de un analista de conducta o está implicado en una investigación disciplinaria, sea del tipo que sea, se deberá informar de ello a la BACB en un plazo de 30 días, de lo contrario, se expondrá a una sanción por parte de dicha entidad. Aquí se incluyen todas las acciones disciplinarias emprendidas por comités universitarios, administraciones públicas, comisiones reguladoras y cualquier otra acción disciplinaria. Además, los analistas de conducta condenados por delitos graves relacionados con el análisis de conducta o la salud y seguridad públicas, no podrán solicitar la certificación durante tres años completos tras la finalización de los mandatos judiciales.

> **Si se descubre una infracción del Código por parte de un analista de conducta o está implicado en una investigación disciplinaria, sea del tipo que sea, se deberá informar de ello a la BACB en un plazo de 30 días, de lo contrario, se expondrá a una sanción por parte de dicha comisión**

(b) Cualquier multa o penalización relacionada con el ámbito de la salud y la seguridad públicas en la que aparezca el nombre del analista de conducta.

Aquí se incluyen las multas por exceso de velocidad, conducir bajo los efectos del alcohol y las drogas, conducción temeraria, así como cualquier multa en la que aparezca el nombre de la persona. No se incluyen las multas de los radares de tráfico que muestran una imagen de la matrícula del vehículo pero no el nombre de la persona.

(c) Un estado físico o mental que afecte a la capacidad del analista de conducta para llevar a cabo su trabajo de manera competente.

Los profesionales certificados en activo afectados por algún impedimento tienen la obligación de tomar las medidas necesarias para asegurar la prestación del servicio a todos los clientes, y deberán informar de inmediato a la BACB de este cambio de situación. Cuando un analista de conducta haya finalizado un proceso de rehabilitación de alcohol, drogas o de otro tipo, la BACB podrá solicitar una comprobación de sus competencias por parte de un psicólogo o psiquiatra independiente. Dicho especialista se encargará de confirmar a la BACB que el analista de conducta está capacitado para desempeñar las funciones descritas en el análisis de tareas del puesto y puede reincorporarse al trabajo con plena capacidad funcional.

(d) Cambio de nombre, de dirección postal o de dirección de correo electrónico de contacto.

Aunque pueda parecer que tiene poca importancia, estos cambios pueden tener una gran repercusión. Si un profesional se casa y cambia su apellido (o si lo cambia por otro motivo), debe ponerse en contacto con la BACB de inmediato. Si cambia su dirección de correo electrónico, debe notificarlo a la BACB. El correo electrónico es el medio de comunicación principal de la BACB con usted. Si se muda y cambia su dirección, debe informar de ello a la BACB inmediatamente. Estos trámites burocráticos aparentemente sin mayor importancia son esenciales si una agencia necesita comprobar su estado en la BACB por algún motivo. Si alguna entidad u organismo regulador lleva a cabo una comprobación de sus referencias para un nuevo puesto de trabajo y la BACB realiza una búsqueda y usted no consta como certificado (porque su nombre no aparece), perderá esa oportunidad. Del mismo modo, si usted pasa a utilizar un nombre diferente y no lo ha notificado a la BACB, dicha institución podrá enviarle una advertencia.

## 10.03 CONFIDENCIALIDAD Y PROPIEDAD INTELECTUAL DE LA BACB (RBT)

Los analistas de conducta no vulnerarán los derechos de propiedad intelectual de la BACB, que incluye, a título enunciativo, los siguientes derechos:

(a) Los logotipos de BACB, ACS y ACE, certificados, documentación acreditativa y denominaciones, como por ejemplo marcas registradas, marcas de servicio, marcas de registro y marcas de certificación que pertenezcan a la BACB (incluida cualquier marca similar que pueda crear confusión con la intención de simular la afiliación, certificación o registro en la BACB, así como la interpretación errónea de un certificado académico ABAS como un certificado nacional).

Se considera propiedad intelectual de la BACB todos los logotipos, marcas registradas, marcas de servicio, etc. asociados con ella, siendo la única entidad con facultad para utilizarlos a menos que la propia BACB convenga lo contrario. En caso de duda, consulte la letra pequeña de su certificado de la BACB y la sección de condiciones de uso de la página web de dicha entidad. Aunque pueda resultar tentador hacer una captura de pantalla del logotipo de la página web de la BACB y colgarlo en una página propia, este hecho constituye un robo de la propiedad intelectual y tiene consecuencias legales. Tampoco están permitidos otros usos del logotipo de la BACB, aunque su uso no sea malintencionado, como por ejemplo poner el logotipo en una tarta de felicitación. Serigrafiar o imprimir el logotipo de la BACB en camisetas o tazas también constituye una infracción del Código ético. La BACB prohíbe estos usos con el objetivo de proteger a los consumidores, ya que pueden creer que la persona que lleve una camiseta o use una taza con el logo es un profesional certificado de la BACB. Como propietaria de estas marcas registradas, a la BACB le corresponderá la totalidad de los beneficios procedentes de la venta de los productos en los que aparezcan.

(b) La BACB registra los derechos de las obras originales y derivadas, incluidos, a título enunciativo, los derechos sobre normas, procedimientos, pautas, códigos, análisis de tareas de puestos, informes de grupos de trabajo, estudios, etc.

Los derechos de propiedad intelectual de este apartado del código engloban también el resto de materiales generados por la BACB, como exámenes, normas y productos, procedentes de los informes de grupos de trabajo de la BACB. Estos materiales no pueden utilizarse al margen de la BACB y en caso de que esto suceda, se deberá informar a la entidad inmediatamente.

(c) La BACB registra los derechos de todas las preguntas de examen, bancos de reserva de preguntas, especificaciones y formularios de exámenes y hojas de calificaciones desarrollados por la entidad, ya que se trata de secretos comerciales. Se prohíbe expresamente a los analistas de conducta divulgar el contenido del material de exámenes de la BACB, independientemente de cómo hayan tenido conocimiento del mismo. Los analistas de conducta informarán a la BACB con carácter inmediato de cualquier caso de infracción y/o acceso no autorizado a contenidos de exámenes, o

> Se prohíbe expresamente a los analistas de conducta divulgar el contenido del material de exámenes de la BACB.

si existe la sospecha de que se hayan podido producir, así como de cualquier otra violación de los derechos de propiedad intelectual de la BACB. Los intentos para obtener una solución extrajudicial identificados en el apartado 7.02 c) se han abandonado dada la necesidad de notificación inmediata de este apartado.

Se prohíbe a todos los particulares (incluidos los analistas de conducta) utilizar preguntas de examen que hayan memorizado para crear sus propios exámenes y distribuirlos o vender la información a empresas para generar copias de exámenes. Se apela al sentimiento de ciudadanía de los particulares y a la buena fe de los profesionales certificados para que denuncien estas infracciones a la BACB (nota: no hay que notificar de este hecho a la empresa que hace uso de las preguntas de examen de la BACB, ya que este requisito no se aplica). Si ve a alguien copiando en un examen, notifíquelo inmediatamente al personal de supervisión de la prueba y a la BACB.

## 10.04 HONRADEZ E IRREGULARIDADES EN LOS EXÁMENES (RBT)

Los analistas de conducta cumplirán todas las normas de la BACB, incluidas las normas y procedimientos exigidos por los centros y administraciones de exámenes y el personal de supervisión acreditados por la BACB. Los analistas de conducta deberán informar a la BACB inmediatamente si detectan a alguien copiando, así como de cualquier otra irregularidad en la administración de exámenes de dicha entidad. Entre las posibles irregularidades en los exámenes se encuentran, a título enunciativo, el acceso no autorizado a exámenes u hojas de respuestas de la BACB, copiar respuestas, permitir que otra persona copie las respuestas, interrumpir el curso de un examen, falsificar información, títulos académicos o documentación acreditativa y ofrecer y/o recibir asesoramiento para acceder de manera ilícita al contenido de los exámenes de la BACB antes, durante o después de los mismos, o proceder a dicho acceso. La prohibición también engloba, entre otras cosas, la utilización o participación en sitios web o blogs de preparación de exámenes que ofrecen acceso no autorizado a preguntas de examen de la BACB. Si se descubre que un candidato o un profesional certificado ha participado o utilizado alguna de estas plataformas ilícitas de preparación de exámenes, se tomarán de inmediato las medidas pertinentes para retirarle el derecho a optar a la certificación, anular resultados de exámenes, o retirar según proceda los certificados que se hayan conseguido mediante el uso de material de exámenes obtenido indebidamente.

De la extensión de este apartado del código y de la cantidad de detalles que se ofrecen se puede deducir que la BACB se toma muy en serio TODAS las actividades que puedan comprometer la integridad de los exámenes. Todos los analistas de conducta deben ayudar a controlar y hacer cumplir esta prohibición informando de cualquier aspecto relacionado con la administración de exámenes. Hemos tenido conocimiento de la presencia de agentes en los aparcamientos de los centros de exámenes para recabar información sobre las preguntas de los exámenes. Se deberá informar de este tipo de prácticas inmediatamente. Si alguien contacta con usted o recibe información de alguien que afirma tener información detallada sobre la preparación y administración de exámenes, denúncielo inmediatamente a la BACB.

## 10.05 CUMPLIMIENTO DE LOS ESTÁNDARES DE SUPERVISIÓN Y FORMACIÓN SOBRE LA ACTIVIDAD DE SUPERVISIÓN (RBT)

Los analistas de conducta se aseguran de que los cursos (incluyendo cursos de formación continua), experiencia supervisada, formación RBT y la evaluación, y la supervisión BCaBA se llevan a cabo de conformidad con las normas de la BACB cuando dichas actividades están destinadas a cumplir con las normas BACB (véase también *5.0 Supervisión realizada por analistas de conducta*).

La supervisión y la formación continua son elementos adicionales de vital importancia para la BACB. Si se permite que los candidatos ejerzan la profesión sin haber recibido la formación y supervisión adecuadas, la integridad del proceso de certificación se verá afectada y, además, esto podría suponer un riesgo para los consumidores. Estas personas podrían provocar daños a pacientes vulnerables con problemas graves de conducta. Sabemos que hay supervisores BCBA, por ejemplo, que firman formularios de supervisión con carácter retroactivo y candidatos que han presentado formularios de supervisión falsos o que se han "equivocado" en el recuento de sus horas. Ambos casos constituyen infracciones de este apartado del Código. Todos los supervisores deben tener firmado un contrato por escrito con los candidatos a los que supervisan antes de realizar horas de experiencia. Del mismo modo, los formularios de valoración deben firmarse durante el período de supervisión. Según su criterio, la BACB podrá solicitar estos documentos de manera independiente a los candidatos y a los supervisores, y compararlos para comprobar que las fechas coinciden y que la información es correcta. Se podrán imponer sanciones a los supervisores si se descubre que han fechado formularios u otros documentos con carácter retroactivo. Igualmente, los candidatos no podrán contabilizar esas horas de experiencia. Otro aspecto contemplado en el presente Código se refiere a las unidades de educación o formación continua (CEU, por sus siglas en inglés) obtenidas en internet o en conferencias. Los profesionales certificados tienen la responsabilidad de notificar sus CEU correctamente y con sinceridad. La falsificación de los informes de CEU constituye una violación de nuestro Código. Los profesionales certificados no podrán contabilizar como créditos de ética profesional las CEU de seminarios o talleres sobre ética profesional que no hayan sido acreditados por la BACB.

## 10.06 FAMILIARIZARSE CON ESTE CÓDIGO

Los analistas de conducta tienen la obligación de estar familiarizados con este Código, otros códigos de ética aplicables, incluyendo, pero sin limitarse a los requisitos éticos para la obtención de la licencia o colegiación profesional, especialmente si son aplicables al trabajo de los analistas de conducta. La falta de conocimiento o la mala interpretación de una norma no será aceptable como defensa ante una acusación por falta de conducta ética.

Conocer el Código ético es un *requisito* esencial para TODOS los candidatos y profesionales certificados. Nuestro lema es "la ignorancia no te hará libre". Se recuerda a los analistas de conducta que intenten alegar el desconocimiento del Código como excusa para justificar fallos en la ejecución diaria de sus responsabilidades profesionales que esta práctica no es aceptable. Los profesionales certificados

> Nuestro lema es "la ignorancia no te hará libre".

con residencia en estados en los que se conceden licencias a los analistas de conducta también tienen la obligación de conocer el código ético que rige su profesión.

## 10.07 DESACONSEJAR LA PRESENTACIÓN SESGADA DEL ANÁLISIS DE CONDUCTA POR PARTE DE PERSONAS QUE NO ESTÉN CERTIFICADAS (RBT)

Los analistas de conducta denunciarán al colegio u organización profesional oficial competente a quienes, sin estar certificados, registrados, o colegiados, realicen trabajos propios de un analista de conducta. Dicha denuncia se hará extensiva a la BACB si dichas personas expresan información engañosa relativa a las certificaciones de la BACB o a su estatus como portador de una certificación de la BACB.

Los infractores son aquellos que practican el análisis de conducta sin estar habilitados en estados en los que la habilitación es obligatoria. También son considerados infractores aquellos particulares que utilizan marcas de certificación y documentación acreditativa de la BACB sin poseerlas. Entre los ejemplos de estas prácticas se encuentran

> Su ayuda es necesaria para identificar a los infractores de nuestra profesión denunciándolos a la BACB.

marcas o denominaciones cuya similitud con las oficiales puede llevar a confusión, como "Certificado por la Comisión de ABA", "Certificado Nacional de Analista de la Conducta", "Conductista Certificado por la ABA", etc. El hecho de cambiar un par de palabras o letras no hace que una marca de certificación sea apropiada para un uso que no ha sido autorizado por la BACB. Su ayuda es necesaria para identificar a los infractores de nuestra profesión denunciándolos a la BACB. Se puede dar el caso de que otros profesionales habilitados (sin certificado para ejercer como analistas de conducta) sostengan que su licencia los habilita para desarrollar el análisis de conducta o reivindiquen que están certificados en el ejercicio de esta práctica. Será necesario consultar con el organismo regulador pertinente si el análisis de conducta es una categoría profesional reconocida. Si dicha tarea no está contemplada pero todo apunta a que la persona lleva a cabo la práctica del análisis de conducta, deberá denunciarse a dicho organismo regulador, así como a la comisión reguladora de los analistas de conducta del estado o colegio profesional del país en cuestión, si lo hubiera. Si esa persona además está utilizando un certificado o documentación acreditativa de la BACB o una denominación similar que resulte confusa, también se deberá denunciar a la BACB.

# Tres

# Habilidades profesionales para analistas de conducta con sentido ético

En la Sección III (Capítulos 16 a 20), abordamos tres habilidades importantes para los analistas de conducta que desean mejorar su efectividad al vérselas con problemas éticos. El Capítulo 16 presenta un modelo para llevar a cabo un análisis del riesgo-beneficio que debería incorporarse en la práctica profesional. En el Capítulo 17, esbozamos algunas sugerencias para proporcionar un mensaje ético de manera efectiva cuando sea necesario. En el Capítulo 18, presentamos una herramienta valiosa para los BCBA, la "Declaración de Prácticas y Procedimientos Profesionales para analistas de conducta". Esta declaración puede ayudar a evitar malentendidos acerca de cómo se realizan los servicios de análisis de conducta, y debería evitar que los problemas éticos consuman un tiempo que el analista podría dedicar a trabajar con los clientes. El Capítulo 19 presenta una docena de consejos prácticos para primerizos, y el nuevo Capítulo 20 es una descripción de "Un Código de Ético para Organizaciones Conductuales", una nueva y emocionante estrategia para fortalecer la relación ética entre analistas de conducta individuales y las empresas, escuelas, clínicas o agencias para las que trabajen.

# 16
## Realización de análisis de riesgo-beneficio

La peor pesadilla para los profesores y profesionales de ABA en cualquier parte es ser acusados de abusar de un cliente. Este hipotético e impactante titular de periódico significa que alguien a quien entrenamos fue víctima de una situación horrible, donde algo se descontroló, se cometieron errores fatales, o un cliente resultó gravemente herido, y ahora uno de los nuestros está siendo juzgado por un delito con posible condena de cárcel. Este escenario de pesadilla, además del daño indescriptible que ya ha sufrido el cliente, supondría también un daño para la reputación y la vida profesional del analista de conducta, y tendría un efecto devastador para nuestro campo. Las reacciones en cadena se extenderían a la familia del cliente para siempre, y la sociedad nunca olvidaría que un niño con discapacidad fue lastimado en nombre de un tratamiento conductual.

Como éticos analistas de conducta, queremos evitar esta tragedia a toda costa, pero ¿cómo hacerlo? La forma más directa es realizar un análisis cuidadoso y exhaustivo de los riesgos y los beneficios antes de llevar a cabo el tratamiento. El análisis de riesgo-beneficio es la comparación del riesgo de una situación dada en relación a los beneficios de esa misma situación. El Código (4.05) especifica: "En la medida de lo posible, se debe realizar un análisis de riesgo-beneficio sobre los procedimientos que se llevarán a cabo para alcanzar el objetivo".

Una revisión de los textos y manuales actuales de ABA revela poca información sobre el análisis riesgo-beneficio. El libro de Van Houten y Axelrod (1993), contiene un capítulo histórico y significativo que explica en detalle el análisis de riesgo-beneficio. En el Capítulo 8, "Un modelo de toma de decisiones para seleccionar el procedimiento de tratamiento óptimo" (Axelrod, Spreat, Berry y Moyer, 1993), los autores presentan un modelo simple y elegante para iluminar este proceso, por otra parte bastante oscuro para ABA. Spreat, el segundo autor, presentó originalmente su formulación como un modelo matemático para seleccionar el tratamiento en el que se ponderaban los diversos factores (Spreat, 1982). Spreat propuso cuatro elementos a considerar:

- Probabilidad de éxito del tratamiento
- El periodo de tiempo necesario para eliminar un comportamiento
- El malestar causado por el procedimiento
- El malestar causado por el comportamiento

## ¿QUÉ ES EL RIESGO?

Desde 2008, cuando descubrimos de la noche a la mañana que los banqueros de Wall Street asumieron grandes riesgos con nuestro dinero, cambiando acciones con incumplimiento crediticio, para ganar millones de dólares para sus bolsillos, desde entonces el *riesgo* se ha convertido en un nuevo término importante para los estadounidenses.

Si bien no podemos generalizar directamente desde este tipo de riesgo del campo financiero (Crouhy, Galai y Mark, 2006) al campo del análisis de conducta, hay algunos claros paralelismos con nuestra profesión. Para prevenir una catástrofe como el anterior

> Hemos de pensar en nosotros mismos en parte como analistas de riesgo, con determinados factores que podrían causar "volatilidad" en nuestros procedimientos de tratamiento

titular de periódico, hemos de pensar en nosotros mismos en parte como analistas de riesgo o gestores de riesgo, con determinados factores que podrían causar "volatilidad" en nuestros procedimientos de tratamiento. El riesgo sería la exposición a una lesión, una pérdida o un peligro. A menudo, cuando hablamos de riesgo en una situación conductual, nos estamos refiriendo al hecho de que un cliente podría resultar herido; sin embargo, para los analistas de conducta, el peligro o la pérdida también podrían estar relacionados con la reputación o el daño para nuestro campo. Para el analista de conducta con BCBA, la *volatilidad* es un resultado imprevisto en un plan de tratamiento. Por ejemplo, la volatilidad en un plan conductual para un niño con autismo ocurriría cuando, en lugar de reducir significativamente un comportamiento autoestimulado como el aleteo de manos, el comportamiento objetivo se vuelve mucho peor y se transforma en bofetadas, gritos y rabietas. El hecho de identificar los "factores de riesgo", nos daría alguna pista sobre la probabilidad de que ocurra este otro tipo de cambio, y así se podrían evitar tales resultados impredecibles.

## ANÁLISIS DE RIESGO-BENEFICIO

En el área de la salud pública, el análisis de riesgo-beneficio se utiliza para determinar el riesgo de muerte. Las agencias de salud pública evalúan a menudo los riesgos de situaciones relacionadas con la salud, por ejemplo, los riesgos de cáncer de pulmón debido al tabaquismo, las muertes de tractores en agricultores, los policías muertos en el cumplimiento del deber, y frecuentemente las muertes de profesores de vuelo (Wilson y Crouch, 2001). Las compañías de seguros calculan el riesgo relacionado con ciertas aficiones, tales como el paracaidismo o el alpinismo.

Para calcular el riesgo de muerte a partir de ciertas ocupaciones o actividades, es necesario mantener registros verificables a lo largo del tiempo. Dado que el análisis aplicado de conducta no es una actividad para la cual exista una alta probabilidad de muerte, no tiene sentido calcular el riesgo mediante los métodos habituales para la salud pública y las aseguradoras. Lo que sí tiene sentido es llevar a cabo un análisis de riesgo-beneficio para los procedimientos que usamos de manera habitual. El objetivo no es asustar a las personas para

> **Los analistas de conducta deben aclarar a los profesionales que algunos procedimientos pueden aumentar la probabilidad de comportamientos no deseados**

que se alejen de nuestra efectiva tecnología del cambio de conducta, sino para enfrentarse por adelantado a esos riesgos.

Hemos de aclarar a los profesionales que algunos procedimientos pueden aumentar la probabilidad de conductas inesperadas. Por ejemplo, el tiempo-fuera puede producir respuestas emocionales tales como llorar, respuestas agresivas y aislamiento (Cooper, Heron, & Heward, 2017, pág. 429). No hacer nada también tiene sus riesgos, y cuando se detallan las posibles opciones a los consumidores, estos deben conocer bien su elección y las posibles consecuencias.

## FACTORES DE RIESGO Y FALTA DE INVESTIGACIÓN

Es difícil basar nuestra determinación de los factores de riesgo en la literatura de investigación, porque los estudios o tratamientos con un gran riesgo indicarían un fracaso del tratamiento, y no suelen publicarse. Los factores que pueden predecir el fracaso de un programa conductual están insertados en la memoria de los analistas de conducta, que han aprendido a través de su propia experiencia sobre los factores de riesgo. Algunas pistas sobre estos factores de riesgo se pueden recopilar a partir de artículos de revistas donde resulta claro que los investigadores han realizado un esfuerzo extra para garantizar que los protocolos de tratamiento se siguieron al pie de la letra. Además, en el ámbito de la investigación, las intervenciones se llevan a cabo a menudo por parte de terapeutas (con nivel de Master o Doctorado), que tienen años y años de entrenamiento y experiencia. Finalmente, aunque los experimentos en análisis de conducta se llevan a cabo frecuentemente en entornos controlados, semejantes a los laboratorios experimentales en su rigor, sin embargo el profesional analista de conducta trabaja con clientes de bajos ingresos, en áreas rurales, en contextos completamente diferentes. Para evaluar los tratamientos en los que solo hay la supervisión intermitente de un terapeuta itinerante, los padres con bajo nivel educativo han de ser entrenados en un corto periodo de tiempo para que puedan llevar a cabo tratamientos bastante sofisticados.

En este capítulo, proponemos una estrategia que implica investigar cada procedimiento conductual que se recomiende, determinando sus riesgos y sus beneficios (partiendo tanto de la literatura como de la experiencia profesional). De esta manera, la presentación de los riesgos y los beneficios al consumidor permite una discusión franca y honesta con él, de forma que nadie se sorprenda si a lo largo de una sesión pudiesen ocurrir efectos secundarios o inesperados en un tratamiento. El modelo de Spreat (1982) supuso un importante esfuerzo pionero; sin embargo, considerando la evolución de la práctica del análisis de conducta y el análisis de riesgos, hemos desarrollado un nuevo procedimiento de cuatro pasos para determinar los riesgos y los beneficios.

### Cuatro pasos para evaluar riesgos y beneficios

1. Evaluar los factores de *riesgo generales* para el tratamiento conductual.
2. Evaluar los *beneficios* del tratamiento conductual.
3. Evaluar los factores de *riesgo* para *cada procedimiento conductual.*
4. *Compaginar* los riesgos y los beneficios con las partes implicadas.

## FACTORES DE RIESGO GENERALES

En un intento de comprender cómo los factores de riesgo pueden afectar el resultado de un plan de tratamiento, hemos identificado ocho factores de riesgo que son muy comunes (Figura 16.1). En todos estos factores de riesgo existe la posibilidad de dañar a alguien, lo que puede incluir al cliente, al mediador, a un espectador, al BCBA o, en un sentido más amplio, a la profesión del análisis de conducta.

### *La naturaleza del comportamiento que se está tratando.*

Como regla general, cuanto más severa o intensa sea la conducta problemática, mayor es el riesgo de que la planificación fracase. Los comportamientos intensos o severos no aparecen así, de la noche a la mañana. Los problemas severos de comportamiento casi siempre tienen un largo período de incubación durante el cual aparecen algunas otras formas menores de topografías peligrosas que hacen que el cliente sea llevado ante un analista de conducta. La mayoría de los estudiantes en programas de Master de dos años no habrán tenido la oportunidad de aprender de un experto en cómo manejar todos estos comportamientos peligrosos. Si bien es posible que hayan leído varias docenas de estudios y entiendan los principios básicos, los detalles y las sutilezas de su tratamiento son difíciles de conseguir en quienes se especializan en ellos. Modo con frecuencia, los analistas de conducta experimentados también cometen errores al diseñar un programa para tratar la agresión severa, que podría llevarlos a ellos, al cliente o a otros cuidadores a la sala de emergencias.

> Como regla general, cuanto más severo o intenso sea el comportamiento problemático, mayor será el riesgo de que el plan fracase

### *Personal suficiente para administrar el programa*

Como analistas de conducta, contamos con mediadores en el

## Factores de Riesgo Generales

Instrucciones: Después de completar la hoja de riesgo-beneficio para cada procedimiento propuesto, rellenar este formulario y revisar con las partes implicadas.

| Factores de Riesgo | Notas |
|---|---|
| 1. Naturaleza de la conducta a tratar, ¿es una conducta autoagresiva o peligrosa para otros? | La conducta objetivo es la desobediencia, salir corriendo, algunos intentos de agresión contra los hermanos. |
| 2. ¿Hay suficiente personal o mediadores para aplicar el tratamiento? | La madre podría ser la mediadora principal. |
| 3. ¿Está el personal cualificado y es capaz de aplicar el tratamiento? | Sería su primera vez tratando de llevar a cabo un tratamiento conductual de forma sistemática. |
| 4. ¿El contexto es apropiado para el tratamiento? ¿Está protegido, bien iluminado, limpio, con la temperatura controlada? | El hogar está limpio y protegido, pero hay otros dos hermanos que pueden ser un problema, son jóvenes y vulnerables, y las observaciones indican que refuerzan las conductas inapropiadas. |
| 5. ¿El analista de conducta tiene experiencia en este tipo de casos? | Sí, tiene 3 años de experiencia de consultas en casa. |
| 6. ¿Hay algún riesgo para otros en el contexto? | Sí, algún riesgo para los hermanos más pequeños, si se incrementaran las agresiones. |
| 7. ¿Hay aceptación del programa por parte de las personas implicadas en el caso? | La madre está comprometida, sin embargo la abuela y la suegra no valoran la consistencia del programa. |
| 8. ¿El analista de conducta tiene alguna desventaja? | El analista de conducta tiene experimenta, el programa es estándar, no hay reforzadores extraños, no hay procedimientos de restricción. La supervisión es adecuada. |

**Resumen de Riesgos Generales:** Hay algunos factores de riesgo que han de considerarse antes de poner en marcha el proyecto. Para estar bien protegido el plan debería prever alguna ayuda para la madre en la casa, y el analista de conducta debería estar disponible los 7 días / 24 horas, durante los primeros días para asegurarse que todo funciona bien.

**Figura 16.1** Un modelo de hoja de trabajo sobre los factores de riesgo generales para un tratamiento conductual. Estos ocho factores cubren la mayoría de las aplicaciones conductuales, pero se podrían incluir otros si fuese necesario.

entorno natural del cliente que desempeñan un papel importante en el tratamiento. El trabajo de BCBA es hacer una evaluación funcional, para identificar correctamente esa función, y luego diseñar el programa adecuado para un cliente específico, por ejemplo, con un síndrome de Prader-Willi, Angelman o un cliente con parálisis cerebral. Normalmente, para que un programa sea efectivo, debe estar en funcionamiento durante la mayor parte de las horas en que el cliente está despierto. En una residencia institucional, esto significa al menos dos turnos al día. Si un plan de tratamiento conductual de BCBA se lleva a cabo solo de vez en cuando, será mucho menos efectivo que si se lleva cabo todos los días.

### ¿Está bien formado el mediador?

Tener una cantidad suficiente de personal no es garantía de éxito, si ese personal no está capacitado para conseguir un alto grado de cumplimiento del programa. Incluso los programas de refuerzo positivo pueden fallar si el mediador a veces comete un error y refuerza un comportamiento inapropiado. En una institución, descubrimos que el personal del turno de la tarde le tenía miedo a un adolescente grande e inestable con síndrome de Prader-Willi. En lugar de seguir el plan previsto, durante su turno traían aperitivos y golosinas para tratar de sobornar al cliente para que no

> Tener una cantidad suficiente de personal no es garantía de éxito, ese personal no está capacitado para conseguir un alto grado de cumplimiento del programa.

les diese problemas. Durante el turno de noche, un asistente decidió que él y el cliente (que se había fugado ya varias veces) irían por el barrio a una tienda de 24 horas para comprar aperitivos. Mientras el ayudante estaba distraído con una llamada de móvil de su novia, el adolescente sin supervisión, cruzó una autovía y se cruzó en el camino de una camioneta que se aproximaba. Murió una hora después por graves heridas en la cabeza. Se averiguó que estos viajes nocturnos no estaban autorizados, y que no se había llevado a cabo ningún tipo de análisis de riesgo-beneficio. La familia estaba consternada por esta tragedia innecesaria, y finalmente demandó a la institución.

### ¿Es el entorno apropiado para el tratamiento propuesto?

Nuestro Código ético establece que solo hemos de trabajar en entornos en los que sea probable que los procedimientos conductuales sean efectivos (4.06, 4.07), ya que los entornos poco satisfactorios ponen en riesgo el éxito de los procedimientos. Además, el entorno no debe poner en riesgo al analista conductual.

En un caso clínico, se solicitó a un analista conductual para que aplicara tratamiento en el hogar de una familia en la que la madre era amante de los animales. Las mascotas están bien, pero en este caso la madre tenía grandes cubetas de tortugas por toda la casa, incluso en la cocina. Las cubetas estaban llenas de agua verde espumosa, y al poco tiempo uno de los niños fue diagnosticado de salmonela. Al reconocer que el analista de conducta tenía el riesgo también de contagiarse, el supervisor lo sacó de esa casa. En otro caso en el que también se daba tratamiento en el hogar, un analista de conducta descubrió que el novio de la madre usaba drogas en la casa. El consultor, en este caso, se mostró reacio a finalizar los servicios porque consideraba que el analista debía permanecer en el hogar para proteger al niño. Nuestro consejo fue contactar con las autoridades oportunas, y salir de esa casa de inmediato.

### ¿Tiene experiencia el analista de conducta en ese tipo de casos?

Esta puede ser una pregunta difícil, especialmente para los BCBA recientes, o para los asistentes (BCaBA), ya que es posible que no quieran admitir que las tareas le sobrepasan. Nuestro Código ético requiere específicamente que los BCBA actúen dentro de los límites de su competencia (1.02), pero no establece específicamente que operar fuera esas competencias pueda suponer un riesgo tanto para la consecución adecuada de los procedimientos, como para la seguridad de los clientes.

### ¿Hay riesgo en el entorno para otras personas?

Las aplicaciones llevadas a cabo en el hogar y en la escuela, así como las que se implementan en entornos de trabajo protegido, presentan también

> Los riesgos de los procedimientos conductuales nunca deberían minimizarse, para conseguir una mayor aprobación del proceso.

ciertos riesgos para el éxito de los programas conductuales. Estos entornos también presentan posibles riesgos de seguridad para los clientes y para el personal, cuando se llevan a cabo los procedimientos. Por ejemplo, una de las "consideraciones" a tener en cuanta cuando se usa el tiempo-fuera es que puede producir respuestas emocionales y resultados inesperados. Los clientes que no desean estar en tiempo-fuera, pueden intentar escapar golpeando, pateando, abofeteando o escupiendo a cualquiera que se encuentre cerca. Los riesgos de los procedimientos conductuales no deberían minimizarse, para conseguir una mayor aprobación del proceso. En su lugar, deben hablarse francamente esos riesgos con todas las partes implicadas, para que todos estén al tanto de los posibles riesgos. La planificación preventiva también debe ser el resultado de conocer los riesgos, y quizás harían falta otros miembros adicionales del personal durante los primeros días de tratamiento, para asegurarse de que todo el mundo se encuentre seguro.

### ¿Participan otras personas clave asociadas con el caso?

Participar significa no solo que estas otras personas estén de acuerdo con la propuesta del programa, sino que también harán todo lo posible para garantizar que se implemente ese plan adecuadamente. La participación variará de una situación a otra.

Si estás trabajando en una escuela, es obvio que se necesita la aprobación del padre, el maestro y el director, pero no debe olvidarse del ayudante o estudiante en prácticas. Todas estas personas pueden facilitar o interrumpir un procedimiento al unirse de manera entusiasta al plan o al mostrar una actitud del tipo "No me importa nada". La participación también debe obtenerse de otros profesionales clave, tales como el psicólogo escolar, el consejero escolar y el trabajador social, para garantizar el éxito del programa. Cualquiera de estas personas puede sabotear o hundir un tratamiento mediante la difusión de rumores y el uso de actividades incompatibles para socavar los efectos del programa. Si hay personas "anti-ABA" en el grupo, el analista conductual debe trabajar para atraérselos antes de que comience el tratamiento.

### Responsabilidad personal: Riesgo para el BCBA

Este factor de riesgo está relacionado con el Código 1.02 y 1.03, la cuestión de la competencia de la BACB para manejar un caso. ¿Existe alguna posible responsabilidad directa por parte del analista de conducta? Si se va a utilizar un tiempo-fuera y el psicólogo BCBA pone a prueba el procedimiento, existe la posibilidad de que el joven cliente se lastime accidentalmente en el proceso. ¿Los padres querrán responsabilizar al profesional BCBA? ¿Habría alguna manera de mitigar estos efectos, haciendo una demostración con el maestro o ayudante el día anterior, para que no haya un contacto físico directo? De ser así, esta opción sería preferible y reduciría la responsabilidad.

## BENEFICIOS DEL TRATAMIENTO CONDUCTUAL

Al realizar un análisis equilibrado riesgo-beneficio, es necesario revisar los beneficios del tratamiento así como sus riesgos. Recomendamos desarrollar un cuestionario como el que se muestra en la Figura 16.2, donde se reflejan por escrito los beneficios para que sean comentados por todas las partes relevantes.

### Beneficio directo para el cliente

Como analistas de conducta, nuestra profesión se preocupa principalmente de que el cliente sea quien se beneficie

## Beneficios del Tratamiento Conductual

Instrucciones: Después de completar la hoja de riesgo-beneficio para cada procedimiento propuesto, rellenar este formulario y revisar con las partes implicadas.

| Beneficios | Notas |
|---|---|
| 1. La conducta del cliente mejora notablemente, consigue muchos nuevos reforzadores y más posibilidades de elección. | *El cliente cumple las peticiones, se han eliminado las carreras y huidas, no hay rasgos de agresividad.* |
| 2. El ambiente del cliente mejora grandemente debido a los cambios en su conducta. Hay menos estrés en los cuidadores o los compañeros. | *Hay un ambiente más calmado para el niño y para todo el mundo, hay menos estrés.* |
| 3. Los cuidadores sienten que tienen más control, mejora su moral, tienen un afán de seguir mejorando con el cliente. | *La madre ha vuelto a su papel preferido de cuidadora, cariñosa y guía de su hijo.* |
| 4. Los compañeros del contexto cambian su conducta hacia el cliente, dan más oportunidades para obtener reforzadores sociales. | *Los compañeros no tienen miedo del niño, ahora quieren pasar más tiempo jugando con él.* |
| 5. Las dificultades del entorno se han reducido grandemente. | *La madre se siente responsable y al mando.* |

**Resumen de los beneficios:** *Los beneficios para el niño son enormes en su contexto, este procedimiento —si es efectivo— podría darle la vuelta a su situación y mejorar su calidad de vida.*

**Figura 16.2** Beneficios del tratamiento conductual. Estos cinco factores cubren muchas situaciones conductuales, pero podrían inscluirse otras si fuese necesario.

directamente de las intervenciones propuestas. Sin embargo, en muchos casos, no somos explícitos sobre lo que se espera. Es importante detallar esos objetivos en términos de cambio de las tasas de conducta y en el marco de tiempo en que se espera tener éxito. Se debe analizar cada conducta objetivo en esta sección, tal como se muestra en las notas.

## Beneficios indirectos para el entorno

A menudo se pasa por alto en una evaluación, los beneficios relacionados con el "clima" del entorno de tratamiento. Un niño agresivo que anteriormente no cumplía las normas, y que sin embargo ahora puede escuchar las peticiones, seguirlas rápidamente y con una sonrisa, puede cambiar totalmente la atmósfera en el hogar o el aula. Así ganancias como estas deben considerarse como posibles beneficios indirectos.

## Beneficios para los mediadores y los cuidadores

Otros beneficios que se descuidan a menudo en los tratamientos conductuales son aquellos beneficios que obtienen el mediador y otros cuidadores en el ambiente de un tratamiento que ha obtenido éxito. Si se prepara adecuadamente a los mediadores y a los cuidadores para las intervenciones que están a punto de llevarse a cabo, y tienen éxito, esto puede generarles una sensación de confianza y orgullo sobre sus logros.

## Beneficios para los compañeros en el entorno

Aunque si bien pasamos la mayor parte de nuestro tiempo enfocándonos en el cliente, no debe pasarse por alto a otras personas que podrían ser beneficiarios indirectos de un tratamiento exitoso. En el caso de los compañeros de un cliente, especialmente si han sido objeto de agresión o han sido ignorados, apreciarán que se reduzca su miedo y su ansiedad, así como la posible atención adicional que reciban de padres y maestros.

> Si se prepara adecuadamente a los mediadores y a los cuidadores para las intervenciones que están a punto de llevarse a cabo, y tienen éxito, esto puede generarles una sensación de confianza y orgullo sobre sus logros

## Se disminuye la responsabilidad general del entorno

Si un cliente está siendo tratado en un entorno educativo o de rehabilitación, y exhibe conductas peligrosas, existe cierta responsabilidad por parte de la organización supervisora. Los padres o los representantes de estudiantes u otros clientes en su entorno pueden demandar y responsabilizar a los propietarios o administradores por cualquier daño que pueda sufrir su familiar. Un cliente que deja de huir, amenazar o dañar a otros clientes o al personal, significa un dolor de cabeza menos para los administradores, y menos llamadas a los abogados que deban prepararse para un posible litigio.

## RIESGO-BENEFICIO PARA CADA PROCEDIMIENTO CONDUCTUAL

Todos los procedimientos conductuales, incluidos aquellos que son benignos (como el refuerzo positivo), tienen factores de riesgo asociados con ellos. En algunos textos, estos riesgos se conocen como *aspectos o consideraciones éticas* asociadas al procedimiento en cuestión (ver p.ej., Cooper et al., 2017, pág. 411). Por supuesto, también tienen beneficios. Para ayudar a los analistas de conducta a analizar los riesgos y beneficios de los procedimientos de conducta específicos, hemos desarrollado una serie de formularios para trabajar. Como se muestra en la Figura 16.3, el formulario para el tiempo-fuera incluye las *consideraciones* (es decir, los riesgos) tales como una mayor agresión, evitación y disminución las conductas adecuadas. Los beneficios del tiempo-fuera, tal como se muestra en el formulario, incluyen una disminución de moderada a rápida en la conducta, su conveniencia, y el hecho de que el tiempo-fuera se pueda combinar con otros procedimientos conductuales. El BCBA responsable ha de comprobar cada procedimiento conductual que se ha propuesto, y preparar un formulario de trabajo de los procedimientos que se vayan a aplicar. Se debe tener cuidado para asegurarse de que el resumen en la parte inferior del formulario sea equilibrado y objetivo.

# Formulario de Riesgo-Beneficio

**Procedimiento ABA:** Tiempo-Fuera

Métodos especiales: 1) Tiempo-fuera sin exclusión (ignorar, retirada de reforzadores positivos, observación contingente, cinta de tiempo-fuera) 2) Tiempo fuera con exclusión (habitación, separación, pasillo)

| Riesgos | Notas |
|---|---|
| 1. Puede producir resultados inesperados. | *Podría ser un problema, por lo que el analista de conducta debe estar presente en la habitación los primeros días en que se aplique.* |
| 2. Puede producir respuestas emocionales. | *A la madre le da pena este procedimiento.* |
| 3. Puede estigmatizar al cliente en el contexto donde se utilice. | *No ha habido problemas con el maestro por este tema en el pasado.* |
| 4. El mediador que utiliza el tiempo-fuera podría intentarlo con otros. | *El analista de conducta ha de comprobar la ayuda, el maestro debería aprender a usar otros métodos que no sancionen.* |

| Beneficios | Notas |
|---|---|
| 1. Fácil de aplicar. | *Ha sido beneficioso desde que estamos trabajando con ayudas en la escuela.* |
| 2. Ampliamente aceptado como un tratamiento apropiado. | *La administración de la escuela aprueba el tiempo fuera, desde que los padres lo han aprobado. Tienen una habitación de tiempo fuera, y está protegida.* |
| 3. Suprime rápidamente la conducta. | *El maestro apreciaría una rápida reducción de la conducta objetivo.* |
| 4. Puede combinarse con otros procedimientos. | *Utilizaremos un sistema de economía de fichas con el maestro para aumentar la conducta apropiada.* |

**Resumen de los riesgos y beneficios:** *En general parece que los beneficios superarían los riesgos del tiempo fuera en este contexto. Sería necesario que el analista de conducta estuviese presente durante la primera semana, para asegurarse que todo funciona bien. La madre ha aprobado el uso de tiempo-fuera hace un mes al ver cómo funcionaba.*

**Figura 16.3** Un modelo de formulario de trabajo desarrollado para un procedimiento específico de tiempo-fuera. Se ha de completar el formulario para cada procedimiento ABA, después de revisar y comprobar los riesgos y beneficios de cada uno. El resumen en la parte inferior presenta al cliente, de forma equilibrada y honesta, los diferentes riesgos y beneficios.

## CONCILIAR LOS RIESGOS Y LOS BENEFICIOS CON LAS PARTES IMPLICADAS

Incluir el análisis de riesgo-beneficio en nuestros procedimientos operativos estándar agrega esencialmente un paso muy importante al proceso de proporcionar un tratamiento ético. Después de la recepción del caso, se realiza una evaluación funcional. Luego, la revisión de la literatura revela una lista de posibles tratamientos, clasificados de más a menos restrictivo.

En este punto, se lleva a cabo un análisis de riesgo-beneficio de los procedimientos que se propongan, rellenando formularios similares a los mostrados anteriormente, y se lleva a cabo una reunión con el consumidor (o representante) para revisar los todas las notas (ver Figura 16.4). Puede haber cierto toma y daca con la persona si ésta tiene preguntas sobre ciertos efectos secundarios o posibles efectos conductuales impredecibles. Deben tenerse en cuenta esos efectos y revisar los procesos si es necesario. Si, después

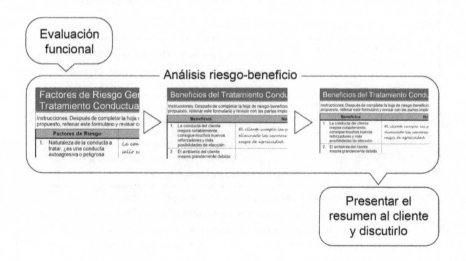

**Figura 16.4** Acordando los riesgos y beneficios con las partes involucradas. El procedimiento comienza con un análisis funcional, y después de considerar los diversos riesgos y beneficios, se presenta un resumen al cliente para su discusión.

de la discusión, el consumidor no se siente cómodo con un determinado procedimiento, puede ser necesario cambiar un método por otro. Es importante señalar que es mucho mejor tener esta discusión al inicio, antes que durante el tratamiento pueda ocurrir algún tipo de incidente durante el curso del tratamiento. Al final de la reunión, todas las partes deben llegar a un consenso sobre el curso de acción que se tomará. Se firmará y se archivará la documentación necesaria, y el tratamiento puede comenzar con la garantía de que se han identificado y minimizado los riesgos para satisfacción de todos.

## TRES BENEFICIOS ADICIONALES PARA EL BCBA Y PARA LA PROFESIÓN

Merece la pena considerar tres beneficios adicionales, si bien es probable que no aparezcan en un formulario de riesgo-beneficio o no formen parte de la discusión con los clientes. En primer lugar, el BCBA o BCaBA que es capaz de hacer mejoras

> Ser capaz de conseguir efectos positivos genera confianza, mejora la moral y fomenta la participación futura en la profesión

significativas en las conductas objetivo, así como de mejorar la calidad de vida del cliente y sus allegados, no solo tendrá una sensación de alivio de que todo funcionó de acuerdo con el plan, sino también aumentará su confianza en su propia capacidad para asumir casos similares en el futuro. Ser capaz de conseguir efectos positivos genera confianza, mejora la moral y fomenta la participación futura en la profesión. Un segundo beneficio es la reducción de responsabilidad para el diseñador del plan conductual. Conseguir que un caso tenga éxito significa que la oscura nube de la incertidumbre ha desaparecido, al menos por el momento.

Un último beneficio es la posible contribución al cuerpo de conocimientos de ABA, y con ello unas buenas relaciones públicas para nuestro campo. Si bien no podemos solicitar que los clientes hagan testimonios públicos, a menudo los clientes les comunican a otros su satisfacción, o incluso les dicen que están muy contentos con los servicios de análisis de conducta que han mejorado sus vidas.

# 17
## Transmisión efizaz del mensaje ético

L os analistas de conducta se han vuelto cada vez más sofisticados cuando se trata de conocer y comprender el contenido del Código deontológico de seguimiento profesional y ético para analistas de conducta. El entrenamiento práctico, los materiales escritos, las oportunidades de formación continua o las conferencias proporcionan a los analistas de conducta un entrenamiento profesional de calidad relacionado con el Código.

Sin embargo, si bien pueden conocer los distintos artículos del Código, muchos analistas de conducta tienen dificultades para saber qué decir a otra persona, o cómo manejar una situación cuando aparece un problema ético. Darle a los demás un "No" o darles comentarios directos y honestos sobre lo que están haciendo y decirles que no es apropiado, son tareas que resultan bastante incómodas y desagradables para muchas personas, incluidos los analistas de conducta. Saber exactamente qué decir y qué hacer cuando uno se enfrenta a un problema ético suele ser una tarea mucho más difícil que simplemente identificar el problema real y el artículo específico del Código.

> **Los analistas de conducta suelen tener dificultades para saber qué decir a otra persona, o cómo manejar exactamente en una situación cuando se identifica un problema ético**

## LA IMPORTANCIA DE LAS HABILIDADES DE COMUNICACIÓN

Dentro de la lista de habilidades del analista de conducta que quiere diferenciarse por su diligencia, la número uno es la capacidad de ser un buen comunicador. En *Las 25 habilidades y estrategias esenciales del analista de conducta profesional: Consejos de expertos para maximizar la eficacia de la consultoría* (Bailey y Burch, 2010), presentamos tres capítulos sobre las comunicaciones interpersonales con otros colegas, con los supervisores y los informes escritos. También describimos cómo la comunicación efectiva o la falta de habilidades de comunicación afectan a nuestra capacidad para persuadir e influenciar a los demás. Cuando se trata de transmitir un mensaje sobre ética, tendrá que ser tanto un comunicador como un analista de conducta.

Habrá momentos en que tendrá que abordar una cuestión de ética de forma inmediata. Esto significa pensar por uno mismo y conocer el Código. Es posible que necesite consultar el Código para saber el número exacto de la sección y la redacción de un artículo, pero es responsabilidad de cada analista de conducta comprender el contenido de los artículos que componen el Código.

### Conocer el Código

*Se requiere una respuesta inmediata*

*Un analista de conducta certificado (BCBA) estaba trabajando con Ami, una niña de 5 años cuyos padres estaban divorciados. El padre del niño era un hombre de negocios rico que poseía una cadena de tiendas de electrónica reconocida a nivel nacional. Como viajaba constantemente, solo veía a su niña de vez en cuando. Ami era básicamente muda, pero, en un corto período de tiempo, el analista de conducta consiguió que dijera palabras y frases cortas. Poco después de que Ami comenzara a hablar con oraciones de tres palabras, el padre, en una de sus visitas esporádicas a su casa, observó una sesión. Las lágrimas rodaron por sus mejillas, y cuando ya se iba dijo: "Has hecho cosas maravillosas por Ami. . . Sé que recién estás comenzando, y que probablemente tengas el dinero justo. Me gustaría darte una pequeña muestra de mi agradecimiento. Tal vez a ti y a tus compañeros de piso les podría venir bien un nuevo televisor de pantalla plana y un reproductor de discos Blu-Ray. Te parece bien eso?" El analista de conducta tuvo que responder de inmediato, o un camión de reparto dejaría un televisor de 2,000 euros de alta definición en su apartamento. Puesto que asistió a un taller de ética en la reunión de su asociación de análisis de conducta, sabía que los analistas de conducta no deberían aceptar regalos. Aunque no pudo citar el número del artículo del Código ético, tuvo la respuesta instantánea perfecta: "Gracias por valorar el trabajo que he hecho con tu hija. Los analistas de conducta tenemos un Código ético y no puedo aceptar obsequios. Estoy encantado de que estés tan satisfecho con el progreso de Ami".*

### Disponer de algo de tiempo

A diferencia de la situación en la que se debe responder de inmediato, en otras ocasiones, cuando uno se enfrenta a un problema ético, necesita disponer algo de tiempo diciendo: "Permítame responderle sobre eso; te llamaré después esta tarde" o "Necesito comprobarlo primero; te daré una respuesta en la reunión del martes". Darse un plazo de tiempo es una buena estrategia si el problema ético parece estar en un área confusa, y siente la necesidad de revisar el Código ético, de hablar con su supervisor, o de consultar con un colega de confianza.

Un analista de conducta que estaba inscrito en un programa de máster llevaba consultas en los hogares de varios niños. En una de esas visitas, una madre dijo: "Sabes, a veces, hay días que estamos muy ocupados durante la semana, y es difícil organizarse con las sesiones de terapia. No tienes clases los fines de semana, así que pensé que tal vez podríamos cambiar algunas de

> Darse un plazo de tiempo es una buena estrategia si el problema ético parece estar en un área confusa

las sesiones al sábado por la mañana. ¿Qué piensas?". Este era un área confusa para esta joven analista de conducta. Ella necesitaba recuperarse los fines de semana, reunirse con su grupo de estudios, y prepararse para los exámenes. Había algo en esa solicitud que simplemente no le hacía sentirse bien. Esta analista de conducta conocía el Código ético y estaba segura de que no había ningún artículo que dijera: "No es ético que renuncies a tus fines de semana". "Tengo que comprobarlo con mi supervisora y le responderé después", fue la respuesta perfecta. Un poco más tarde ese día, la supervisora la llamó y le dijo que una solicitud como esta era una cuestión mixta, tanto ética como profesional. El centro tenía una política según la cual las sesiones de terapia se llevaban a cabo cuando los supervisores estaban disponibles para manejar las posibles emergencias (es decir, sin fines de semana).

Desde un punto de vista ético, desde el principio la madre estaba de acuerdo con ciertas condiciones para llevar a cabo la terapia (es decir, solo días entre semana). Si la madre actuaba ahora como si pudiera cambiar las sesiones, dependiendo de su estado de ánimo o de sus oportunidades sociales, había una alta posibilidad de que el entrenamiento sobre conducta verbal del niño no fuera de alta prioridad para ella. La respuesta a esta madre fue clara: "He preguntado a mi supervisora acerca de cambiar nuestras sesiones a los sábados. Ella me ha dicho que va en contra de la política de nuestro centro, que nos permite trabajar solo durante horas en las que los supervisores estén disponibles para manejar posibles emergencias. Lo siento, pero tendremos que seguir con nuestro horario regular de la semana. Si realmente desea cambiar a otro día, mi supervisora me dijo que simplemente la llame a ella directamente. ¿Necesitas su número?"

Puede haber ocasiones en las que se necesita dar retroalimentación sobre un problema ético a un cliente, padre o miembro de la familia, otro analista de conducta, un profesional no conductual, un supervisor o un supervisado. En cada caso, el analista de conducta debe pensar si dar el mensaje es suficiente. ¿Se necesita contactar con un supervisor? ¿Los miembros del personal deben estar informados sobre algo que hizo un cliente? ¿Debería notificarse a una institución sobre algo que se haya presenciado?

## TRANSMITIR EL MENSAJE SOBRE ÉTICA A UN CLIENTE

El Código ético identifica al cliente como la persona individual junto con la familia y la institución (Código 2.01). En el siguiente caso, nos referimos al cliente como el individuo con las conductas objetivo. En la mayoría de los casos, los clientes son niños y no estarán implicados en una conducta ética inapropiada. Sin embargo, hay situaciones en las que los analistas de conducta trabajan con clientes adultos de alto funcionamiento, y se pueden presentar algunos dilemas éticos.

*Shari era una BCaBA a la que le fue asignada un trabajo en un hogar grupal para clientes masculinos de alto funcionamiento. Cuando Dan, uno de los clientes, comenzó a flirtear con ella, puso sus comentarios inapropiados bajo extinción. El le preguntó: "Shari, ¿por qué no salimos el viernes a la noche? Puedes venir a buscarme, y podemos ir al cine y salir a comer". Los clientes en el hogar grupal tenían muchas oportunidades para salir de la comunidad, y claramente esto era pedirle una cita. Shari sabía de inmediato que salir con un cliente sería una violación del Código ético. ¿Qué debería decirle ella?*

He aquí algunas cosas que ella *no* debería decir:

"Bueno, está bien, Dan, y podemos trabajar en tus habilidades sociales. Déjame pensarlo".
"Estoy ocupada el viernes por la noche".
"Umm, no, Dan, tengo novio".
"Lo siento, yo no estoy por ti".

Estas excusas implican que si no estaba ocupada y si no tenía novio, Shari estaría dispuesta a salir con Dan. Aceptar la invitación como si fuese un plan de entrenamiento de habilidades sociales, enviaría un mensaje consiguió una cita. Recordad los fundamentos de una buena comunicación: no envíe mensajes confusos y no mienta. Shari podría decir, "Dan, me gustas como amigo, pero

> **Recordad los fundamentos de una buena comunicación: no envíe mensajes confusos y no mienta**

trabajo aquí, y no es apropiado que salga con un cliente. Los miembros del personal salen de excursión con el grupo y algunos llevan a los clientes para entrenarse, pero no podemos tener citas con los clientes. En mi trabajo, tengo algo llamado Código ético, que es un conjunto de reglas que dicen que no puedo salir con clientes. Simplemente no sería apropiado".

Cuando Shari nos contaba su historia sabíamos lo que vendría, antes de que ella lo dijera. Ella hizo un buen trabajo dándole a Dan el mensaje claro, tal como se ha presentado anteriormente. Entonces él le contestó: "Tendré mi propia casa dentro de unas semanas. Ya no seré un cliente. Tengo un trabajo en Goodwill. Entonces, ¿podremos salir?"

Cuando los clientes y los miembros de la familia pasan al estatus de "ya no son clientes", surge un dilema ético especial. ¿Hay alguna posibilidad de que vuelvan al sistema? ¿Tiene su centro una política sobre salir con antiguos clientes (o con sus padres)? Shari respondió, "Dan, me gustas como amigo, pero lo siento, no estoy interesada". La Tabla 17.1 proporciona algunas pautas para saber qué decir cuando alguien le pide que haga algo poco ético.

## TRANSMITIR EL MENSAJE SOBRE ÉTICA A PADRES Y MIEMBROS DE LA FAMILIA

Por mucho que los padres amen a sus hijos y sus familiares, y quieran ayudarlos, es asombroso cuántos problemas éticos pueden

**Tabla 17.1** Desglose de la respuesta inicial de Shari a la solicitud de una cita

| Qué haces | Qué dices |
| --- | --- |
| Usar un autoclítico | "Dan, me gustas como amigo…" |
| Indique los hechos / la situación | "Pero yo trabajo aquí, y no es apropiado para alguien que trabaje aquí para salir con un cliente…" |
| Consulte el Código ético | "Tengo algo llamado Código ético…" |
| Diga lo que dice el Código ético | "Dice que no puedo salir con clientes…" |
| Resumir | "No sería apropiado". |

presentar a los analistas de conducta. No tomar datos, inventar historias, no llevar a cabo el programa, y cruzar la línea de forma que sus intentos de disciplina sean más bien abusos, son solo algunos de los problemas a los que se enfrentan los analistas de conducta.

*Erica M. era la madre de Cooper, un niño de 10 años que fue diagnosticado de autismo. Cooper tenía un lenguaje expresivo muy básico (oraciones de una o dos palabras como "Querer leche" y "Ir fuera"). Tenía frecuentes pataletas provocados por ruidos y por no obtener lo que quería. También tenía un comportamiento autoestimulado de lamer el área debajo de su labio inferior, con la frecuencia suficiente como para tener una piel callosa a todo lo largo de su labio inferior. Había otros dos niños en la ajetreada casa. El BCBA, Melvin, se estaba volviendo cada vez más frustrado porque los comportamientos de Cooper empeoraban tanto en la escuela como en el hogar, la Sra. M. no estaba tomando los datos necesarios, y los otros niños revelaron que cuando Cooper tenía una rabieta, ella le daba una galleta para que se calmara.*

*Melvin fue a la casa y se reunió con la Sra. M. Le dijo que la información era importante, de modo que podemos ayudar a Cooper a mejorar su comportamiento. Parecía como si la conversación tan sincera hubiese actuado mágicamente, y cuando Melvin llegó para las siguientes visitas, la Sra. M. tenía listas las hojas de datos. Al poco tiempo, Melvin comenzó a notar que había algo extraño en los datos. Se habían anotado los datos de un día en el que Melvin sabía que Cooper asistía a otra actividad después de la escuela. Además, los datos mostraban que Cooper no estaba teniendo la conducta autoestimulada de los lamerse el labio, sin embargo, su cara estaba tan inflamada que había sangrado en los bordes de los callos del labio. Melvin sabía que la Sra. M. había inventando los datos, cuando se paró en el camino de entrada para hablar con ella.*

Esto es lo que Melvin *no* debería hacer o decir:

> *No debería irrumpir en la casa y decir: "Sra. M., ha estado inventándose los datos. He sido sincero con usted, y si me va seguir mintiendo, lo dejo. Sé cuando los datos no son reales".*

Esto es lo que Melvin *debería* decir: (Encontró una manera mejor de manejar esta situación para poder conseguir los datos necesarios. Habló con la Sra. M. al comienzo de la siguiente sesión):

> *"Hola, Sra. M. he visto sus nuevos rosales. Se ven muy bien. Mi madre siempre tenía un jardín de rosas cuando era pequeño". (La Sra. M. habló sobre su jardinería). Sin preguntar por la hoja de datos, Melvin dijo: "Hablemos de Cooper. Entonces, ¿cómo está yendo? (La Sra. M. simplemente dijo: "Está bien"). ¿Diría que está teniendo más pataletas o menos, o más o menos lo mismo?" (La Sra. M. dijo que algunos días fueron peores que otros). Melvin dijo: "Tiene que ser difícil para ti". Realmente está siempre ocupada, y sé que un niño de 10 años con pataletas puede ser un verdadero desafío. En ese momento, la Sra. M. comenzó a hablar sobre lo cansada que estaba, y cómo algunos días no estaba segura de poder hacerlo todo. "Eres una gran madre", dijo. Sé que tus hijos significan el mundo para ti. Podríamos echar un vistazo a los datos de los últimos días? Revisó la hoja de datos y preguntó: "Con todo lo que tiene que hacer, ¿cómo se siente sobre la obligación de tomar datos?" La Sra. M. dijo: "Está bien". Luego Melvin le dijo: "Sabe, estos datos no tienen mucho sentido". Cuando miro las cuadros que has marcado, mira aquí y aquí, parece que Cooper nunca tenga rabietas, ni que se esté lamiendo la cara. Pero sus labios están secos y agrietados. ¿Puedes hablarme sobre eso? La Sra. M. dijo que había notado que Cooper se lamía los labios cuando veía la televisión y cuando trabajaba en el ordenador por la noche. Este era el "tiempo de pantalla" que ganaba como*

*reforzador, y los datos no se recopilaban en ese momento. Eso tenía sentido, por lo que Melvin pudo modificar el procedimiento de recopilación de datos. Melvin luego preguntó sobre los datos de pataletas. La Sra. M. admitió que estaba demasiado ocupada para completar los formularios. Por lo general, lo hacía justo antes de que Melvin llegara, y a veces se olvidaba de lo que había sucedido unos días antes. Melvin sintió que simplemente había sorprendido a la Sra. M. inventando los datos, por lo que dijo: "Realmente necesito su ayuda para que los datos se tomen correctamente. En mi profesión tenemos un Código ético, y en realidad dice que se me exige que tenga datos precisos para proporcionar un tratamiento conductual a Cooper. Si creía que los datos no eran precisos y no podíamos hacerlo bien, Cooper podría perder sus servicios de tratamiento conductual. No podría trabajar con él nunca más. Cada vez que tenga preguntas, dígamelo simplemente".*

La Tabla 17.2 resume lo que Melvin debería hacer y decir en esta situación.

## TRANSMITIR EL MENSAJE SOBRE ÉTICA A LAS INSTITUCIONES, SUPERVISORES O ADMINISTRADORES

Desafortunadamente, hemos tenido varios analistas de conducta en nuestros cursos que describen situaciones en las que un administrador le ha pedido al analista de conducta que haga algo poco ético. Pedirle al analista de conducta que invente datos o los resultados de las evaluaciones, o decir que los servicios para un cliente eran necesarios cuando no lo eran (o viceversa), o pedirle al consultor que trabaje con un amigo que no era un cliente oficial, son algunos de los problemas éticos relacionados con el administrador que nuestros alumnos del curso han ido encontrando.

**Tabla 17.2** Desglose de la respuesta de Melvin a la Sra. M. con respecto a la falsificación de datos

| Qué haces | Qué dices |
|---|---|
| Establezca una buena relación | "Hola, Sra. M. he visto sus rosas…" |
| Haga preguntas / escuche | ". . . ¿cómo está yendo?" |
| | ". . . ¿cómo te sientes al tomar los datos?" |
| Sea respetuoso / comprensivo de los demás | "Esto tiene que ser difícil para usted…" |
| Indique los hechos / situación | "Esta información no tiene mucho sentido". |
| Consulte el Código ético | "En mi profesión tenemos un Código ético…" |
| Resumir: describir qué podría suceder si no se sigue el Código ético | "Cooper podría perder sus servicios de comportamiento". |

En algunos casos, el analista de conducta termina la historia con "y por eso ya no trabajo allí. No podía dormir por la noche. Encontré otro trabajo". En otros casos, el analista del conducta decía: "No sabía qué hacer". Me gustan los clientes y me encanta el trabajo real. Tenía miedo de que si se lo decía a alguien, o que si me negaba a hacer lo que se me pedía, me despedirían. Necesito mi trabajo. Tengo dos bocas que alimentar en casa".

*Wendy era la nueva BCBA en una institución residencial. Tenía el trabajo de sus sueños en su ciudad favorita. Después de haber estado trabajando unos meses, la administradora la llamó a la oficina. "Se rumorea que tendremos una visita del equipo de inspección en algún momento, hacia el final de la semana. Necesito tu ayuda con algunos programas de conducta". La administradora le continuó explicando que el equipo de inspección estaría revisando las evaluaciones y los datos que faltaban de varios clientes en la última revisión. Luego deslizó en la mesa una lista hacia Wendy. La administradora le estaba pidiendo a Wendy que maquillara los resultados de la evaluación de cuatro clientes que aún no habían sido atendidos por los servicios conductuales de la institución.*

Esto es lo que Wendy no debería decir (siempre instamos a la moderación al tratar con los supervisores, piense antes de hablar, a menudo hay mucho en juego):

*Nunca digas: "¿Estás bromeando? ¿Estás loco? De ninguna manera voy a mentir por ti", o "Espera hasta que la inspección escuche esto".*

Esto es lo que Wendy *debería* decir:

*"Entonces, ¿qué es lo que quieres que haga?" La administrador le dice: "Completa los formularios" (es decir, esencialmente maquilla los resultados de la evaluación). En un tono respetuoso, Wendy le dice a la administradora: "Sé que realmente quiere que la institución pase la revisión, pero ni siquiera he visto a estos clientes y esto no sería correcto". La mandíbula de la administradora comienza a ponerse tensa. Le recuerda a Wendy que la institución podría tener problemas legales o incluso perder fondos. Ms. Schultz, realmente me gusta trabajar aquí. Me encanta el programa, y aprecio cuánto te importan los clientes. Pero soy un Analista de conducta Certificado (BCBA), y tengo un Código ético que mantener. Sabe que no puedo fabricar los resultados de la evaluación. Podríamos meternos en muchos más problemas para inventar los datos que por no tenerlos. ¿Qué le parece si voy a programar fechas de evaluación para los clientes y documento esas evaluaciones? Puedo hacer una visita inicial con cada cliente, y tendré notas sobre mis visitas cuando venga el equipo de evaluación. ¿Qué le parecería hacer esto?"*

La Tabla 17.3 muestra el análisis de la respuesta de Wendy.

## TRANSMITIR EL MENSAJE A PROFESIONALES NO CONDUCTUALES

Una de las preguntas éticas más frecuentes es: ¿Qué digo cuando otros profesionales no siguen el Código ético? El problema es que otros profesionales no tienen que cumplir con nuestro Código. Pueden pasar toda su vida profesional aplicando tratamientos alternativos de moda que no están científicamente validados. El problema surge cuando un analista de conducta y estos

**Tabla 17.3** Desglose de la respuesta de Wendy a la solicitud de la administradora

| Qué haces | Qué dices |
|---|---|
| Haga preguntas | "Entonces, ¿qué es lo que quieres que haga?" |
| Sea respetuoso y comprensivo con los demás | "Sé que quiere que la institución vaya bien en la revisión. . ". |
| Presente su punto de vista | "pero nunca he evaluado a los clientes y esto no estaría bien". |
| | "Realmente me gusta trabajar aquí, me encanta el programa. . ". |
| Refuerce lo que otros están haciendo bien | "y aprecio cuánto le importan los clientes" |
| Consulte el Código ético | "pero tengo un Código ético que defender y no puedo fabricar los resultados de la evaluación. . ". |
| Presente una solución | "¿Qué le parece si... Puedo programar fechas de evaluación. . ". |

profesionales se superponen en un caso y tratan al mismo cliente.

*Ian era el BCaBA en un equipo de tratamiento para Cassie, una cliente con autismo que estaba en pre-escolar. La niña tenía deambulación, pero tenía problemas motores que daban como resultado un modo de andar inusual, tropezaba con facilidad y dejaba caer cosas. Aunque se acercaba a los 6 años de edad, el lenguaje expresivo de Cassie era muy limitado, con solo unas pocas palabras para identificar objetos. Cuando estaba molesta, la niña chillaba, se caía al suelo, se hacía una bola y se negaba a levantarse. El terapeuta ocupacional (TO), Debbie, creía que la terapia de integración sensorial seria la mejor forma de tratamiento "Necesita un día lleno de actividades sensoriales para que pueda aprender a darle sentido a su entorno", dijo el TO en la reunión del equipo de tratamiento. "Puedes ver que se pone en el suelo en posición fetal porque no estamos desafiando adecuadamente sus sentidos. Rodar la pelota de ejercicios, jugar con juguetes y saltar sobre el mini-trampolín son todos ejercicios que ayudarán a Cassie a desarrollar su cerebro y mejorar su comportamiento".*

Esto es lo que Ian *no debe* decir en la reunión del equipo de tratamiento (en las reuniones, también instamos a la moderación y creemos firmemente que el consejo "Piense antes de hablar", se aplica aquí también):

Ian *no* debería decir: "¿Y exactamente cómo ayudaría eso a su cerebro a mejorar? ¿Eres ahora un experto en funciones cerebrales? No quisiera ofenderte, pero ese campo no está científicamente validado".

Esto es lo que *debe* decirse al profesional no conductual. Ian había completado su evaluación del niño y sintió, como un analista conductual, que necesitaba abordar las pataletas y las negativas a trabajar. También quería que Cassie avanzara en el lenguaje, y su plan era hablar con el logopeda para realizar un entrenamiento con ensayos discretos. Ian entendió que avergonzar a otros profesionales frente a sus colegas no era una buena manera de ganar amigos. Idealmente, Ian debería haber visto lo que pasaría y pudo reunirse con el TO antes de la reunión. No lo hizo, así que la conversación en la reunión del equipo de tratamiento fue así:

**Tabla 17.4** Desglose de la respuesta de Ian al profesional no conductual

| Qué haces | Qué dices |
|---|---|
| Escucha a los demás | Ian fue educado mientras Debbie (TO) dio su informe. |
| Sé respetuoso con los demás | "Estoy de acuerdo con Debbie en que Cassie tiene problemas motores…". etc. |
| Presente su punto de vista | "Quiero hablar sobre los problemas de comportamiento. . ". |
| Indique lo que le gustaría que sucediese | "Me gustaría incluir las rabietas en el plan como una conducta objetivo. . ". |
| Consulte el Código ético | "Estoy obligado por un Código ético que dice que el próximo paso es un análisis funcional". |
| Presente una solución | "Necesitamos poner el análisis funcional y el programa de tratamiento de esa conducta dentro de su plan". |

La Tabla 17.4 muestra el análisis de las respuestas verbales de Ian al profesional no conductual.

*Después de que Debbie, el TO, diera su discurso, Ian dijo con voz tranquila y amistosa: "Estoy de acuerdo con Debbie en que Cassie tiene algunos problemas motores. Ella se cae, y Debbie tiene razón. Parece que no tiene un buen control del tronco. Estoy de acuerdo en que Cassie podría beneficiarse de un poco de ejercicio para fortalecer su columna y mejorar su equilibrio. Pero quiero hablar sobre los problemas de comportamiento. Cuando Cassie grita y cae al piso, lo que está teniendo es una rabieta. Aún no sé qué es lo que la desencadena, pero me gustaría incluir el tratamiento de las rabietas como planificación entre las conductas objetivo".*

*El TO dijo: "Si Cassie no tiene que sentarse en la mesa como si estuviera en la universidad y tiene el ejercicio y el juego que necesita, estoy seguro de que estará bien". Manteniendo el optimismo, y de forma calmada y amistosa, Ian le dijo al equipo: "Las rabietas son un problema de comportamiento. En el caso de Cassie, no sabemos qué desencadena los pataletas. Como analista de conducta, estoy obligado por un Código ético que dice que el siguiente paso es hacer un análisis funcional. Esto implicará tomar datos durante el día escolar. Si voy a trabajar con Cassie, debemos poner el análisis funcional y el programa de tratamiento de esa conducta dentro de la recopilación de datos de su plan".*

## TRANSMITIR EL MENSAJE A OTRO ANALISTA DE CONDUCTA

De alguna manera, tratar con otro analista de conducta que viola el Código ético es más fácil que tratar con otros profesionales, porque el analista de conducta debería conocer el Código. Pero en otros casos, puede ser más difícil e incómodo dar retroalimentación a un colega conductual, especialmente si ese colega trabaja para un programa o una firma consultora de la competencia.

*Matt era un BCBA cuyos estudiantes (BCaBA) le contaron sobre otra analista de conducta (Dra. X) que facturaba sus servicios a clientes a los que nunca vio. Parece que BA hablaba con el personal, luego escribía un programa o enviaba una hoja de datos, y finalmente facturaba sus servicios. Matt se sentía muy incómodo con este asunto, así que decidió intervenir. Llamó a la Dra. X y le preguntó si tenía unos minutos para hablar. Matt comenzó la conversación de esta manera: "Nos conocemos desde hace mucho tiempo, y somos ambos profesionales analistas de conducta. He estado oyendo rumores sobre una situación respecto a la que quería preguntarle algo. ¿Hay algo de cierto en que consulta por teléfono y no ve a los clientes?"*

La respuesta de Matt se muestra en la Tabla 17.5.

Si la Dra. X hubiera dicho que no, que eso era un malentendido, lo hizo solo una vez cuando estaba enferma, pero inmediatamente fue a ver al cliente cuando estaba bien, entonces la conversación podría haber terminado.

Desafortunadamente, la Dra. X dijo que "el negocio estaba en auge y que ella solo estaba tratando de abarcar lo que pudiese. Como sabía que los miembros del personal eran fiables, ella solo consultaba por teléfono y correo electrónico; así podía ayudar a más clientes, satisfacer la demanda que tenía y de paso mejorar sus ingresos. "Yo también tengo que pagar hipoteca, ya sabes", fue su despedida. La respuesta de Matt fue: "Sé que le importan las personas y siempre ha sido un profesional responsable". No me gustaría meterle en problemas o arruinar su reputación. ¿Has mirado el Código últimamente? Puede contratar a un BCBA para que trabaje para usted; entonces podrían firmar las evaluaciones y ambos serían responsables. Mi lectura del Código es que no

**Tabla 17.5** Desglose de las respuestas de Matt al analista de conducta virtual

| Qué haces | Qué dices |
|---|---|
| Sea respetuoso con los demás | "Sé que le importan las personas…" |
| Haga preguntas | "¿Hay alguna posibilidad de que hablemos por teléfono?" |
| Presente su punto de vista | "No me gustaría que se metiese en problemas…" |
| Refiera el Código Ética | "¿Ha mirado el Código ético últimamente?" |
| Presente una solución | "Podría contratar a un BCBA para que trabaje para usted". |

puede firmar una evaluación para un cliente que nunca se ha visto. Solo quería hacerle saber que estoy preocupado como compañero de profesión".

## RESUMEN

Conocer el Código por delante y por detrás, no garantiza que uno sea eficaz al ayudar a otros a entenderlo. Probablemente cada semana tendrá varias ocasiones para educar a alguien

> Conocer el Código por delante y por detrás, no garantiza que uno sea efectivo en ayudar a otros a entenderlo

acerca de nuestro Código ético, y para indicarle por qué es importante a medida que nos esforzamos por brindar un tratamiento efectivo.

La primera condición para ser efectivo es identificar algo que no es del todo correcto. La segunda sería saber qué decir y cómo decirlo. Esto puede ser difícil, especialmente para los analistas nuevos o más jóvenes. Los BCBA que tengan que transmitir un mensaje sobre ética a alguien mayor, o con mucha más experiencia, deben saber y deben seguir el Código, pero es fácil caer en malos hábitos. Ser ético todos los días es una tarea ardua, y las personas, incluso las buenas personas, responderán ante un mayor coste de respuesta con una respuesta poco ética de vez en cuando. Si nadie dice nada y no pasa nada malo, es probable que la conducta poco ética

> Si comportarse éticamente fuese fácil, cualquiera podría ser ético

vuelva a ocurrir. Los supervisores pueden llegar a saturarse con las responsabilidades; los padres se agobian probando todo tipo de terapias, y no tienen tiempo para preguntar si hay investigaciones que respalden un reclamo publicitario. Ser ético es una gran responsabilidad. Es difícil, pero si comportarse éticamente fuera fácil, cualquiera podría ser ético. Sé fuerte. Transmite un mensaje de ética cada vez que tenga oportunidad.

# 18

## Declaración de servicios profesionales

C uando se trata de ética, la prevención es una estrategia mucho mejor que tener que resolver los problemas incómodos o difíciles que surgen porque alguien no sabía la diferencia entre lo correcto y lo incorrecto. El BCBA se enfrenta a problemas éticos casi a diario. La mayoría no son grandes crisis, sino que se parecen más bien a las lluvias de meteoritos diarias que nuestra Tierra experimenta desde el espacio exterior. Los pequeños puntitos en el radar de la toma de decisiones pueden irritar,

> Los pequeños puntitos en el radar de la toma de decisiones pueden irritar, confundir y desconcertar al analista de conducta que intenta hacer las cosas lo más correctas posible

confundir y desconcertar al analista de conducta que intenta hacer las cosas lo más correctas posible. Estos pequeños desafíos pueden acercarse sigilosamente cuando menos lo esperas. Se camuflan a lo largo de conversaciones normales, en forma de solicitudes de pequeños favores o pequeños chismes. ¿No sería genial si todos siguieran las reglas éticas? En términos conductuales, ¿por qué no podemos tener algún grado de control estimular sobre esta molesta situación? Bueno, hay buenas noticias. Es posible colocar algo similar a un *escudo deflector* en un videojuego. Para evitar que se produzcan muchos problemas éticos la primera vez, la solución que

proponemos es el uso de una
Declaración de Prácticas y
Procedimientos Profesionales
para los analistas de conducta.

**Los problemas éticos enfrentan al analista BCBA casi a diario**

Esta declaración se surgió por
vez primera en uno de nuestros talleres de ética por parte de Kathy
Chovanec de Louisiana, este documento se utiliza ampliamente en
otras profesiones para aclarar las reglas y los límites con los clientes
al iniciar los servicios profesionales, antes de que la lluvia de
meteoritos de problemas éticos llegue a caer sobre nuestras cabezas.

La Figura 18.1 muestra una versión del documento completo que
puede cambiar para que se adapte a su situación particular. Podría
tener más de una versión, para diferentes tipos de clientes. Por
ejemplo, una declaración de servicios para utilizar en el hogar
diferirá considerablemente de los procedimientos consulta
institucional en un hogar grupal.

## ÁREAS DE COMPETENCIAS

La declaración comienza informando a su cliente, o mejor aún a su
posible cliente, sobre quién es usted y cuáles son sus credenciales. El
cliente debe tener alguna información académica básica sobre usted,
dónde obtuvo su título, el área en la que obtuvo el grado, y la
titulación académica específica
(p.ej., Grado, Master,
Doctorado). Algunos
consultores pueden sentirse
incómodos al proporcionar este
tipo de información,
particularmente si el Grado es
de Psicología Experimental o de

**Los clientes tienen derecho a saber de antemano si está practicando dentro de los límites de su capacitación y experiencia**

Consejo Pastoral, o si fue obtenido a través de una serie de cursos
online de una universidad no acreditada. En cualquier caso, los
clientes tienen derecho a saber cuáles es la educación y

---

Declaración de
*Prácticas y Procedimientos Profesionales*
para los analistas de conducta[1]

---

[SU NOMBRE, Grado]
**analista de conducta certificado** (BCBA u otro título)

---

[ Su dirección de correo, teléfono y correo electrónico]

**Para mi cliente potencial / familia del cliente**

*Este documento está diseñado para informarle sobre mi formación, y garantizar que comprenda nuestra relación profesional.*

1. ÁREAS DE COMPETENCIAS
[Básicamente, en esta sección explicas tus áreas de competencias. Puede ser tan largo o tan corto como desees, siempre y cuando el cliente esté completamente informado de tu(s) área(s) de competencia.]

He estado trabajando como analista de conducta durante ____ años. Obtuve mi grado en *(tipo de estudios)* en *(año)*. Mi especialidad es ____ (p.ej., niños en edad preescolar, entrenamiento a padres, etc.).

2. RELACIÓN PROFESIONAL, LIMITACIONES Y RIESGOS
*Lo que hago*
El análisis del conducta es un método específico de tratamiento basado en la idea fundamental de que el comportamiento humano se aprende progresivamente, y que en el momento actual se mantiene por las consecuencias que tiene en el medio ambiente. Mi trabajo como analista de conducta es trabajar con el comportamiento que le gustaría cambiar. Con su información, puedo ayudarle a descubrir qué es lo que mantiene un comportamiento, descubrir conductas más apropiadas para reemplazarlo, y luego establecer un plan para enseñar esas conductas. También puedo desarrollar un plan para ayudarte a adquirir un nuevo comportamiento o mejorar sus habilidades. Algunas veces estaré trabajando con usted directamente, y otras veces también estaré entrenando a otras personas relevantes.
*Cómo trabajo*
Como analista de conducta, no juzgo el tipo de comportamiento. Intento entender el comportamiento como una respuesta adaptativa (una forma de afrontamiento), y trato de sugerir formas de ajustar y modificar esos comportamientos para reducir el dolor y el sufrimiento, y aumentar la efectividad y la felicidad personal.

Le consultaré en cada paso del proceso. Le preguntaré sobre sus objetivos; explicaré mi evaluación y los resultados de mi evaluación en un lenguaje simple. Le describiré mi plan de intervención o tratamiento, y le pediré su aprobación para ese desarrollar ese plan. Si en algún momento quiere terminar nuestra relación, lo aceptaré por completo.

Tenga en cuenta que es imposible garantizar unos resultados específicos con respecto a sus objetivos. Sin embargo, juntos trabajaremos para lograr los mejores resultados posibles. Si creo que mi consulta no resulta productiva, discutiremos sobre la finalización de la terapia, y le daré información y las referencias para realizar una transición sin problemas.

---

[1]Para los clientes / familiares que tengan dificultades para leer este documento tal como está escrito, deberá explicar cada sección en un lenguaje fácil de entender.

---

**Figura 18.1** Declaración de prácticas y procedimientos profesionales para analistas de conducta

### 3. RESPONSABILIDADES DEL CLIENTE

Puedo trabajar solo con los clientes que me informen de todas sus inquietudes. Necesitaré su cooperación total mientras intento entender los diversos comportamientos que sean problemáticos para usted. Haré muchas preguntas y haré algunas sugerencias, y necesito tu total sinceridad conmigo en todo momento. Le mostraré los datos como parte de mi evaluación continua de la marcha del tratamiento, y espero que usted preste atención a los datos y me de su verdadera opinión de lo que vaya pasando.

Uno de los aspectos más singulares del análisis de conducta como forma de tratamiento es que las decisiones se toman en base a los datos objetivos que se recopilan de forma continuada. Tendré que tomar datos de referencia para determinar primero la naturaleza y el alcance del problema de comportamiento al que nos enfrentamos; entonces idearé una intervención o tratamiento y continuaré tomando datos para determinar si está siendo efectivo. Le mostraré esos datos y realizaré cambios en el tratamiento basándome en esos datos.

Según mi código de conducta ética, no estoy autorizado a trabajar con usted en ninguna otra función, excepto como terapeuta conductual o consultor. Si estoy trabajando en su hogar con su hijo, no es apropiado que salga de la casa en ningún momento, o que me pida que lleve a su hijo a otro lugar que no esté directamente relacionado con mis servicios.

Necesitaré una lista de medicamentos y/o suplementos alimenticios prescritos o de venta libre, además de cualquier condición de salud médica o mental que tenga su hijo/a. Esta información será siempre confidencial.

La terapia del análisis de conducta no combina bien con otros tratamientos no basados en la evidencia. Si actualmente está llevando a cabo otras terapias, dígamelo ahora. Si, durante el curso de nuestro tratamiento, quiere considerar el comenzar otras terapias, hágamelo saber inmediatamente para que podamos analizar las implicaciones que ello tendría.

Espero que, si necesita cancelar o cambiar sus citas, me llame tan pronto sepa el posible cambio. Si no recibo una notificación antes de 24 horas sobre la posible cancelación, o si no se presenta a una cita, se le puede cobrar por la sesión.

### 4. CÓDIGO DE CONDUCTA

Aseguro que mis servicios serán prestados de una manera profesional y ética basado en los estándares éticos de la profesión. Estoy obligado a cumplir con el Código deontológico de seguimiento profesional y ético para analistas de conducta publicado por el *Consejo de Certificación de analistas de conducta*. Se le facilitará una copia de este Código deontológico de seguimiento profesional y ético para analistas de conducta para usted si lo solicita.

Aunque nuestra relación implica interacciones y discusiones muy personales, necesito que se de cuenta de que tenemos una relación profesional más que social. De acuerdo con mi código ético profesional, no es apropiado por mi parte aceptar regalos o comidas, y no es apropiado que participe en sus actividades personales, tales como fiestas de cumpleaños o salidas familiares. [Modifica esto para adaptarlo a tu situación.]

**Figura 18.1 (continuación)**

---

capacitación de sus consultores. También deberían saber cuántos años ha estado practicando y, lo más importante, cuál sería su especialidad. Informar sobre su área de especialidad es muy importante, porque los clientes tienen derecho a saber por adelantado si usted está practicando dentro de los límites de su capacitación y experiencia. En un caso reciente, por ejemplo, una analista BCBA con dos años de experiencia en autismo y trastornos generalizado del desarrollo recibió la llamada de una madre

Si en algún momento y por alguna razón no está satisfecho con nuestra relación profesional, hágamelo saber. Si no puedo resolver sus inquietudes, puede informar a las siguientes personas: BCBA Inc., 8051 Shaffer Parkway, Littleton, CO 80127, EE. UU.
1-720-438-4321, info@bacb.com, http://bacb.com

5. CONFIDENCIALIDAD
En [estado/provincia, país], los clientes y sus terapeutas tienen una relación confidencial y privilegiada. No divulgo nada que observe, hable o se relacione con los clientes. Además, limito la información que se registra en su informe archivado para proteger su privacidad. Necesito que sepa que la confidencialidad tiene sus límites, tal como lo estipula la ley, que incluyen los siguientes casos:

• Tengo su consentimiento por escrito para revelar información.
• Sigo sus instrucciones directas para hablar con otra persona sobre una situación en particular.
• Considero que usted es un peligro para usted o para otros.
• Tengo motivos razonables para sospechar abuso o negligencia con un niño, o un adulto discapacitado.
• Un juez me ordena que revele información.

6. CITAS, HONORARIOS Y EMERGENCIAS
[En esta sección describirá cómo se establecen las citas y cómo se cobran las tarifas. También puede ser necesario indicar a quién contactar en caso de emergencias.]

La tarifa actual de mis servicios es ____. La facturación será de la siguiente manera: ____. [Modifica esto para que se adapte a tu situación.]

7. Este documento es para su registro. Por favor, firme el formulario adjunto indicando que ha leído y entendido la información de esta declaración.

_____        _____
TESTIGO                             CLIENTE


_____        _____
ANALISTA DE CONDUCTA                FECHA

**Figura 18.1 (continuación)**

solicitando ayuda para un adolescente suicida, y posiblemente homicida, con problemas de autismo. Cuando le recordó a la madre angustiada que esa no era su área de especialización, le amonestaron por no ser sensible a las necesidades de la madre. "Estoy desesperada, ¿no me ves? Tengo miedo de que se haga daño a sí mismo o a alguien más, y no sé a quién recurrir. Tienes que ayudarme. Cuando la BCBA le dijo a la madre que se necesitaba derivarlo a un consejero especializado en suicidios, la madre respondió: "No quiero que nadie más sepa de esto"; Tengo ya suficientes problemas con los que tengo. Por favor no se lo digas a nadie. Solo dime qué he de hacer".

Debido a que los analistas de conducta tienen la obligación de mantenerse al día en sus conocimiento, esta sección de su declaración debe actualizarse cada año. Si pierde clientes porque no se sienten cómodos con su experiencia, considérelo como algo beneficioso a largo plazo. Seguramente no querrá encontrarse a sí mismo a mitad de la terapia, hacer que algo vaya mal, cometer algún error y darse cuenta de que no estaba cualificado para llevar el caso.

## RELACIÓN PROFESIONAL, LIMITACIONES Y RIESGOS
### *Lo que hago*

Esta sección explica las bases de sus servicios de análisis de conducta. Puede ser un reto explicar esto con palabras sencillas, sean en inglés, español o chino, pero es aquí donde expresas tu comprensión del comportamiento humano. En la declaración mostrada anteriormente (ítem 2), decíamos que el análisis de conducta "se basa en la idea de que el comportamiento humano fundamental se aprende progresivamente y se mantiene en el momento actual por las consecuencias en el medio ambiente". Es fundamental poner esta filosofía conductual sobre la mesa para asegurarse de que su cliente comprenda su posición. También se pone énfasis en la idea de que, como analistas de conducta, trabajamos a partir de la información de los clientes y que desarrollamos un plan para adquirir nuevos comportamientos. También es importante que los clientes sepan que usted trabaja con las personas significativas para el niño, por lo que los miembros de la familia desempeñarán un papel clave en la terapia, si ello forma parte del diseño de tratamiento.

### *Cómo trabajo*

Es importante explicar a los clientes que no enjuiciamos el comportamiento como bueno o malo, y que es parte de nuestro sistema de creencias que el dolor y el sufrimiento "psicológico" provienen de conductas que no se adaptan bien al entorno actual. Consultamos con padres, maestros y otras personas significativas en la vida de nuestro cliente (siempre con permiso). Debe explicarse todo esto en la reunión inicial donde se presenta la declaración. Es probable que este concepto no sea algo que los padres o familiares puedan entender inicialmente. La

## Los analistas de conducta trabajan para lograr objetivos de vida importantes para el cliente

mayoría de la gente espera que vengas y trabajes solo con el niño o adulto individual, de forma similar a una sesión individual que tuviera con un psiquiatra.

Es un punto fuerte al explicar el análisis de conducta, el indicarles que no estamos interesados en cambiar solo la conducta per se, sino que trabajamos para lograr objetivos de vida importantes para el cliente. Nos referimos a esto como "Aumento de la efectividad y la felicidad personal", pero puedes explicarlo en tus propios términos en las declaraciones que desarrolles.

Finalmente, en la última parte de esta sección, instamos a los BCBA a dejar claro a los clientes que no estamos en un negocio "seguro", y que no garantizamos resultados. Si los clientes no comprenden desde el principio que los resultados no están garantizados, seguramente se desilusionarán cuando los resultados esperados no lleguen.

## RESPONSABILIDADES DEL CLIENTE

Hasta este punto, la declaración ha sido una aclaración de tus capacidades y cómo funcionas en tu trabajo. Esta sección de la declaración se refiere al tema, posiblemente delicado, de cuáles son sus expectativas para con los clientes. Necesitamos y esperamos su completa cooperación y su total sinceridad al tratar con nosotros. En un caso reciente, se descubrió que la suegra no aprobaba los servicios de análisis aplicado de conductas a su nieto. En la mayoría de los casos, esto no sería muy importante, pero en una familia matriarcal, sí lo es. Su opinión era que las pataletas, la agresión y el incumplimiento del niño de 7 años eran el resultado de una falta de disciplina, y culpaba a su hijo por no usar su cinturón lo suficiente.

"Este maleducado no necesita psicólogos hurgando en su vida. Mi hijo tiene la culpa por tratar a un niño de siete años como si fuese un bebé". La suegra logró causar tantos problemas que, siguiendo los protocolos estandarizados y las referencias necesarias, el caso se dio por terminado.

Si puedes conseguir la adhesión al enfoque analítico conductual, probablemente le pedirás a los padres o a los familiares que tomen datos. El éxito del tratamiento depende

> Un 40% de los adultos estadounidenses piensan que la astrología es científica, y el 92% de los graduados universitarios aceptan las medicinas alternativas

de que aquellos que toman los datos sean absolutamente honestos. Puede haber una presión considerable para dar la razón al analista de conducta, y presentarle datos que muestren que el problema está resuelto. Los datos falsos son la peor pesadilla para un analista de conducta. Esencialmente, si los mediadores, ya sean padres, maestros o supervisores del turno de la noche, dicen que no valoran la recopilación de datos, no hay nada que hacer. La importancia de la precisión de los datos debe plantearse no solo antes de iniciar los servicios, sino también ocasionalmente durante todo el proceso de tratamiento.

Los analistas de conducta necesitan saber más sobre el cliente que lo que muestran los datos relacionados con la conducta objetivo. Muchas personas se sorprenden de que nos interesen los medicamentos que el cliente podría estar tomando. Por supuesto, es fundamental saber sobre el uso de drogas y medicamentos porque podrían afectar el comportamiento del cliente. Una preocupación, especialmente en estos días, es la contaminación de nuestra metodología basada en la evidencia con tratamientos populares (o "curas" como a veces se les llama) pero que son confusos y potencialmente peligrosos. Cuando comienzan los servicios conductuales, lo mejor es averiguar si existen procedimientos extraños o se están utilizando como tratamiento algunas sustancias, tales como vitaminas exóticas, dietas o incluso productos "naturales" como el polen de abeja. Los datos del informe bianual de la National Science Foundation (Shermer, 2002) muestran a qué nos enfrentamos cuando hemos de tratar con personas sin formación científica. El informe Shermer (2002, pág. 1) afirma que "el 30% de los adultos estadounidenses cree que los objetos volantes no identificados (OVNI) son vehículos espaciales de otras civilizaciones, el 60% cree en la percepción extrasensorial, el 40% piensa que la astrología es científica, el 70% acepta la terapia magnética como científica, y el 92% de graduados universitarios aceptan las medicinas alternativas". En un sentido más amplio, hay un problema aún más fundamental, y es que "el 70% de los estadounidenses aún no entienden el proceso científico, definido como un estudio que incluye la probabilidad de un fenómeno, el método experimental y la prueba de hipótesis" (Shermer, pág. 1).

Finalmente, para evitar molestas solicitudes de cambios de horario en el último minuto, sería una buena idea incluir su política personal, o la oficial de su compañía, acerca de las citas de las sesiones. Tenga en cuenta que indicamos una norma de notificar los cambios al menos de 24 horas antes, pero su empresa puede preferir algún otro lapso de tiempo. Si su política es que las citas entre semana no se pueden mover a los fines de semana, debería indicarse así en la declaración.

### Código ético

Los analistas de conducta deben estar orgullosos de su estricto Código deontológico de seguimiento profesional y ético para analistas de conducta, y deben asegurarse de que todos los clientes conozcan esos estándares éticos. Recomendamos hacer una copia del Código ético, y darlo a los nuevos clientes, posiblemente destacando las secciones. Como analista de conducta, también debe informar a los clientes de que, si tienen alguna pregunta sobre su conducta, pueden contactar con el BACB directamente.

Un elemento muy importante que siempre recomendamos es incluir en la declaración una mención clara sobre regalos e invitaciones a cenas, fiestas y celebraciones. Estas pequeñas muestras de apreciación pueden iniciar al analista incauto por la pendiente resbaladiza de comprometer su juicio profesional y de crear dobles relaciones.

## CONFIDENCIALIDAD

Los problemas más frecuentes para los BCBA son las filtraciones de la confidencialidad. A menudo se les pide a los consultores que den información confidencial. Los profesionales que mejor lo deberían saber son lo que a veces revelan información confidencial. Recomendamos decirles a los clientes directamente que mantendrá la información que proporcionan como estrictamente confidencial, y que no puede dar información sobre otros clientes. También es aconsejable informar a los clientes de los límites a la confidencialidad; es decir, si considera que el individuo es un peligro para sí mismo o para los demás, puede compartir esta información (Koocher & Keith-Spiegel, 1998, p.121).

Asegúrese de comprobar cuáles son sus leyes locales respecto a la denuncia de abuso o negligencia, e incluya esta información en su declaración. En nuestros talleres de ética, hemos tenido al menos dos casos el año pasado cuando un BCBA observó abuso o evidencia de abuso, lo denunció, y entonces fue despedido rápidamente por la familia. Se supone que la denuncia de abuso es confidencial, pero a menudo hay filtraciones o la familia se da cuenta de quién informó sobre el incidente. Evitar la posible pérdida de ingresos o el abandono de un caso, no es razón para mirar hacia otro lado cuando se trata de abuso y de negligencia; hacerlo no solo no es ético, sino que también es una violación de la ley.

## CITAS, HONORARIOS Y EMERGENCIAS

En esta sección final de la declaración, deberá especificar los detalles sobre cómo se hacen las citas, sus tarifas, cómo se maneja la facturación y el método para hacer frente a las emergencias. En una reciente conferencia sobre ética para profesores que trabajan de forma itinerante en los hogares de clientes con trastornos del desarrollo, hubo una discusión considerable sobre si los clientes deberían tener los números de teléfono móvil de sus terapeutas. La mayoría de los profesores que dieron su número de teléfono lamentaban su decisión. Sin embargo, después de reflexionar sobre las implicaciones que tendría su situación particular, debe especificar claramente la regla para las llamadas telefónicas con sus clientes. Como último elemento de esta sección, la facturación es un tema del que la mayoría de los analistas de conducta no hablarán directamente con los clientes. Como mínimo, debería describir a quién contactar y cómo hacerlo si hay complicaciones. Además de cumplir con su horario, en circunstancias normales, los BCBA no llevan directamente los temas de facturación, y remitirán las preguntas a un contable o un administrador del caso del cliente.

## DISCUSIÓN, ACUERDO, FIRMAS, FECHA Y DISTRIBUCIÓN

Al final de la sesión de información sobre la declaración, que suele llevar aproximadamente 30 minutos, el cliente y el analista de conducta deben firmar ambos la declaración. Un testigo también debería estar presente para garantizar que las firmas sean auténticas. Feche el documento, proporcione una copia a la familia y conserve uno para sus archivos.

# 19

## Algunos consejos prácticos para favorecer la conducta ética en tu primer trabajo

Como estudiante, los problemas éticos en la profesión elegida probablemente parezcan muy, muy lejanos y mucho más teóricos que prácticos en este momento. Sin embargo, en un futuro no muy lejano, tal vez dentro de unos meses, tomará su primer empleo y casi de inmediato comenzará a enfrentar dilemas éticos muy reales, algunos de los cuales podrían afectar al resto de su vida profesional. El propósito de este capítulo es delinear algunos problemas comunes que probablemente encuentre al principio y brindarle algunos consejos prácticos para manejar estos problemas.

### ELECCIÓN DEL ENTORNO DE TRABAJO

Su primera gran decisión será elegir su primer puesto profesional. Puede pensar que las consideraciones principales incluyen salario, ubicación, potencial de avance profesional y coincidencia con sus intereses y habilidades profesionales. Todos estos claramente son factores importantes, pero adicionalmente está la consideración de la ética y los valores de la empresa u organización en sí misma. Actualmente, los analistas de conducta son una mercancía deseada en muchos lugares, particularmente en Estados Unidos. Para algunas agencias, contratar a un analista de conducta certificado es esencial para obtener fondos o para satisfacer ciertos requerimientos

300 • Habilidades profesionales

legales. En tales casos, la agencia puede ofrecer salarios iniciales elevados con el fin de que te unas al equipo. Tenga cuidado y haga muchas preguntas sobre estos puestos que parecen demasiado buenos para ser verdad. Existe la posibilidad de que se le pida que apruebe programas que no escribió personalmente, que apruebe procedimientos con los que no está familiarizado o que respalde las estrategias de la agencia que son más fachada de relaciones públicas que metodología conductual. Es apropiado preguntar sobre la historia de la agencia, compañía u organización. ¿Quién lo fundó? ¿Cuál es el propósito o la misión general? ¿Cómo encaja el análisis de conducta en esta misión? ¿Hay algún problema político relacionado con la organización? Por ejemplo, ¿está esta empresa enredada en algún proceso judicial? ¿Han aparecido mencionados en alguna sentencia judicial? ¿Cuántos analistas de conducta trabajan en la organización? ¿Cómo es la tasa de rotación de los analistas de conducta? ¿Cuál es el flujo de fondos? ¿Quiénes son los clientes? ¿A quién estarás supervisando? ¿A BCaBA o a personas sin formación?¿Se espera que atraigas y contrates a otros BCBA?

En base a las respuestas y la forma en que el entrevistador maneja sus preguntas debería ser capaz de discernir si pueden existir algunos problemas éticos con la forma en que funciona la empresa. Un caso reciente, por ejemplo, involucró una pequeña escuela privada para niños con autismo que había sido iniciada por padres. La escuela, inicialmente dirigida por un BCBA-D, fue objeto de cierto escrutinio por parte de los padres y ex-empleados cuando se supo que el BCBA-D renunció y no fue reemplazado por otro BCBA. Además, dos de los BCaBA también abandonaron la organización y no fueron reemplazados por profesionales cualificados. La escuela, que originalmente atraía a los padres por su enfoque conductual liderado por una persona certificada, todavía se promocionaba a sí misma como "conductual" y cobra elevadas sumas por sus servicios. Parece claro que entrar en esta organización después de más de dos años sin ningún tipo de analista de conducta podría ser una situación muy desafiante en la que es probable que se requiera su aguda conciencia ante los problemas éticos. En otro caso, una instalación de rehabilitación que formaba parte de una cadena nacional se autodenominaba como conductual pero contrató a una persona sin entrenamiento en el área conductual como administrador. Esto es bastante común, pero en este caso el individuo era sutilmente anti-conductual en su trato con las BCBA y en su modo de operación. A los BCBA se les dijo que no era necesario realizar evaluaciones funcionales en cada cliente porque era obvio en algunos casos cuál era el problema, que no era necesario tomar los datos ya que esto tomaba demasiado tiempo y que confiaba en las "impresiones" de su personal sobre el progreso del cliente. En este caso, la BCBA no hizo suficientes preguntas en la entrevista inicial, en realidad no se reunió con el administrador que tenía estos puntos de vista, y estaba demasiado ansiosa empezar a percibir su salario.

## TRABAJAR CON UN SUPERVISOR

En una entrevista de trabajo es recomendable solicitar una reunión con el supervisor con el que vamos a trabajar (esto rara vez se ofrece, pero una agencia ética lo cumplirá si realiza la solicitud). Usualmente se reunirá con el administrador, realizará un breve recorrido, tal vez almuerce con algunos de los miembros del personal profesional, y luego se sentará con alguien de la oficina de personal para negociar su salario y beneficios. Sin embargo, reunirse con la persona real que lo supervisará y quien le reportará es esencial si desea comenzar su primer trabajo sobre una sólida base ética. Hay muchas cosas que es posible que aprenda de posibles nuevos supervisores, incluyendo su estilo: ¿son el tipo de persona que ofrece reforzadores o algo negativo o retraído? ¿Están interesados en trabajar con usted o quieren que usted haga su trabajo? ¿Hay alguna posibilidad de que estén un poco celosos de ti (es posible que tengas un título de una prestigiosa escuela de posgrado) y podrías ser algo amenazante? Debes estar seguro de que no se te pedirá que hagas algo poco ético: (1) podrás hacer tu trabajo de manera responsable; (2) tendrás el tiempo y los recursos para hacer un trabajo excelente y ético; y (3) tu supervisor estará allí para guiarte a través de aguas

> En los primeros tres meses en cualquier trabajo, se dispone de un período de gracia en el que se puede hacer preguntas sin parecer tonto

turbulentas si surgiera la ocasión. Tu supervisor establece la tónica de tu trabajo: "solo haga su trabajo, no me importa como" es muy diferente de, "sea exhaustivo, haga las cosas bien, queremos lo mejor para los clientes". Entonces, al reunirse con nuevos supervisores, puede preguntar sobre su filosofía de administración y sobre el problema ético más difícil que han encontrado en el último año y cómo lo manejaron. O puede preguntar sobre cualquier problema ético que pudiera encontrar en su trabajo. Una pregunta abierta debería comenzar la conversación, luego puedes continuar desde con preguntas más específicas. Cuando haya terminado con esta entrevista, debe sentirse segura y optimista de trabajar para esta persona. Si te sientes aprensivo, piénsalo dos veces antes de tomar el puesto, incluso si es más dinero de lo que jamás pensaste que verías en un primer empleo.

## CONOZCA LAS EXPECTATIVAS DE SU TRABAJO CON ANTELACIÓN

Si ha seguido nuestras sugerencias hasta este punto, estará feliz y entusiasmado con su nuevo puesto como analista de conducta profesional, ganándose la vida y ayudando a personas. Antes de que te entusiasmes demasiado, sería buena idea aclarar exactamente qué se supone que debes hacer en el día a día. En los primeros tres meses en cualquier trabajo, dispones de un período de gracia en el que puedes hacer preguntas sin parecer tonto. Si vas a analizar conductas, hacer evaluaciones funcionales, escribir programas y capacitar al personal, debes de venir bien preparado de tu posgrado. Sin embargo, cada agencia y organización tiene su propio método para realizar cada una de estas tareas. Su primera labor será la de averiguar cómo los administradores quieren que se haga el trabajo. Por lo tanto, solicite copias de entrevistas de admisión que se hayan considerado "perfectas", estudios de casos, evaluaciones funcionales y programas de conducta. Puede evitar situaciones embarazosas y potencialmente desafiantes a nivel ético si sabe cómo su nueva compañía de consultoría maneja las quejas de consumidores, consultas de comités de revisión y problemas con las instituciones pública. Puede asegurarse de que sus estándares éticos coincidan con los de otros profesionales si revisa las notas de las reuniones del equipo de habilitación y echa un vistazo a los programas de conducta escritos por los analistas de conducta previos. También es posible que desee saber con anticipación si se espera que presida las reuniones semanales de revisión de casos o simplemente asista y si en estas reuniones hay se habla sobre cuestiones éticas. Una de las cuestiones éticas más importantes relacionadas con el trabajo consiste en si trabajará dentro de su nivel de competencia o si se le pedirá que se encargue de casos o tareas para los que no está plenamente cualificado.

> La mayoría de las personas que recién comienzan su primer trabajo están entusiasmadas de estar haciendo lo que han soñado durante años: practicar el análisis de conducta como profesional y mejorar la vida de las personas

Una BCBA recién graduada se unió a otras en un centro de salud mental, donde fue asignada al programa para individuos con discapacidad intelectual, para lo que estaba altamente cualificada. Después de unas semanas, se le pidió que hiciera pruebas de cociente intelectual en algunos pacientes con poca antelación y bajo la presión de un plazo corto hasta la fecha tope. Ella había evitado tomar clases sobre la evaluación de la inteligencia durante el posgrado y señaló esta deficiencia en sus habilidades a su supervisor, junto con una pregunta sobre por qué este requisito no se mencionó en la entrevista de trabajo. Luego señaló que el Código de la BACB desaconseja que los analistas de conducta trabajen fuera de su área de competencia. En algunos casos, esto puede hacer que se tilde a una persona de "no jugar en equipo", pero en realidad es un problema ético. Incluso si ella realizara la prueba de inteligencia, ésta no sería válida, y ¿qué pasaría si alguien tomara una decisión basada en los resultados de esa prueba? Esto seguramente no sería ético. Por lo tanto, para evitar situaciones como esta, asegúrese de hacer muchas preguntas al principio, en la entrevista de trabajo y una vez haya comenzado a trabajar, sobre lo que se espera de usted, y establezca los límites éticos necesarios para protegerse ante conductas no éticas.

## NO IR MÁS ALLÁ DE LO QUE UNO PUEDE HACER

La mayoría de las personas que recién comienzan su primer trabajo están entusiasmadas al estar haciendo lo que han soñado durante años: practicar el análisis de conducta como profesional y tener un impacto en la vida de las personas. Al principio, es probable que estés tan agradecido de tener un trabajo que harás casi cualquier cosa para complacer a tu supervisor y a la dirección de la organización. Sin embargo, tu entusiasmo en realidad podría causar algún daño si resulta que asumes más responsabilidades de las que puedes manejar o aceptas casos sin reconocer su nivel de dificultad. El objetivo más importante es hacer un trabajo de primera clase en cada caso que te asignen. Si pones tu corazón y alma en tu trabajo y tienes cuidado con los conflictos de interés y "no haces daño", estarás bien. Pero si asumes demasiados casos, tarde o temprano algo se te escapará y los clientes comenzarán a quejarse, tu supervisor notará que tus informes no están hechos con esmero, o el comité de revisión por pares comenzará a hacer comentarios negativos sobre tus programas. En el análisis de conducta, hacer más no siempre está asociado con hacerlo mejor. La calidad cuenta. Este es especialmente el caso cuando tu trabajo afecta a la vida de una persona. Le debes a tus clientes y a ti mismo el aceptar únicamente el número de casos que puedes manejar.

Esta misma filosofía es válida cuando se trata de asumir casos para los que no tiene experiencia adecuada. En su capacitación, puede que no haya trabajado en absoluto con clientes que son delincuentes sexuales o que tienen una enfermedad mental o que tienen una discapacidad física profunda. No le es conveniente ni a usted mismo ni a su cliente al tomar estos casos. Sin duda, se sentirá bajo mucha presión por parte de los padres, maestros o administradores del programa, pero si solo piensa en el daño que podría causar tomando un caso y luego manejándolo de manera inadecuada, pensará esta decisión dos veces. La postura más fácil y más ética a tomar es siempre trabajar dentro de su rango de competencia. Si desea aumentar su rango, lo más adecuado es buscar otro profesional que le sirva de mentor, alguien que pueda brindarle la capacitación adecuada. También es posible que desee considerar tomar un curso en la universidad en una determinada especialidad, además de hacer una práctica bajo la supervisión de un experto en esa área.

## USAR DATOS PARA LA TOMA DE DECISIONES

Una de las características distintivas de la profesión del análisis de conducta es la dependencia en la recopilación de datos y el análisis de datos. Para nosotros, los datos cuentan. La Asociación de Florida para el Análisis de Conducta tiene un lema: "¿Tiene datos?" Este logotipo está disponible en camisetas, tazas de café y llaveros como una imitación de lema "¿Tiene leche?" de una campaña promocional para la leche. Si hay algo que nos distingue de otros profesionales de servicios humanos, es que tenemos una fuerte ética a favor de datos objetivos (no anecdóticos, no autoinformes, no encuestas, no cuestionarios) sobre la conducta *individual* y el uso de estos datos para evaluar los efectos de los tratamientos que diseñamos e implementamos. Técnicamente hablando, no es ético comenzar una intervención sin datos de referencia y un análisis funcional. Y no es ético continuar un tratamiento sin tomar datos adicionales para ver si fue efectivo. La mayoría de los analistas de conducta están de acuerdo con esto, y, aunque es de procedimiento, está escrito en nuestro Código ético (Código 3.01). Entonces, mientras tome datos y los use para evaluar un procedimiento, estarás actuando éticamente, ¿verdad? Bueno, no exactamente. En realidad, es un poco más complicado. Antes que nada, como saben, hay datos, y luego hay *datos*. Este último es confiable (es decir, verificaciones de confiabilidad que se llevan a cabo bajo condiciones específicas con un segundo observador independiente y alcanza un cierto estándar) y socialmente validado (lo que significa que los estándares de validez social se han cumplido, nuevamente bajo condiciones específicas). Se puede argumentar que un analista de conducta practicante no solo tiene que tomar los datos para ser ético, sino también que los datos deben ser confiables y válidos; después de todo, hay mucho que depende de los datos: decisiones de tratamiento, decisiones sobre medicamentos, decisiones de retención o alta. Si eres un analista de conducta ético, no te gustaría usar datos que estaban contaminados por el sesgo del observador o que tenían una confiabilidad de, por ejemplo, 50%. Además, no querría tomar decisiones de tratamiento si pensara que los datos no tienen validez social. Entonces, ¿qué harías para ser un analista de conducta ético? Nuestra responsabilidad no es solo la de apoyar nuestra toma de decisiones en datos sino también dar confianza al cliente, a los representantes del cliente y a sus colegas de que disponemos de datos de calidad (una vez más, por datos no nos referimos a autoinformes, informaciones anecdóticas, o cuestionarios).

Un último problema sobre el uso de datos en la toma de decisiones tiene que ver con si su tratamiento fue de hecho el responsable de cualquier cambio de conducta observado. Una vez más, para ser ético, parece que es su responsabilidad saber, en un sentido funcional, que fue su tratamiento el que produjo el cambio de conducta y no alguna variable externa o coincidente. Esto sugiere que, como cuestión práctica y ética, debería buscar maneras de demostrar el control experimental, ya sea con un diseño de reversión, de múltiples elementos o de línea de base múltiple. Si aplica un tratamiento y la conducta cambia, no puede decir con sinceridad que fue su intervención, porque realmente no lo sabe con certeza. Justo al momento en que instituyó su plan de tratamiento, el médico podría haber hecho un cambio de medicamento, o el cliente pudo haber desarrollado una enfermedad, o recibido malas noticias, o tal vez alguien más implementó una intervención casi al mismo tiempo sin su conocimiento ( por ejemplo, el dietista redujo las calorías de la persona, el compañero de piso del cliente lo mantuvo despierto la mayor parte de la noche, etc.). En resumen, como un analista de conducta ético, está obligado a basar su toma de decisiones en los datos y a desarrollar un sistema de recopilación de datos de alta calidad que le permita abordar cuestiones de confiabilidad, validez y demostrar control experimental. Encontrará que los profesionales de otras áreas no toman en cuenta todos estos aspectos, y debe sentirse orgulloso de ser parte de una profesión que toma los datos tan en serio.

## ENTRENAMIENTO Y SUPERVISIÓN DE OTROS

Como analista de conducta, probablemente ya sea consciente de que otros, por lo general paraprofesionales, que están siendo entrenados por usted son los que aplican gran parte del tratamiento de conducta real. Su trabajo como analista de conducta es aceptar el caso, evaluarlo para confirmar que el caso pertenezca al área conductual (en lugar de, por ejemplo, ser un problema médico), y luego realizar una evaluación funcional para determinar las posibles causas del problema de conducta. Una vez que esto se haya determinado, elaborará un programa de conducta basado en intervenciones empíricamente validadas y luego capacitará a alguien para llevar a cabo dichas intervenciones. La carga ética aquí no es solo que debe hacer la evaluación funcional de acuerdo con los protocolos aceptados, sino también capacitar adecuadamente a los padres, maestros, personal residencial, asistentes u otros. A la final usted es el responsable de la efectividad del programa. Esto significa que el programa se lleve a cabo según sus especificaciones. Gracias a la literatura científica sabemos que algunos métodos de capacitación funcionan y otros no. La forma más fiable de formar a los padres no consiste en presentar un programa escrito y luego preguntar:

"¿Tienen alguna pregunta?". Tampoco es aceptable explicar el programa y simplemente dejar una copia escrita. Es mucho más efectivo y ético, demostrar el procedimiento, luego hacer que los padres practiquen, luego dar retroalimentación, pedir que lo intenten nuevamente, y así sucesivamente hasta que lo hagan bien. Luego, les da una copia escrita del programa de intervención y tal vez una grabación de video, y luego puedes irte, pero solo por un corto tiempo ya que necesitas hacer un chequeo de control unos días después para observar si lo están haciendo correctamente. En caso de que no se así, tendrás que hacer algunas correcciones, algunos juegos de rol y más retroalimentación, seguido de otra visita unos días más tarde. Esto sería un entrenamiento éticamente correcto. Un estándar de entrenamiento inferior al expuesto no sería éticamente adecuado.

Probablemente a los seis meses de haber comenzado su primer empleo, estará supervisando a otras personas (en algunos puestos esto puede ocurrir de inmediato). Como analista de conducta, nuevamente tiene un alto estándar que cumplir en términos de la calidad de su supervisión. Debido a que tenemos una literatura tan extensa sobre las formas de cambiar la conducta en el lugar de trabajo (de hecho, hay toda una subespecialidad llamada gestión del desempeño; ver Daniels & Bailey, 2014 para más detalles), ahora tiene la obligación ética de ser un supervisor efectivo. No es tan difícil para una persona inmersa en procedimientos básicos de análisis de conducta.

Primero, asegúrate de usar los antecedentes más efectivos. No de un sermón; demuestra, haz modelado. Después de la demostración, solicite a sus supervisados que le muestren lo que aprendieron. Luego ofrezca retroalimentación positiva inmediata. Si está entrenando sobre materiales escritos, por ejemplo, cómo preparar un programa de conducta, muestre a su alumno un ejemplo del mejor programa que pueda encontrar. Si es necesario, divida la tarea en partes más pequeñas. Y considere usar el encadenamiento retrógrado si es necesario. Practique el uso del reforzamiento positivo por el trabajo que ve y recibe todos los días, muchas veces al día. Pronto descubrirá que tus supervisados y aprendices lo buscan para obtener asesoramiento y asistencia; ellos querrán mostrarte su trabajo y obtener tu aprobación. Si trabaja en una organización grande, fácilmente podría convertirse en la persona más reforzadora sin siquiera esforzarse.

Llegará el momento en que tenga que dar retroalimentación negativa o mostrar desaprobación. Si la persona que recibe este castigo ha trabajado duro para obtener reforzadores contingentes, inicialmente se sorprenderá. Él o ella podrían haber tenido la impresión inicial de que sencillamente eras una buena persona que siempre da retroalimentación positiva. Recuerda, el propósito de esta corrección es cambiar la conducta, no castigar a la persona, por lo que también querrá seguir reforzando la conducta apropiada. Y no te olvides de tus autoclíticos (*Conducta Verbal* de Skinner, Cap. 12), esos pequeños comentarios que significan mucho cuando tienes que dar un comentario negativo a alguien. "Sabes que valoro lo que haces y que tu trabajo aquí ha sido excelente; ahora permíteme señalar algo que no está del todo bien en este programa de conducta". Uno de los mejores libros que se puede utilizar como introducción básica para las habilidades de negocios y profesionales es *Cómo ganar amigos e influenciar a las personas* de Dale Carnegie (1981). Debería revisar esta pequeña gema como un complemento a lo que ya sabe sobre supervisión conductual.

## MONITORIZACIÓN DEL TIEMPO DE TRABAJO DE CARA A LA FACTURACIÓN

Una parte esencial de la ética profesional es la responsabilidad. Uno de los aspectos más importantes de la rendición de cuentas es mantener un seguimiento de cómo distribuye su tiempo. El tiempo es tu mercancía principal. En su primer puesto de trabajo, puede encontrar que está trabajando en un modelo de compensación de "horas trabajadas o facturables". En este sistema, la agencia o empresa consultora para la que trabaja ha contratado sus servicios a una cierta tasa por hora, y puede facturar cada hora documentada que trabaje. Luego, recibirá un pago quincenal o mensual basado en su número total de horas trabajadas. Aunque parezca una cuestión menor, mantenga registros consistentes y precisos de todas y cada una de las unidades facturables, por lo general, un cuarto de hora. No confíe en su memoria para reconstruir sus actividades al final del día, y no promedie las horas facturables por periodos semanales. Probablemente podrá encontrar una aplicación de móvil que le permita realizar un seguimiento de la fecha, hora y duración del contacto, así como una breve nota de su actividad. Al final del ciclo de facturación, todo lo que necesita hacer es realizar unos simples cálculos para determinar su facturación para la agencia o empresa consultora. Un aspecto importante de esta contabilidad es que usted comprenda cuán importante es para su empresa que sus horas de servicio estén alineadas con las horas contratadas. Si su agencia tiene un contrato con otra institución para que usted pase 20 horas a la semana en la misma, sería inapropiado que diera solo 16 horas de servicio. Primero, la escuela que contrata el servicio y su empresa de consultoría determinaron que se necesitaban 20 horas. La institución ha reservado una cierta cantidad de dinero para sus servicios, y ha acordado mutuamente que necesitan 20 horas de consulta o terapia. El que decidas por tu cuenta tomarte un día libre es inapropiado y constituye una violación del Código 1.04 (c).

Esta de más decir que la contabilidad precisa y honesta del tiempo es esencial para protegerse de cualquier acusación de sobrefacturación o de intento de estafa. Este es un tema especialmente importante porque se está observando una tasa muy alta de casos de facturación de servicios que no han sido prestados.

## CUIDADO CON LOS CONFLICTOS DE INTERÉS

Uno de los problemas éticos más sutiles que puede encontrar cualquier profesional es el de un conflicto de intereses. Mucho se menciona en la literatura clínica del problema del psicoterapeuta que tiene relaciones sexuales con clientes durante o después de la terapia como un ejemplo claro de un conflicto de intereses y la explotación de una persona vulnerable (el cliente) por una persona más poderosa (el terapeuta). Otro ejemplo se da cuando el terapeuta desarrolla algún tipo de relación comercial o social con un cliente o alguien que anteriormente fue su cliente, como contratar a esa persona para que trabaje en la casa o en el jardín. En estos casos, es fácil ver como una relación de este tipo en nuestro campo podría "alterar la objetividad del analista de conducta" y afectar su toma de decisiones. Sería una mala idea, por ejemplo, tomar como cliente a un amigo, vecino o pariente.

En el análisis de conducta, ciertas relaciones múltiples podrían ser problemáticas. Los analistas de conducta no están restringidos al rol del terapeuta. También son supervisores, consultores, docentes e investigadores. Los analistas de conducta pueden sentarse en comités de ética o de revisión por pares. Pueden ser propietarios de una empresa de consultoría o ser miembros electos de una asociación profesional. El rol del terapeuta conductual también se ve complicado por el hecho de que hay terapias que se realizan en el hogar del cliente, como la enseñanza con ensayos discretos con niños con diagnóstico de autismo. En este caso, la familia del niño puede desarrollar un vínculo más fuerte con el analista de conducta de lo que sería el caso si las sesiones se llevaran a cabo en una clínica o en el ámbito escolar. Se ha reportado con frecuencia que bajo estas circunstancias los padres comienzan a ver al terapeuta como parte de la familia y querrán incluirlos en paseos o invitarlos a fiestas de cumpleaños u otros eventos familiares. Sin duda, participar en tales eventos comenzaría a "alterar la objetividad del analista de conducta" y serviría como un excelente ejemplo de un conflicto de interés cuando llegara el momento de dar una explicación objetiva del progreso del niño o de recomendar terminar el servicio. Servir en un comité de revisión por pares en el que se supone que se debe emitir un juicio imparcial sobre la calidad de un programa de tratamiento podría presentar un problema de objetividad si un amigo o un estudiante anterior trabajó en el caso que se está revisando. El propietario de una empresa de consultoría tiene un conflicto de intereses automáticamente al evaluar un nuevo cliente: el ingreso potencial proveniente del caso puede nublar su juicio al evaluar si sería del interés del cliente referirlo a otro analista de conducta que tenga más experiencia con un problema de conducta específico. Por supuesto, el mismo conflicto existe a nivel de terapeuta individual cuando él o ella debe decidir tomar un cliente que le ha sido referido. Las decisiones en todos estos casos giran en torno a la pregunta de qué es lo mejor para el cliente (Código 2.0: "El analista de conducta tiene la responsabilidad de operar en el mejor interés de los clientes") en lugar de lo que beneficiaría al terapeuta, a la empresa consultora o la agencia.

## CUENTA CON COLEGAS DE CONFIANZA

Es difícil tomar decisiones éticas de forma aislada. Sin una caja de resonancia, lo que a usted le parece una decisión fácil, de hecho, puede ser un dilema bastante complejo. No siempre es fácil determinar si una intervención en particular puede resultar en daños. Los efectos pueden ser retrasados o sutiles, y otra persona con más experiencia que usted podría ser de gran ayuda para tomar esa decisión. Con el tiempo, se sentirá más seguro acerca de sus decisiones conductuales, pero al principio, para ayudarlo a desarrollar su confianza, le recomendamos que encuentre un "colega de confianza" lo antes posible. Idealmente, este sería otro analista de conducta a quien tenga acceso fácilmente y que no sea su supervisor o el propietario de la agencia para la que trabaja. Por razones políticas y de otro tipo, el colega probablemente no debería trabajar para "la competencia" en su área geográfica. Su colega de confianza es alguien a quien le confiará algunos pensamientos bastante profundos como los siguientes: (1) "¿Estoy realmente preparado sobre si debo tomar este caso o no?" o (2) "Mi supervisor me está diciendo que acepte a X, pero a mi no me parece ético. ¿Que debería hacer?", o quizás aún más importante, (3) "Creo que he cometido un gran error; ¿qué hago ahora?" Con suerte, no encontrará ninguno de estos dilemas en sus primeros tres meses en el trabajo, y puede usar este tiempo para encontrar a una persona con el nivel de experiencia adecuado y en quien pueda confiar. Dedica parte de tu tiempo, a interactuar con otros profesionales de tu lugar de trabajo y de tu localidad general. Es bueno conocer a trabajadores sociales, enfermeras, médicos, administradores de casos, psicólogos y defensores de clientes, así como a cualquier otro analista de conducta en su área. Esta red servirá a otros propósitos también, tales como hacer remisiones de casos. En este proceso de conocer a sus colegas, deberá tratar de conocer a alguien que pueda ser más que un conocido de trabajo casual y convertirse en un confidente. Querrás evaluar el enfoque ético de esta persona y asegurarte de que su enfoque en el trato de cuestiones complejas parezca sólido, reflexivo y deliberado, no simplista o arrogante. Un BCBA con cinco o más años de experiencia que sea cuidadoso en lo que hace, tiene una reputación sólida, y que parezca amigable y accesible sería un buen candidato o candidata. Deseará encontrar a su colega de confianza mucho antes de que surja cualquier problema ético, porque querrá tener una buena relación con la persona y sentirse seguro de que puede confiar en él o ella ante una situación ética urgente.

## CUANDO TOCAS A TUS CLIENTES

A diferencia de la psicoterapia ordinaria, que se realiza siempre en una oficina, el análisis de conducta a menudo requiere de conocer de cerca a tus clientes. Especialmente en el caso de analistas de conducta que trabajen con personas con trastornos del desarrollo, discapacidades físicas y pacientes con trastornos de conducta, es muy posible que el tratamiento implique tocar o sujetar a la persona. En procedimientos inofensivos, como la guía graduada, pondremos las manos encima del cliente para ayudarlo a aprender cómo hacer alguna tarea, como alimentarse por sí mismo o vestirse. El entrenamiento para ir al baño puede implicar ayudar a la persona a quitarse la ropa, y el cepillado de dientes requiere que el analista de conducta se sitúe detrás del cliente y le ayude a manipular el cepillo. Muchos analistas de conducta con frecuencia dan abrazos o masajes breves en el hombro como reforzadores sin pensar en las posibles consecuencias adversas. En todos estos casos, incluso la acción más benigna y bienintencionada por su parte podría interpretarse erróneamente o malinterpretarse como un "contacto físico inapropiado". Esta acusación podría provenir del cliente, los padres del cliente, un cuidador cercano o incluso un visitante que por casualidad estaba presente en la escena. Otros procedimientos de conducta más intrusivos son aún más problemáticos: el tiempo-fuera casi siempre implica retener al cliente mientras se le conduce a la sala de tiempo-fuera. La restricción manual, o la aplicación de restricciones mecánicas, también pueden presentar problemas de posible interpretación o percepción errónea (desde "me lastimaste" hasta "le hiciste daño deliberadamente" hasta "¿la estabas manoseando? Creo que eso es lo que estabas haciendo, pervertido, ¡voy a llamar a la policía!").

Un analista de conducta ético siempre cumplirá con el *principio de no dañar* y evitará, a toda costa, hacer cualquier cosa que pueda dañar física o emocionalmente a un cliente. No obstante, el analista de conducta ético y cauteloso también se asegurará de que nunca sea el blanco de una acusación errónea o maliciosa de haber realizado una conducta inadecuada con un cliente. Con este fin, hacemos las siguientes recomendaciones:

1. Para evitar que el cliente emita una acusación falsa de contacto inapropiado, asegúrate siempre de tener a otra persona (a menudo llamada "testigo") presente.
2. Asegúrate de que el testigo sepa lo que estás haciendo y por qué lo estás haciendo.
3. Si estás realizando en algún tipo de restricción física, asegúrate de haber recibido la capacitación y certificación adecuadas para aplicarlas.
4. Si sabes que un cliente tiene un historial de informes falsos de contacto inapropiado, ten cuidado con el contacto cercano con esa persona a menos que hayas seguido las reglas 1 y 2.
5. Evita las interacciones terapéuticas entre personas del sexo opuesto (cliente femenino con terapeuta masculino), a menos que absolutamente no haya otra alternativa (aun así, deseará seguir las reglas 1 y 2).

El propósito de estas recomendaciones no es inducirte a que se vuelva frío e impersonal en sus interacciones con los clientes, sino más bien a que consideres algunas ideas sobre cómo tu comportamiento cálido y afectuoso podría ser contraproducente.

## RELACIÓN CON COLEGAS QUE NO SEAN ANALISTAS DE CONDUCTA

La mayor parte de tu tiempo profesional lo pasarás con colegas que no son analistas de conducta. Dependiendo de la configuración y la historia de la agencia u organización, esto podría presentar algunos dilemas éticos serios. Por ejemplo, si como parte de un equipo de habilitación encuentras que el consenso del grupo es que su cliente debe recibir "asesoramiento", tienes la obligación ética de proponer una alternativa conductual según el punto 2.09 (b) del Código, y de plantear preguntas sobre si hay datos sobre la eficacia del tratamiento basado en "asesoramiento" según el punto 2.09(a) del Código. Esto podría hacerte poco popular en el equipo. Además, si este tratamiento se llegara a aplicar, tienes la obligación de solicitar que se tomen datos para evaluarlo según el Código 2.09(d).

Para empeorar las cosas, si eres diligente en seguir el Código, es probable que estés en el centro de atención cuando llegue el momento de evaluar las intervenciones propuestas. Debes estar preparado con copias de estudios publicados para justificar tus tratamientos y ser escrupuloso acerca de tomar datos objetivos y precisos para determinar si las intervenciones de hecho funcionaron con este cliente.

Pronto descubrirás que los otros profesionales con quienes tratas no son muy conscientes del código ético de su campo o le prestan poca atención. O, lo que es peor, puedes descubrir que el código ético de los otros profesionales no es muy claro en lo que respecta a los derechos del cliente, el uso de procedimientos basados en datos empíricos o la evaluación de tratamientos utilizando datos. Los nuevos estudiantes que trabajan en el campo por primera vez a menudo se sorprenden por la manera descuidada en que las reuniones se llevan a cabo y se toman las decisiones con respecto a los clientes. No es inusual que una persona domine las reuniones, con el claro motivo de terminarlas lo antes posible. A menudo no se presentan datos, y se presentan argumentos débiles y ninguno para apoyar el uso de ciertos tratamientos. La actitud de "simplemente seguir la corriente" y el desprecio por la ética en general son a menudo la tónica en estas reuniones que parecen celebrarse más por espectáculo que por cumplir una función.

Inicialmente, como miembro nuevo y probablemente menos experimentado del equipo de tratamiento, es probable que desees sentarte en silencio y observar; tratar de determinar quién está a cargo y cómo se toman las decisiones. Es posible que deba consultar con su supervisor sobre cuál es la mejor manera de manejar estas situaciones y consultar el Código para identificar los puntos relevantes. Antes de acusar a alguien en público de realizar acciones que no son éticas, sería conveniente consultar nuevamente con su supervisor y luego posiblemente reunirse con la persona en cuestión fuera de las reuniones para comentar sus inquietudes. Este también puede ser un momento de consultar con ese colega de confianza. En casos extremos, donde tu supervisor y tú sentís que habéis hecho todo lo posible para tener algún impacto, pero no habéis tenido éxito, puede ser necesario desvincularte de la situación. El Código 2.15 aborda las circunstancias en la toma de un paso tan dramático y describe cómo se debe hacer.

> Se un buen oyente y una persona que da auténtico apoyo, y crecerás enormemente como profesional

Para finalizar en una nota positiva, es importante señalar que la gran mayoría de los colegas no conductuales son amables y atentos, tienen buenas intenciones y te tolerarán si los aceptas. La mayoría nunca ha oído hablar del análisis de conducta, por lo que tendrás la oportunidad de ser un embajador para el campo y educarlos sobre los desarrollos actuales e incluso podrás hablarles de nuestra preocupación por el trato ético, efectivo y humano de nuestros clientes. Sé paciente y dales la oportunidad de educarte sobre tu campo. Se un buen oyente y una persona que da auténtico apoyo, y crecerás enormemente como profesional. Se honesto acerca de tus propios defectos (p.ej., puede que sepas muy poco sobre medicamentos y cómo funcionan con ciertas conductas) y mantente abierto a otros puntos de vista. Con el tiempo, obtendrás cierta perspectiva sobre cómo otros ven la conducta y cómo puedes invitarles a que tomen una perspectiva más conductual.

## ACOSO SEXUAL

El acoso sexual es uno de esos temas incómodos y desagradables que pocas personas quieren comentar a menos que se les presione para hacerlo. A pesar de años de educación, fallos legales y multas a compañías, el acoso sexual todavía existe (EEOC EE. UU., 2004). Como analista de conducta, puedes pensar que nunca estarás sujeto a este tipo de tratamiento por parte de otros. Aunque nunca tratarías intencionalmente a otra persona de esta manera degradante, sin embargo, algunos aspectos conductuales del acoso sexual deberían discutirse con los nuevos analistas de conducta.

Primero, debemos responder a la atención sexual no deseada. Si tiene algunas circunstancias laborales especiales, es más probable que encuentre este problema. Los BCBA que trabajan en el hogar del cliente pueden encontrar que hay ocasiones en que están solos con un padre soltero del sexo opuesto. Las terapeutas jóvenes parecen ser las más vulnerables si hay un hombre divorciado o soltero en la casa. El problema puede comenzar inocentemente con la persona mostrándose muy interesada en tu trabajo, tal vez sentándose cerca, haciendo un contacto visual intenso o sonriendo mucho. Podrías interpretar esto como que la persona está muy interesada y que el trabajo que haces es fascinante. Un saludo extra cálido, un abrazo que dure demasiado, o un toque en el brazo o el hombro son las primeras pistas de que puede haber algo más. Los analistas de conducta están entrenados para ser excelentes observadores de la conducta, y ésta es la habilidad que debemos emplear en este momento. Los analistas de conducta también saben cómo usar el reforzamiento diferencial de otras conductas (RDO), castigar conductas, ponerlas en extinción o ponerlas bajo control de estímulo para reducir su tasa de ocurrencia. Entonces, si detectas las primeras etapas de conductas de excesiva confianza, será hora de entrar en acción. El primer paso es observar tu propia conducta para asegurarte de que no estás enviando señales inadecuadas de que la atención es bienvenida. Esto puede ser muy difícil para un analista de conducta, porque sin duda, otro aspecto de tu capacitación consistió en convertirse en una fuente de reforzadores para quienes te rodean, especialmente para tus clientes. Esto puede malinterpretarse fácilmente como si tuvieras un interés personal en el cliente o el colega de trabajo. Después de haber determinado que no estás de ninguna manera alentando a la persona, deberás comenzar a considerar formas de disminuir la conducta. Puedes usar RDO, reforzando a la persona para que se siente un poco más lejos de ti; ante cualquier respuesta de contacto visual "romántico", mire al suelo o a los papeles, parezca distraído o termine la reunión abruptamente. Ser tocado de manera inapropiada puede manejarse con una "mirada dura y fija", sin sonreír y con una frase contundente, "Eso realmente no es apropiado, Sr. Rodríguez". Si detecta esto en las etapas tempranas y castiga estas conductas tentativas, su problema puede estar resuelto. Si ha ido más allá de esto y la persona es muy inapropiada (p.ej., llama a su casa, dejar mensajes de correo electrónico personales o intentar tocarle), debe comentar esto inmediatamente con su supervisor para determinar si sería apropiado informar a las autoridades. Si crees que te están acosando, comunícate con las autoridades; tu seguridad es de suma importancia.

La segunda gran preocupación con respecto al acoso sexual es la posibilidad de que otra persona le acuse de ésta conducta. Específicamente capacitamos a los analistas de conducta para que sean efectivos interpersonalmente, y esto incluye asentir con la cabeza, sonriendo, dar cálidos apretones de manos y reforzadores verbales intensos y eficaces. Alentamos a los nuevos consultores a "convertirse en un reforzador" para aquellos que están a su alrededor si quieren ser efectivos. Diferentes conductas de reforzamiento son apropiadas en diferentes configuraciones. En los entornos comerciales y organizacionales, sonreír, dar apretones de mano, y comentarios positivos son gestos apropiados; en una tienda, una palmadita en la espalda o en el hombro podría ser aceptable. Pero debemos tener cuidado de que aquellos a los que estamos reforzando no capten la idea equivocada y piensen que se nos sentimos atraídos por ellos. Es posible que esté trabajando con una niña retraída, por ejemplo, e intente que se mantenga concentrada en su labor o complete una tarea. A la primera señal de éxito, se te enciende una gran sonrisa, "chocas los cinco", y luego le das un abrazo. Con el tiempo, esto probablemente funcionará para aumentar la conducta de mantenerse enfocado en su tarea; sin embargo, también puede comenzar a aumentar la tasa de ocurrencia de abrazos, o estos pueden ser un poco más efusivos. De pronto te llaman a la oficina del director y ella dice: "Acabo de hablar por teléfono con la madre de la pequeña Lucy. Lucy se ha quejado de que le tocaste en sus partes privadas. ¿Es esto cierto?"

El mejor consejo para los nuevos analistas de conducta es ser cortés, educado y amigable, pero en todos los casos ser profesional. No dejes que tu entusiasmo por el progreso de tu cliente te abrume o la emoción de cumplir con un objetivo te lleve a comportarte de forma exageradamente emotiva con un cliente. Cuida lo que haces con tus manos en todo momento. Para revisar tu desempeño, pregúntate: "¿Qué pasaría si el canal local de noticias estuviera aquí grabando esto? ¿Seguiría comportándome así?" Si la respuesta es "No", debes modificar tu propia conducta para evitar malentendidos o acusaciones falsas.

> El mundo sería un lugar mejor si todos adoptásemos los principios éticos del analista de conducta y los pusiéramos en práctica a diario.

## UNA NOTA FINAL

La mayoría de los analistas de conducta se ven tan atrapados en la intensidad de la práctica profesional que es difícil detenerse y preguntarse: "¿hay algún problema ético en esto?" Por ejemplo, puede que te pare en la calle un individuo que quiere saber algo de un cliente. Empieza inocentemente, pero luego la pregunta inapropiada se asoma: "Te vi trabajando con José C., el niño pequeño de Marga. ¿Por qué trabajas con él?" Imaginemos otra situación, estás trabajando arduamente para complacer a un nuevo supervisor y estás justo al límite cuando te pide que dejes todo y te hagas cargo de otra tarea inmediatamente. Tu tendencia es hacer lo que te dicen para tratar de ser un trabajador obediente. Pero la nueva tarea podría estar fuera de tu ámbito de competencia o podría no ser ética ("trae tu corrector,[1] tenemos que cambiar algunos registros que el equipo de revisión viene mañana").

Se espera que este libro te ayude a pensar acerca de la ética, no en un sentido teórico o puramente moral, sino más bien en el sentido práctico de hacer lo correcto; no hacer daño; ser justo, veraz, justo y responsable; dando dignidad a tus clientes; promoviendo su independencia; y, en general, tratando a los demás de la manera en que te gustaría que te tratasen. El mundo seguramente sería un lugar mejor si todos adoptaran los principios éticos del analista de conducta y los pusieran en práctica a diario.

# 20

## Un código ético para las organizaciones conductuales[1]

**Adam Ventura**
*World Evolve, Inc.*
*y*
**Jon S. Bailey**
*Florida State University*

## EL ORIGEN DE UN CÓDIGO ÉTICO PARA LAS ORGANIZACIONES CONDUCTUALES

Las bases para la creación de un código ético para organizaciones conductuales se sentaron en 2005. Fue en ese momento cuando el Dr. Jon Bailey empezó a recibir preguntas sobre ética de antiguos alumnos, de los participantes en seminarios de ética y de personas que usaban la línea telefónica de la Asociación para el análisis de conducta (ABAI por sus siglas en inglés). Caso tras caso, parecía que los analistas de conducta profesionales que intentaban sinceramente adherirse a las Guías de conducta responsable de la BACB estaban siendo obstaculizados por sus propias empresas. A estos analistas de conducta, se les arrojaron obstáculos desde todas las direcciones. Hubo muchos casos que gestionar: procedimientos para abaratar costes tales como "cortar y pegar" programas conductuales, restricciones sobre el uso del análisis funcional antes del tratamiento e incluso presión para facturar más horas de las que realmente se trabajaban. Parecía imposible para estos profesionales honestos y trabajadores, que pudieran cumplir tanto con sus requisitos de empleo como con sus obligaciones con el Código ético. Y entonces apareció la solución en forma de una nueva idea. ¿Por qué no crear un código ético para las organizaciones que requiriera que los administradores, directores generales y juntas directivas, se comprometieran por escrito a respaldar las pautas de la BACB (lo que ahora es el Código Deontológico, Profesional y Ético para analistas de conducta)? Sabiendo que Adam Ventura tenía un gran interés en la ética a nivel organizacional y en su capacidad para aplicar cambios, Jon Bailey se acercó a él en 2014 y le propuso crear una empresa conjunta (sin fines de lucro) para llevar el concepto a un modelo real de trabajo.

## COEBO

COEBO es un acrónimo de un artículo, "El Código ético para las Organizaciones conductuales (COEBO por sus siglas en inglés, The Code of Ethics for Behavioral Organization)",[2] que comenzó como una propuesta de siete ítems, que las organizaciones que ofrecen servicios de análisis de conducta firmarían y acordarían mantener dentro de sus respectivas compañías. El concepto original era que COEBO sería análogo a un Better Business Bureau nacional, específicamente adaptado a las cuestiones éticas de las organizaciones que prestan servicios de análisis de conducta. Una organización de ética complementaría al Código de la BACB y protegería a los analistas de conducta eliminando cualquier fuerza sutil que actuase de forma no ética.

A través de muchas discusiones con los analistas de conducta y proveedores de servicios, se hizo evidente que el Código necesitaba una expansión. En aproximadamente un año de investigación por parte de más de 50 agencias representativas de todo el mundo, que apoyaban firmemente el comportamiento ético, nació un código ético exhaustivo compuesto de 10 categorías exhaustivas. COEBO comenzó como una idea para mejorar el comportamiento de las organizaciones y, se convirtió en una asamblea de analistas de conducta, propietarios de negocios, académicos y clientes de servicios de análisis de conducta, que colaboraban para avanzar en su objetivo compartido de mejorar la conducta ética de las organizaciones que ofrecen servicios analítico-conductuales, en un conjunto sucinto de pautas. Con el tiempo, nuestro trabajo conjunto en este asunto vital se conoció cariñosamente como el "Movimiento COEBO".

## COEBO. DEFINICIONES OPERACIONALES

A lo largo del proceso de creación de este código ético de las organizaciones, identificamos la importancia de definir operacionalmente qué organización proporcionaba servicios analítico-conductuales, para que las partes interesadas pudieran clasificar fácilmente su entidad como conductual o no. Para tal propósito, establecimos la siguiente definición de una *organización conductual:*

> *Una organización conductual es una entidad registrada como una empresa (Tipo S.A., S.L. o S.C.) o como una sociedad de responsabilidad limitada (S.L.) que emplea o contrata a profesionales certificados o registrados en la BACB para llevar a cabo servicios de análisis aplicado de conducta dentro de la comunidad, tal y como lo define la BACB. Una organización conductual contrata al menos a un profesional certificado a tiempo completo que cumple con la BACB y emplea o contrata, al menos, a un analista de conducta BCBA y está al día de los estándares de la BACB.*
>
> (http://bacb.com/maintain)

Al deliberar sobre quién sería o podría ser considerado responsable de la aplicación de este nuevo código ético, pareció necesario identificar a los diferentes tipos de trabajadores dentro de una organización determinada y las partes del Código de las que deberían ser responsables cada uno de ellos. Entonces surgió la siguiente definición operacional de un trabajador especialista en el comportamiento:

> *Un trabajador es: cualquier empleado, contratado, estudiante o interno-residente que tiene un acuerdo de trabajo actual con una organización conductual y es asignado por dicha organización para proporcionar servicios de análisis aplicado de conducta aplicado a los clientes o a otras organizaciones dentro de la comunidad.*

## CREDENCIALES DE COEBO

A medida que continuó la investigación, hubo alguna expansión de las pautas y una decisión de desarrollar un código para los proveedores, con el fin de que pudieran declarar públicamente que la conducta de su organización era ética. Posteriormente, comenzamos a trabajar en la creación de una agencia o empresa interesada en cumplir con nuestros estándares.

> Una nueva necesidad surgió orgánicamente de este movimiento, por el que los proveedores de servicios analítico-conductuales, tenían que declaran públicamente que el comportamiento de su organización era ético.

## ¿POR QUÉ CREAMOS COEBO?

Centrados en como COEBO podría ayudar a mejorar el entorno de trabajo del análisis de conducta, los participantes identificaron tres áreas en las que COEBO podría tener un gran impacto. Estas son: (1) la selección y el reclutamiento de nuevos empleados, (2) la protección del cliente, y (3) las relaciones con proveedores de COEBO.

*La selección y el reclutamiento de nuevos empleados*

Cada año, cientos de estudiantes terminan sus másteres y programas de doctorado en análisis de conducta, y dejan a sus cohortes de amigos y mentores de confianza para formar parte de la población activa. Después de pasar dos o más años atravesando la intensa y rigurosa tormenta de los conceptos del análisis de conducta, de arduas sesiones de recopilación de datos y análisis detallados de cientos de artículos de investigación, estos campeones del estudio se embarcan triunfalmente en un viaje para encontrar una organización en la que poner en práctica sus habilidades perfeccionadas y dominadas.

Al graduarse, los recién nombrados y de ojos brillantes BCBA, reciben una lluvia de correos electrónicos en los que se les ofrecen trabajos aparentemente glamurosos en todo el mundo, que ayudan a niños con necesidades especiales y difunden el evangelio del análisis de conducta. Esta propaganda se completa con ofertas de remuneración sustanciales (cinco cifras altas), beneficios hedonistas ("Ski durante la mañana y surf en la tarde"), y unos horarios flexibles que un jubilado a tiempo parcial envidiaría. Las entrevistas están repletas de retórica sobre cómo los posibles empleadores y sus empresas mejoran la sociedad y cómo el ser contratado por dicha entidad permitiría al cándido analista de conducta hacer una contribución al mundo cada día de trabajo. Una vez han sido contratados, estos analistas de conducta de primer año desarrollan rápidamente una aguda sensación de arrepentimiento, cuando se dan cuenta de que las empresas no son lo que parecían.

Como se mencionó anteriormente, la selección de personal, al igual que las ventas, puede involucrar el uso de señuelos de contratación cambiando el escenario una vez se entra en la organización, lo que supone una toma de decisiones con información inadecuada por parte de los analistas de conducta que buscan trabajo. Esta práctica finalmente produce empleados desilusionados con serios problemas de moral. Sin embargo, con la llegada de un proceso de autentificación organizacional por parte de COEBO, los solicitantes de empleo pueden identificar rápida y fácilmente a las organizaciones que se comportan éticamente y las compañías que tienen políticas y estándares que reflejan sus propios objetivos y valores.

> Los solicitantes de empleo pueden identificar rápida y fácilmente a las organizaciones que se comportan éticamente y las compañías que tienen políticas y estándares que reflejan sus propios objetivos y valores.

Escenarios desafortunados, como el que acabamos de describir, fueron uno de los temas comentados cuando se debatió sobre la utilidad del código y si se avanzaba o no con el proyecto. Aunque el tema del reclutamiento se trató extensamente, también se comentaron otras dos áreas de preocupación: los clientes y otros proveedores.

### Protección del Cliente

En un esfuerzo por proteger no solo al empleado, sino también al cliente, COEBO toma en cuenta el bienestar de los clientes y la prestación de los servicios de ABA dentro de la comunidad de proveedores. Todos los días, los padres de niños diagnosticados recientemente con un trastorno del desarrollo, salen de la consulta de un médico con un informe de diagnóstico en una mano, una prescripción de terapia ABA en la otra y una mirada de determinación en sus ojos. A pesar de las malas noticias, estos padres guerreros regresan a casa con un renovado sentido de resolución, decididos a ayudar a sus hijos. Mientras buscan frenéticamente por internet el significado de ABA, y a alguien que les proporcione este misterioso servicio, su búsqueda se ve acribillada de anuncios que afirman que los servicios de ABA proporcionados por esta o aquella compañía pueden curar el autismo. ¡Son bombardeados con testimonios fabricados de lo que parecen ser clientes falsos que afirman que una empresa es "la mejor" y que "se la recomendarían a todos!"

Finalmente, la familia localiza a un proveedor y logra hablar con alguien. Su discusión es breve. Cada pregunta que el padre o tutor formula acerca de ABA se cubre rápidamente con una respuesta relacionada con el seguro y el coste del servicio. Más tarde, el primer día de servicios, un terapeuta llama a la puerta de la casa de la familia sin previo aviso y explica que está allí para empezar la terapia ABA. Los padres, gentilmente, invitan al terapeuta a su casa y le preguntan sobre su formación y experiencia en ABA. El terapeuta revela que éste es su primer trabajo en ABA y que no está muy seguro de qué hacer, pero que le dijeron que un supervisor acudiría una vez al mes durante una hora para revisar el trabajo.

Este tipo de historias de terror es la fuente por la que nació COEBO. La información del cliente es de vital importancia cuando se toma una decisión sobre un servicio que podría tener un impacto profundo en la salud y el bienestar de un niño. COEBO proporciona a los clientes y a sus familias una protección contra este tipo de comportamiento comercial inapropiado, y permite a los consumidores examinar más cómodamente el mercado de la terapia ABA sin temor a obtener una morralla de tratamiento.

### Relaciones con los proveedores de COEBO

A medida que aumenta el número de clientes que solicitan servicios de ABA, también aumenta el número de organizaciones que brindan estos servicios, lo que crea una comunidad de proveedores en expansión. Dentro de esta comunidad, surgen pequeñas y medianas empresas, y comienza la mezcla entre el análisis de conducta y el emprendimiento. Cuando se crea este cóctel de ciencia y negocios y viceversa, los campos dispares se juntan involuntariamente, se produce una reacción de combustión lenta, lo que provoca que la más débil de las dos fuerzas se diluya por la influencia de la fuerza más fuerte.

Desde un punto de vista económico, actualmente existe un

problema de oferta y demanda: la necesidad es grande y la demanda de servicios es alta, creando así un vacío en la oferta de profesionales capacitados para atender a estos clientes. A pesar del problema de suministro, COEBO fue creado, en parte, para ayudar a establecer un campo de juego equitativo, donde todas las organizaciones de análisis de conducta jugarían bajo el mismo conjunto de reglas, que describen cómo tratarse éticamente entre sí dentro del mercado.

## CONSTITUCIÓN DE LA ORGANIZACIÓN COEBO

*Una organización basada en una misión.* A lo largo de la evolución de COEBO, entendimos la lógica de utilizar los principios y la tecnología del análisis de conducta. Por lo tanto, en un esfuerzo por evocar un comportamiento de calidad de la comunidad de proveedores de COEBO, decidimos incorporar tecnologías analítico- conductuales en el desarrollo de COEBO. En esencia, consideramos que una organización centrada en la conducta debería usar el análisis de conducta para lograr sus objetivos. Para empezar, pensabamos que era importante explicar a los analistas de conducta por qué se creó COEBO, articular esos pensamientos en una declaración abreviada y con resultados medibles, y luego crear contingencias que nos ayudaran a lograr nuestros propósitos. En resumen, decidimos crear una organización que apoyaba la misión que habíamos asumido.

*Nuestra misión y visión organizacionales.* Nuestra esperanza era que un día, la mayoría de las organizaciones conductuales de todo el mundo, se esforzaran por obtener y mantener las credenciales de COEBO. Estas dos declaraciones simples, pero poderosas, se convirtieron en nuestra misión y visión, y sirvieron para desarrollar medidas posteriores y puntos clave que se convertirían en la base de nuestra organización.

*Estructura de la organización.* Para darle vida a COEBO, se creó una red de profesionales en análisis de conducta para ayudar a lograr este propósito. De esta red, se promulgó una declaración de ética empresarial y se estableció una doctrina para crear una comunidad de organizaciones que se comportan éticamente.

> Se diseñó una federación mediante la cuál un sindicato de organizaciones autónomas acordó comportarse de acuerdo con un código ético diseñado por una organización central, creada a partir de la comunidad de proveedores que, más adelante, se denominaría Comunidad COEBO

Inicialmente, se creó una lista de correos electrónicos de los analistas de conducta de todo Estados Unidos, como un grupo de trabajo para ayudar a recopilar sugerencias de actualizaciones del código. Más tarde, esta lista se utilizó para solicitar a los profesionales de la comunidad de analistas de conducta, que se unieran como comité para decidir sobre temas en los que la comunidad no se ponía de acuerdo. Una vez que la junta fue creada, se necesitaba una constitución para ayudar a ratificar el funcionamiento interno de esta entidad y establecer la organización de trabajo.

En un esfuerzo por evitar una estructura organizativa de arriba a abajo, se decidió que una separación de poderes era la mejor opción para ayudar a enfatizar la doctrina de la comunidad y la colaboración. Se establecieron dos divisiones separadas, pero iguales, para ayudar a administrar el flujo de trabajo de los procedimientos dentro de esta nueva organización. La primera división fue diseñada como un comité ejecutivo que crearía, actualizaría e interpretaría el código. Este comité estaría formado por la Junta Directiva de COEBO y la Comunidad COEBO y estaría estructurado como un cuerpo bicameral para que todos puedan opinar sobre qué elementos se agregan, cambian o eliminan del código. La segunda división se creó como un comité administrativo, diseñado para encargarse de los procedimientos logísticos de la organización. Con estas divisiones y una organización creada, lo que quedaba era abrir las puertas a los proveedores de servicios del comportamiento. Por lo tanto, se creó una asociación a partir de la unión de organizaciones, la Comunidad COEBO, todos de acuerdo en comportarse acorde a un código ético diseñado por una organización central.

## EL CÓDIGO ÉTICO PARA LAS ORGANIZACIONES CONDUCTUALES

Presentamos aquí una versión aun provisional de COEBO. Para recuperar una copia actualizada, por favor, vaya a COEBO.com[3]

1. **Cumplimiento de COEBO**
   a. Las organizaciones conductuales solo brindan información veraz y precisa en la documentación enviada a COEBO y corrigen la inexacta de inmediato.
   b. Las organizaciones conductuales mantienen a todos los trabajadores en contacto con COEBO y les requerirán tomar y aprobar un examen de competencias de COEBO, así como entrenamientos y actualizaciones anuales.
2. **Conformidad con la BACB**
   a. Las organizaciones de comportamiento en COEBO deben mantener el *Código Deontológico, Profesional y Ético de analistas de conducta de la BACB*.
   b. Para los miembros de COEBO, el Código se aplica a todos los trabajadores especialistas en el comportamiento y no especialistas en el comportamiento, en todos los departamentos de su organización.

3. **Conducta Responsable de una Organización conductual**

a. *Integridad:* las organizaciones conductuales cumplen con sus obligaciones profesionales, compromisos y acuerdos contractuales, y se abstienen de hacer compromisos o acuerdos profesionales que no pueden mantener con sus trabajadores y clientes de sus servicios.

b. *Contingencias coercitivas:* las organizaciones conductuales no anticipan contingencias sociales o económicas (p.ej., bonificaciones, aumentos, promociones, etc.) que puedan influir indebidamente en el comportamiento de cualquier profesional certificado en su organización, para infringir las Directrices de la BACB.

c. *Aceptar regalos:* las organizaciones conductuales no permiten que ningún trabajador especialista en el comportamiento o no especialista en el comportamiento, acepte obsequios, dinero, servicios en especie o bienes en cualquier cantidad o valor que no se haya descrito originalmente en su contrato de servicios.

d. *Informes:* las organizaciones conductuales no le piden a ningún profesional especialista en conducta o no especialistas en conducta, que modifique las hojas de asistencia, los informes o las recomendaciones clínicas, para satisfacer las necesidades de la organización y seguir todas las normas y pautas aplicables comunicadas por las fuentes de financiación.

e. *Silbato de delación:* las organizaciones conductuales apoyan a cualquier trabajador que presente una reclamación por presión indebida para violar el Código Deontológico, *Profesional y Ético para analistas de conducta* de la BACB® o dCOEBO.

f. *Comité ético oficial:* las organizaciones conductuales nombrarán a un oficial de ética interno y/o a un comité de ética para abordar cuestiones éticas de carácter interno.

4. **La responsabilidad de la organización conductual hacia el cliente**

   a. *Derechos del cliente:* las organizaciones conductuales obtienen cualquier consentimiento relevante de los clientes con relación a sus servicios, e informan a los clientes de sus servicios antes del inicio de la prestación del servicio, momento en el que pueden presentar quejas sobre cualquier servicio proporcionado por su organización.

   b. *Términos y arreglos económicos:* antes de la aplicación de los servicios, las organizaciones conductuales ofrecen, por escrito, los términos del asesoramiento, los requisitos para la prestación de servicios, los acuerdos económicos y las responsabilidades de todas las partes. Si los términos cambiaran, las organizaciones conductuales se lo notificarían a los clientes.

5. **La Responsabilidad de la Organización conductual hacia el Trabajador**

   a. *Formación continua:* las organizaciones conductuales apoyan a todos sus trabajadores acreditados en el cumplimiento de sus requisitos de formación continua. Ofrecen a los trabajadores flexibilidad en la programación, siempre y cuando el evento no interfiera éticamente con el tratamiento de sus clientes o cree una dificultad excesiva para la organización.

   b. *Materiales:* las organizaciones conductuales brindan a los trabajadores especialistas en *conducta*, los materiales que necesitan para completar su trabajo de forma ética, siempre que los materiales solicitados sean razonables y no creen una dificultad indebida en la organización.

   c. *Supervisión:* las organizaciones conductuales ofrecen una supervisión adecuada, por parte de un supervisor cualificado, para todos los trabajadores especialistas en conducta que requieran supervisión. Las organizaciones conductuales no piden a los supervisores que supervisen a más individuos de los que la persona puede asumir de manera dilegente.

6. **La responsabilidad de la organización conductual con el análisis de conducta**

    a. Las organizaciones conductuales hacen todo lo posible para que sus trabajadores participen en eventos relacionados con el análisis de conducta y promuevan el análisis de conducta para el público.

    b. Las organizaciones conductuales hacen todos los esfuerzos posibles para que sus trabajadores participen en eventos relacionados con el análisis de conducta y promuevan COEBO para el público.

7. **Responsabilidad de las organizaciones conductuales hacia otras organizaciones conductuales**

    a. *Contratación y reclutamiento:* las organizaciones conductuales no adelantarán contingencias sociales o económicas (p.ej., bonificaciones, aumentos, promociones, etc.), que puedan influir indebidamente en cualquier trabajador especialista en el comportamiento o no especialista en el comportamiento, para solicitar a otros trabajadores de la organización conductual que abandonen su organización o realicen observaciones denigrantes sobre otras organizaciones.

    b. *Colaboración y cooperación:* las organizaciones conductuales hacen todos los esfuerzos razonables para trabajar en sintonía con otras organizaciones conductuales.

8. **Organización conductual y provisión de servicios**

    a. *Formación de cuidadores:* las organizaciones conductuales ofrecen formación a los clientes de sus servicios.

    b. *Servicios apoyados en la evidencia:* las organizaciones conductuales solo ofrecen servicios del comportamiento que estén basados en la evidencia, y son fieles a la Lista de Tareas de la BACB y/o a las Siete Dimensiones del Análisis aplicado de conducta y, se abstendrá de ofrecer o promover "tratamientos alternativos" que no estén basados en la evidencia.

c. *Competencia:* las organizaciones conductuales no piden a los trabajadores analistas de conducta que trabajen fuera de su área de competencia.

d. *Derivación de servicios:* las organizaciones conductuales harán los esfuerzos razonables para localizar y contactar a otro proveedor adecuado dentro del entorno del cliente, a menos que el cliente solicite lo contrario, y se asegurará de que todos los archivos, materiales, datos o información requeridos para la continuidad de la atención se transfieran al nuevo proveedor dentro de un marco de tiempo razonable.

9. **Organización conductual y medios de comunicación**

a. *Marketing:* las organizaciones conductuales representan con precisión los servicios que ofrecen y no realizan declaraciones confusas, falsas o engañosas. Las organizaciones conductuales no explotan a los clientes de sus servicios con fines de comercialización, ni solicitan testimonios y/o publican testimonios en ningún formato.

10. **La organización conductual y el cumplimiento de la ley**

a. *Leyes y regulaciones:* las organizaciones conductuales se ajustan a los códigos legales y morales de la comunidad social y profesional de la que la organización conductual es miembro.

b. *Confidencialidad:* las Organizaciones conductuales tomarán todas las precauciones razonables para respetar la confidencialidad de aquellos con quienes trabajan y a los que consultan.

## RESUMEN

Al crear el código, su utilidad se discutió en gran detalle, así como la forma en que este tipo de declaración del comportamiento ético en las organizaciones podría ser útil en el campo del análisis de conducta.

Si una organización pudiera identificarse a sí misma como una compañía respetable y ética, muchos beneficios surgirían de tal esfuerzo. El reclutamiento de nuevos estudiantes y empleados, la información al cliente y las relaciones entre proveedores se verían beneficiadas. Se establecería una comunidad de proveedores, donde todos ellos estarían de acuerdo en cumplir con el mismo código ético. Los proveedores de servicios basados en ABA, que podrían identificarse a sí mismos como modelos del comportamiento ético, podrían competir en un campo de juego equitativo. Por lo tanto, la adopción de dicho código atestiguaría no solo el comportamiento ético de cada organización individual, sino también el comportamiento ético de la comunidad del análisis aplicado de conducta como un todo.

# Cuatro

## Aplicación transcultural del Código de la BACB

E sta es una contribución original de la presente edición en español de *Ética para analistas de conducta*. En el capítulo 21 evaluamos un conjunto de escenarios éticos reales propuestos por analistas de conducta de habla hispana con ello pretendemos contribuir a la evaluación transcultural del Código.

# 21

## Análisis de escenarios éticos prácticos planteados por analistas de conducta de habla hispana[1]

**Jon S. Bailey**
*Florida State University*
*y*
**Javier Virués Ortega**
*The University of Auckland*

E ste capítulo, añadido ex novo a la presente edición, nos da la oportunidad de explorar escenarios éticos reales protagonizados por analistas de conducta de habla hispana en diferentes contextos y es una modesta contribución a la validación transnacional y transcultural del Código. Algunos de los escenarios han sido propuestos por estudiantes o profesionales que usan el español como lengua principal, mientras otros han sido elaborados por el segundo autor de este capítulo a partir de informaciones obtenidas de primera mano relativa a casos éticos reales acontecidos a analistas de conducta pertenecientes a comunidades o países de habla hispana. Detalles accesorios de los escenarios que a continuación se presentan, como puedan ser nombres, ciudades y otros elementos circunstanciales han sido modificados a fin de ocultar la identidad de los actores involucrados.

La validez transnacional de Código, y desde una perspectiva más amplia, de las prácticas profesionales analítico-conductuales, es una labor ingente de la que apenas existe literatura. Con ello no queremos decir que el tipo de retos éticos a los que se enfrentan los analistas de conducta sean radicalmente diferentes en diferentes ámbitos culturales. No obstante, sí que lo pueden ser la prevalencia relativa de dichas circunstancias y los recursos con los que cuenta el analista para abordarlos eficazmente. Estos escenarios no pretenden ser una muestra representativa de los desafíos éticos a los que habitualmente se enfrentan los analistas de conducta que trabajan en comunidades y países de habla española. Por el contrario, son una selección accidental de circunstancias con elementos propios de dichas comunidades y países.

• • • • • • • •

## CASO 21.0 PIRATERÍA

*"Celina es una analista de conducta BCBA que trabaja en un país latinoamericano. Como parte de su quehacer profesional supervisa a estudiantes de una secuencia de cursos verificada por la BACB que se imparte a través de internet. Celina ha comprobado que varios de los estudiantes de este programa usan libros de análisis de conducta fotocopiados que al parecer han obtenido de grupos de Facebook u otras páginas de internet. No es la primera vez que Celina se encuentra con una circunstancia de este tipo. Anteriormente había tolerado esta práctica, no obstante, debido a su reciente participación en la traducción y publicación de algunos manuales de análisis de conducta se ha vuelto más consciente de los efectos negativos de esta práctica. Ha considerado la posibilidad de corregir a los estudiantes o de informar al director del curso de esta circunstancia. Celina se encuentra contrariada y no ha tomado aun ninguna acción, ya que es consciente del bajo nivel adquisitivo de estos estudiantes."*

· · · · · · · ·

## CASO 21.1 UNA PETICIÓN FRAUDULENTA

*"Adriana es una supervisora bilingüe que con frecuencia ofrece servicios de supervisión internacionalmente. Durante el último mes cuatro nuevos estudiantes se han comunicado con ella desde varias localidades en EEUU y Latinoamérica. Estos estudiantes le insistían sin el menor pudor a que ella les ofreciese servicios de supervisión a distancia con una frecuencia mensual y le firmase las plantillas de supervisión con frecuencia quincenal a fin de cumplir con la periodicidad mínima de supervisión práctica establecida por la BACB en sus estándares de experiencia. Adriana les ha explicado a estos estudiantes que dicha práctica contradice los estándares de la BACB y el contrato de supervisión que firmarían, en el que uno de los puntos es el compromiso a seguir el Código. Posteriormente, Adriana descubrió que estos cuatro estudiantes procedían de un mismo supervisor, quien aparentemente realizaba esta práctica firmando sesiones de supervisión en grupo como si fuesen sesiones individuales. Adriana es consciente de que casos como este ocurren con cierta frecuencia cuando estudiantes de bajo nivel adquisitivo, a veces procedentes de países de baja renta per cápita, intentan obtener supervisión de profesionales que se encuentran en EEUU o Europa, donde la hora de supervisión tiene un coste elevado. Adriana también es consciente de que no hay apenas profesionales BCBA en donde los estudiantes viven, o los que hay no hablan español, por lo que las opciones a su alcance son muy limitadas."*

• • • • • • • •

## CASO 21.2 PROBABILIDADES DE ÉXITO

*"Manuela es una joven BCBA que trabaja en París. Desde allí supervisa a varias familias de habla hispana que residen en diversos países europeos. Recientemente, le ha contactado una madre de un niño con diagnóstico de autismo de ocho años que reside en un país escandinavo. Inicialmente, la madre estaba interesada en recibir un programa de entrenamiento a padres para poder trabajar con su hijo en las áreas de comunicación y lenguaje. Después de varias entrevistas mantenidas mediante videoconferencia, el mismo día que estaba programada la firma del contrato de servicio, la madre informó de que Manuela entrenaría principalmente a una vecina de la familia a la que al parecer la madre iba a contratar para realizar la terapia individualizada con el chico. La vecina podría trabajar con el niño unas ocho horas semanales, que corresponde al máximo que puede compensar por servicios educativos especiales privados la autoridad educativa competente. Manuela lamenta que la madre haya compartido estas noticias a última hora en el proceso de negociación y ello le ha inducido dudas sobre lo posibilidad de trabajar con este caso. En ocasiones anteriores, Manuela ha observado que depender de una tercera persona en cuya selección ella no ha participado limita muy considerablemente su control sobre el impacto que dicha persona tiene en la marcha de la intervención (p.ej., esta persona podría ignorar sus instrucciones). Por otra parte, la vecina no tiene experiencia alguna trabajando con niños con diagnóstico de autismo y es posible que pronto se desmotive y abandone el caso. Manuela se ve en la tesitura de realizar*

*una gran inversión de tiempo en entrenar a una persona*
*que puede que no se comprometa con el caso a largo plazo*
*y piensa que en tales circunstancias las probabilidades de*
*un progreso adecuado son bajas."*

• • • • • • • •

## CASO 21.3 CONDICIONES LABORALES DEGRADANTES

*"Adelaida ha trabajado durante más de diez años con*
*familias con niños con autismo. Recientemente ha*
*finalizado su formación universitaria y ha obtenido la*
*certificación BCaBA. Varias familias de Barcelona,*
*ciudad en la que reside, le han contactado solicitándole*
*sus servicios. Idealmente, Adelaida debe trabajar como*
*un profesional autónomo que factura sus servicios a*
*familias por horas o periodos de tiempo. No obstante, las*
*familias se resisten a este modelo de servicio y le proponen*
*directamente contratarla como empleada del hogar,*
*formula esta más ventajosa fiscalmente para ellos.*
*Adelaida percibe la propuesta como un desprecio a su*
*formación y credenciales profesionales, pero a la vez*
*simpatiza con las dificultades económicas a las que se*
*enfrentan estas familias."*

• • • • • • • •

## CASO 21.4 PRESENTACIÓN ENGAÑOSA DE LA
## FORMACIÓN Y CREDENCIALES PROFESIONALES

*«Participo como docente en una secuencia de cursos*
*verificada por la BACB. El curso no se realiza en un*
*contexto universitario, sino en una organización*
*profesional. Conozco el caso de la madre de un niño con*
*autismo que se matriculó en el programa, pero se retiró*
*antes de terminarlo. Su rendimiento fue mediocre*

*durante el tiempo que permaneció en el programa y ahora que se ha ido, no tiene posibilidades de realizar, al menos en el futuro inmediato, el examen de certificación. Posteriormente me he enterado de que esta persona se anuncia en su página web como "terapeuta y especialista en ABA". Su página web también dice que ha sido entrenada por la organización que ofrece el curso que no llegó a concluir. He valorado la posibilidad de llamar la atención del director del curso sobre este caso, pero si lo hiciese es posible que no hiciera nada al respecto, ya que la exalumna es una persona muy influyente en las redes sociales y contrariarla podría tener efectos negativos en la imagen del programa».*

● ● ● ● ● ● ● ●

## CASO 21.5 VULNERACIÓN DEL ÁMBITO DE COMPETENCIAS DE LA CERTIFICACIÓN PROFESIONAL

*«Me he mudado a Europa recientemente siendo el único BCBA en una vasta región. Hay también algunos BCaBA por esta zona. Estos BCaBA, que se supone deben ser supervisados por otros profesionales de mayor cualificación, muchas veces asumen amplias responsabilidades a pesar del nivel de certificación profesional del que disponen. Por ejemplo, dos de estos BCaBA trabajan como directores clínicos de programas de intervención temprana y emplean a varias decenas de personas. Otros, a pesar de identificar a su supervisor en el registro de la BACB, son supervisados solo "sobre el papel" por otro BCBA, sin que realmente haya seguimientos o reuniones regulares de supervisión. Me pregunto si esta quizá sea la "menos mala" de las alternativas posibles, siendo la otra opción la absoluta falta de servicios en esta zona. ¿Cómo podría responder,*

*considerando que es altamente probable que deba seguir colaborando con estos BCaBA en el futuro?».*

• • • • • • • •

## CASO 21.6 LA CERTIFICACIÓN FUERA DE EEUU

*«Colaboro como instructor con una secuencia verificada universitaria en un país latinoamericano. Este es el tercer año que el programa se ha ofrecido y el primero en que los estudiantes egresados acceden al mercado de trabajo. La mayoría ofrecerán sus servicios privadamente como consultores y terapeutas ABA. Algunos estudiantes graduados del programa han comenzado a ofrecer sus servicios sin haber obtenido aún la certificación. Hablando informalmente con uno de ellos, me dice que percibe el programa de certificación de la BACB como un sistema caro y "americanocéntrico" que no tiene reconocimiento por clientes o instituciones en su entorno inmediato. Los estudiantes egresados deben de colegiarse con un cuerpo profesional nacional que tiene su propio código ético. Este estudiante en particular tuvo una conversación con una persona de dicho colegio profesional que le desanimó a obtener la certificación BCBA ya que "el colegio profesional nunca reconocerá dicha certificación que está abierta tanto a psicólogos como a personas con otra formación, mientras que nuetro colegio apoya solo credenciales exclusivas para psicólogos". No obstante, no existe en este país ninguna institución que pueda mantener los estándares éticos del análisis de conducta de forma específica. Recientemente se han conocido algunos casos de infracciones éticas de estos alumnos que están teniendo un impacto negativo en la imagen del programa universitario».*

• • • • • • • •

## CASO 21.7 FORMACIÓN CONTINUA

*«Trabajo para una organización que ha ofrecido servicios conductuales durante décadas. El programa empezó hace mucho tiempo en el contexto de una colaboración con una universidad norteamericana que, en aquel momento, estaba estableciendo colaboraciones internacionales para realizar un estudio. Un grupo de profesionales recibió una amplia formación en aquel momento. A lo largo de los años algunos de estos profesionales han seguido formándose y han completado su educación alcanzando los requisitos para certificarse y manteniendo dicho estatus con actividades de formación continua. No obstante, otros no han actualizado su formación: no van a conferencias y no leen la literatura, y no han mostrado interés alguno en obtener la certificación BCBA. Dicen que "todo está en inglés", una lengua de la que tienen conocimientos muy limitados. Esta situación esta en gran medida superada en esta institución, ya que los jóvenes tienen un mejor acceso a la literatura y sí muestran interés en obtener y mantener la certificación».*

• • • • • • • •

## CASO 21.8 EDAD DEL CLIENTE Y TERMIANCIÓN DEL SERVICIO

*«Soy un analista de conducta que ha trabajado durante más de cinco años como consultor en una organización que ofrece servicios conductuales. En el país donde vivo no existen servicios educativos especiales financiados por*

*el gobierno una vez el cliente alcanza los 18 años. Además, el modelo de provisión de servicios de esta organización está centrado en población infantil. De hecho, no disponemos de programas sobre desarrollo vocacional, actividades de la vida diaria en la comunidad, sexualidad, y otras áreas que son especialmente relevantes para adolescentes y adultos. Para empeorar las cosas, las indagaciones que he realizado al respecto sugieren que existe muy poca literatura analítico-conductual que haya permitido desarrollar y evaluar intervenciones efectivas en las áreas antedichas en población adolecente y adulta. Siento que ciertamente "abandonamos" a estos clientes cuando se aproximan a la edad adulta. ¿Cuál sería el abordaje más ético a la terminación, o en su caso modificación, de la intervención teniendo en mente nuestro modelo de provisión de servicios?».*

• • • • • • • •

## CASO 21.9 DESHONESTIDAD ACADÉMICA

*«Un colega mío BCBA dirige una empresa de servicios conductuales. Regularmente les pide a sus empleados que tomen cursos a través de internet en análisis de conducta. La mayoría de los trabajadores realiza dichas formaciones porque "el jefe quiere que lo haga y lo ha pagado". No obstante, algunos de ellos perseveran y llegan a obtener el BCBA. La semana pasada tuve una reunión con este colega y le encontré literalmente corrigiendo las respuestas de sus trabajadores a los exámenes estos realizan a través de internet y que, por supuesto, deben de realizar ellos solos en cumplimiento de los requerimientos de dicho curso. Esta conducta me*

*sorprendió mucho. Posteriormente hice por mi cuenta algunas averiguaciones acerca de los mecanismos de seguridad de este curso. Me enteré de que tiene numerosos elementos de seguridad tales como el análisis de probabilidades de coincidencia de respuestas, análisis de plagio, geolocalización de usuarios y protocolos aleatorios de identificación de usuarios vía webcam. Además, los alumnos que sean descubiertos cometiendo comportamientos deshonestos serán expulsados del curso».*

· · · · · · · ·

## CASO 21.10 SUPERVISIÓN FRAUDULENTA Y RBT

*«Soy un nacional de Cuba de 45 años y resido en la Florida desde fechas recientes. Hablo español como lengua materna e inglés como segundo idioma. Estudié medicina en Cuba, pero una vez en EEUU descubrí que mi formación y titulación universitarias no son válidas en este país. Regresar a la universidad a fin de volver a obtener mis credenciales no es económicamente viable para mi o mi familia. Además, me urge disponer de un trabajo remunerado que me permita sacar adelante a mi familia en esta nueva etapa. Un amigo mío me habló de la BACB y su sistema de certificación profesional. Me lo presentó como un posible camino a un buen trabajo, también en el área de servicios humanos igual que la medicina, y sin requerir una inversión prohibitiva en tiempo ni dinero. A la semana siguiente de hablar con mi amigo me matricule en un curso para técnicos conductuales registrados (RBT) que se ofrecía en español. Durante el curso aprendí que para poder trabajar y facturar como RBT necesitaba, no solo realizar el curso,*

*sino además reunir una serie de horas de supervisión con profesionales que tengan las certificaciones BCaBA o BCBA. Intenté localizar a personas en mi zona que pudieran darme este servicio, pero no tuve éxito. Los analistas disponibles cobraban una cantidad de dinero mayor a la que me podía permitir o preferían trabajar con personas de "otro perfil" (p.ej., más jóvenes, con mejor nivel de inglés). Dadas las circunstancias, contacté con el director del curso de RBT que realicé pidiendo su consejo. Me ofreció una lista de tres analistas de conducta hispanohablantes que al parecer estarían dispuestos a ofrecer servicios de supervisión a un coste asequible. Pronto me di cuenta de que estos "supervisores" estaban asesorando literalmente a cientos de personas en una situación similar a la mía. El supervisor de hecho no llegó a ofrecerme ninguna supervisión real, sino que únicamente firmaba como si lo hiciera. Me siento incómodo con esta situación, pero no quisiera reportar este abuso y al hacerlo dañar mis probabilidades de poder trabajar como RBT».*

• • • • • • • •

## CASO 21.11 SUPERNANI

*"La familia Campos tiene un hijo de dos años que desde su nacimiento recibió cuidados de Amapola, la asistenta de la casa. Amapola es maestra de formación pero se dedico al servicio del hogar por falta de empleo. Recientemente ha obtenido la certificación BCaBA. El niño de la familia Campos ha sido diagnosticado de autismo y la familia le ha pedido a Amapola que realice el programa de enseñanza de su hijo en casa y con la supervisión de un profesional de una entidad extranjera".*

• • • • • • • •

## CASO 21.12 TRIÁNGULO VICIOSO

*"Jacinto es un supervisor BCBA-D del programa de enseñanza de un niño de tres años con diagnóstico de autismo. Jacinto está casado con Azucena, quien a su vez es amiga íntima desde la infancia de la madre del niño. Cuando Azucena y su amiga han quedado han hablado de pasada sobre la terapia del niño. En concreto, Azucena ha respondido a varias preguntas de su amiga sobre los programas de enseñanza, pues Jacinto le suele hacer comentarios del caso cuando están en casa".*

## RESPUESTAS A CASOS

## CASO 21.0 PIRATERÍA

*Celina debería pedir a sus estudiantes que le muestren el programa académico de los cursos que están tomando a fin de comprobar si hay en ellos alguna referencia a las leyes de copyright. También puede hacerle saber a los estudiantes que el uso de material fotocopiado con copyright es una violación del Código y que su contrato de supervisión dice (o debería decir) que el uso de material pirateado no está permitido y que el contrato se concluirá si el estudiante no se compromete a seguir en todo momento el Código. Paralelamente, el director del curso debe conocer esta circunstancia y deberá tomar un rol proactivo en la promoción de la adherencia al Código en general y a los puntos 1.04(e) y 8.02(a) en particular. Al margen de estas acciones, y como parte de su práctica docente, Celina asignará lecturas que puedan ser distribuidas legalmente durante sus sesiones de supervisión, tales como copias en pdf gratuitas aportadas por autores o que sean de libre acceso. También debería incluir más* contenidos del Código como parte de la formación y supervisión que ofrece a sus estudiantes.

## CASO 21.1 UNA PETICIÓN FRAUDULENTA

*La formación ética previa de estos estudiantes parece defectuosa. Sería importante que reciban actividades que les permitan familiarizarse con los puntos 1.04 (Integridad) y que realicen debates directamente con ella sobre los puntos 1.04(a), 1.04(b), 7.01 (Promoción de una cultura ética) y 10.05 (Cumplimiento de los estándares de supervisión y de cursos de formación).*

*La situación descrita llama la atención sobre un aspecto que no parece cuestionarse directamente y es la posibilidad de que un estudiante "contrate" los servicios de un supervisor a cambio de una contraprestación económica. Este tipo de relación no está, en nuestra opinión, permitida por el punto 1.06 del Código, ya que crearía una relación dual entre el supervisor y el estudiante: el estudiante es a la vez estudiante y "contratante", mientras que el supervisor se convierte en supervisor y "subordinado". Pese a que esta es una práctica común, no por ello debemos considerarla correcta desde un punto de vista ético. Una alternativa para Adriana podría ser el facturar su supervisión a través de una entidad que agrupe a otros analistas de conducta y que pueda respaldarla en casos como el expuesto en el escenario.*

*En el caso de que pueda ser una alternativa realista para alguno de los estudiantes, Adriana puede también tomar la resolución de recomendar a estos alumnos que soliciten realizar prácticas como voluntarios, es decir, sin coste para ellos, en algún centro que disponga de algún BCBA. Este escenario llama la atención sobre la gran necesidad que existe de ofrecer oportunidades para realizar prácticas supervisadas a estudiante matriculados en programas internacionales de formación a través de internet.*

*Por último, si Adriana conoce el nombre del supervisor que incurrió en una infracción ética grave al firmar horas de supervisión de forma engañosa, debería contactar con dicho supervisor, si conoce su nombre, e informarle de que ha habido un efecto tipo "onda expansiva" a consecuencia de la falta ética cometida durante su supervisión y que dichas faltas constituyen una infracción que puede notificarse a la BACB.*

## CASO 21.2 PROBABILIDADES DE ÉXITO

*Parece que la madre ha ocultado una información clave para la aceptación del caso hasta justo antes de la firma del contrato de servicio. Este precedente no anuncia nada bueno para el futuro de la relación. Manuela debe tomarse el tiempo necesario para decidir si este posible cliente merece o no la pena considerando las probabilidades de éxito. Aun hay tiempo de decir: "No, lo siento, el acuerdo que me está planteando no me parece satisfactorio".*

*Antes de abandonar el caso puede merecer la pena intentar comprender los motivos de la madre al tomar esta decisión de última hora y explorar un poco más la formación y circunstancias de la vecina. Un factor decisivo podría ser entrevistar a la vecina y a continuación volver a hablar con la madre con tus impresiones sobre la posibilidad de incluir a esta persona en el tratamiento. La madre debe de comprender que una de las ventajas de un programa de entrenamiento a padres es que los padres están cerca del niño de forma continua y por tanto tienen más oportunidades de aplicar los procedimientos conductuales que le podrías enseñar. En último término, Manuela deberá decidir si merece la pena hacer la inversión de tiempo y esfuerzo necesarios dadas las circunstancias. En nuestra opinión, sería preferible declinar y pasar al siguiente caso. La supervisión a distancia ya es difícil de por si como para añadir elementos de incertidumbre adicionales como puedan ser tener que formar a la vecina o disponer de un acceso limitado a los padres.*

## CASO 21.3 CONDICIONES LABORALES DEGRADANTES

*Adelaida debería comunicar con claridad a la familia que los analistas de conducta operamos siguiendo un código ético, incluso podría revisar con ellos los puntos 1.04(a), 1.04(b) y 1.04(c) sobre integridad, y los puntos 1.05(a) sobre relaciones profesionales. También deben saber que debemos seguir el punto 2.13 sobre precisión en los informes de facturación. Si no pueden o no quieren pagar los servicios, lo correcto sería declinar el caso. Simpatizar con una familia es una cosa; aceptar unas condiciones laborales degradantes es otra muy distinta. La familia debería buscar otras alternativas. ¿Pedirían a un médico, un abogado o un arquitecto que realicen su trabajo como "empleados del hogar"? Seguro que no.*

## CASO 21.4 PRESENTACIÓN ENGAÑOSA DE LA FORMACIÓN Y CREDENCIALES PROFESIONALES

*Un paso inicial consistiría en contactar con esta persona y hacerle saber que, debido a que no completó la formación ni el proceso de certificación, no debería estar publicitando sus servicios de forma engañosa haciéndose necesario revisar urgentemente su página web. Podría incluso ser buena idea que varios de los docentes del programa iniciasen de forma independiente esta conversación con la exalumna en cuestión. Sería posible incluso hacerle ver que las noticias corren y, si sigue en esta línea, desarrollará una reputación de baja credibilidad. Paralelamente, informaremos al director del curso, quien no tendrá más opción que actuar si sabe que otros docentes del programa han tomado la iniciativa.*

*Es posible que la exalumna haya vulnerado el punto 10.07 del código sobre representación sesgada del análisis de conducta por parte de personas que no estén certificadas. Sin lugar a dudas, la exalumna no está cualificada según nuestros estándares para presentarse como una terapeuta ABA. Si quisiéramos presentar el caso ante la BACB deberíamos tener conocimiento de primera mano del caso, así como documentación para probar que efectivamente se han vulnerado normas.*

## CASO 21.5 VULNERACIÓN DEL ÁMBITO DE COMPETENCIAS DE LA CERTIFICACIÓN PROFESIONAL

*Una primera consideración a realizar por el emisor de este escenario será si dispone de información de primera mano y de documentación original sobre las circunstancias que se describen. Dicha información será clave si, llegado el caso, hubiera que respaldar con pruebas la descripción de acontecimientos realizada.*

*Por otra parte, aunque es fácil de comprender la disyuntiva planteada (es decir, disponer o no der servicios en la región), en realidad, es una falsa disyuntiva, ya que la provisión de servicios de calidad cuestionable por personas que no disponen de la cualificación requerida no es bueno para los clientes ni para la profesión. El punto 7.02 del Código sugiere que debemos intentar conseguir una resolución informal reuniéndonos con estos BCaBA y comentando el punto 10.05 con ellos. Hay otros varios elementos del código que pueden ser también relevantes en este caso: 1.02, 5.02, 5.03, 5.04 y 10.07.*

*Por último, aunque efectivamente el analista de conducta deberá seguir colaborando con estos BCaBA, no es menos cierto que ellos deberán también colaborar con el BCBA, y deberían tratar de evitar que este tenga un concepto negativo de ellos por sus prácticas poco profesionales y de escaso sentido ético.*

## CASO 21.6 CERTIFICACIÓN FUERA DE EEUU

*En este escenario la Universidad es la primera interesada en actuar y ejercer algo de presión para modificar la situación. De forma paralela e inmediata, los docentes deberán enfatizar mucho más el contenido ético del programa y las ventajas de certificarse. Para ello, deberán anticipar las dudas y preparar respuestas convincentes con antelación a comentarios del tipo "nadie conoce esa certificación aquí, ¿qué sentido tiene obtenerla?", "no puedo retrasar mi entrada en la práctica profesional un año más e incurrir en costos adicionales para completar prácticas y otros requisitos de la certificación", etc. El argumento de que el programa de certificación de la BACB es "americanocéntrico" es en gran medida un argumento irracional: la BACB dispone de representates internacionales y de un departamento de desarrollo internacional y es sensible a las diferencias nacionales y culturales. Por otra parte, los argumentos que se presentan no son realmente ideosincráticos del contexto en el que estos estudiantes recién egresados se mueven. Por ejemplo, aun existen varios estados en EEUU que no reconocen las certificaciones de la BACB en el proceso de obtener la licencia y poder trabajar. De igual modo, hay partes de Estados Unidos donde asociaciones profesionales consagradas, como por ejemplo la* Florida Psychological Association, *se resisten a reconocer ABA como un campo práctico diferente a la psicología y desean retener privilegios de supervisión sobre los analistas de conducta.*

*Parece obvio que uno de los grandes perdedores en este escenario puede ser la Universidad en el medio plazo, así como la imagen del análisis de conducta en aquel país. Por tanto, es de vital importancia que tanto la dirección del programa como los docentes valoren la importancia de esta situación y la consideren una amenaza a la futura existencia de su secuencia verificada que imparten.*

*La dirección del programa debería considerar limitar el acceso al programa a aquellos estudiantes que tengan planes profesionales claros que incluyan la certificación profesional. Acciones adicionales, quizá más a largo plazo, pueden incluir contactar con el director de desarrollo internacional o con alguno de los representantes internacionales del comité de directores de la BACB para solicitarles consejo y asistencia sobre cómo favorecer la compatibilidad de las normas locales sobre práctica profesional con las propias de la BACB.*

*Llegar a ser un profesional no es algo que podamos tomar a la ligera. En EEUU, por ejemplo, los estudiantes que entran en la facultad de medicina saben de antemano que tendrán que solicitar préstamos para pagar sus estudios y que pueden pasar los próximos diez años amortizando dichos préstamos. Estamos intentando construir la profesión del análisis de conducta y los estudiantes deben de conocer las contingencias económicas tan pronto como consideren convertirse en analistas de conducta.*

## CASO 21.7 FORMACIÓN CONTINUA

*Este problema se da con cierta frecuencia en todas partes. Es por este motivo que la BACB tiene estándares específicos sobre formación continua a fin de mantener la certificación BCBA y BCaBA (ver punto 1.03 del Código sobre el mantenimiento de la competencia profesional).*

*Parece que en este contexto particular un elemento de impulso al campo puede ser la traducción al español de obras de referencia del análisis aplicado de conducta y enfatizar a los analistas de conducta que deben de mantenerse actualizados.*

## CASO 21.8 EDAD DEL CLIENTE Y TERMINACIÓN DEL SERVICIO

*Este escenario tiene varias ramificaciones a considerar. En primer lugar, la organización para la que trabaja el remitente deberá primero replantearse su modelo de servicios en caso de que genuinamente quieran ampliar su portafolio a población de mayor edad. Incluso aunque este no fuera el caso, parece que sí podría ser útil una mayor formación en áreas tales como habilidades avanzadas de la vida diaria (comprar, manejar dinero, etc.), programas de mayor relevancia para clientes de mayor edad. Si bien es cierto que los analistas de conducta deben de trabajar dentro de su marco de competencias y siempre ofreciendo servicios basados en la evidencia, también es cierto que existe una creciente literatura sobre el ámbito referido en el escenario, por lo que aun queda margen para mejorar la formación del remitente en esta área. Ello puede requerir no solo leer la literatura, sino también entrar en contacto con los profesionales del campo que están haciendo trabajos pioneros en este ámbito. Por ejemplo, el Dr. Eric Larsson en Lovaas Institute Midwest mantiene un archivo actualizado de la investigación disponible con adolecentes y adultos. Ciertamente, hay un cuerpo de literatura con adolescentes y adultos con discapacidad que usa los principios del análisis de conducta para modificar un amplio abanico de excesos y déficit de conducta. Otro material de referencia de interés es el libro* Essential for Living *del Dr. Patrick McGeevy.*

*Ya en el ámbito hispanohablante, el Centro Ana Sullivan² de Perú, dirigido por la Dra. Liliana Mayo, puede ser también un recurso de interés. La Dra. Mayo, formada en la Universidad de Kansas, ha recibido varios premios de ABAI en reconocimiento de su labor humanitaria y de diseminación internacional por la realización de este tipo de trabajo.*

*El escenario también nos obliga a reflexionar sobre el proceso de terminación del servicio. En primer lugar, deberemos seguir con cuidado los puntos 2.15(d) y 2.15(e) del Código referentes a los planes de transición del paciente. Antes de la terminación del servicio deberemos considerar todas las alternativas (p.ej., trabajo supervisado, talleres protegidos, trabajos adaptados).*

## CASO 21.9 DESHONESTIDAD ACADÉMICA

*Es interesante recalcar que el remitente de este escenario tiene conocimiento de primera mano de que este caso de comportamiento deshonesto está teniendo lugar. Ello es esencial antes de que podamos emprender acción alguna ante esta clara vulneración del punto 1.04 del Código relativo a integridad profesional (especialmente los apartados a, b, c y e).*

*Con respecto a qué hacer, recomendaríamos seguir las pautas del punto 7.02 del Código en un intento de resolver el asunto informalmente y recordarle el punto 7.01 sobre promoción de una cultura organizacional ética a esta persona. Si ello no produce el efecto apetecido, podremos archivar una queja ante la BACB por violación del punto 1.04 (a, b, c y e), aunque como se ha dicho dicha denuncia requerirá de la aportación de documentación fehaciente y esta puede ser difícil de obtener.*

## CASO 21.10 SUPERVISIÓN FRAUDULENTA Y RBT

*Debemos lamentar que en algunos sectores nuestro campo se haya presentado como una opción para ganar "dinero rápido" con escasa inversión en formación. En el caso de los RBT, la regulación de que disponemos es de mínimos, es decir, se requeriría un nivel de supervisión bastante superior al exigido para llegar a ser un profesional hábil. Al igual que en un escenario previo, vemos también aquí otro posible ejemplo de la desaconsejable práctica de confundir el rol de estudiante con el de contratante (empleador).*

*En primer lugar, quisiéramos enfatizar que a largo plazo es contraproducente intentar ahorrar en exceso en nuestra educación. La disyuntiva que plantea el remitente (supervisor costoso y de calidad o supervisor barato, pero sin acceso a supervisión real), no llegaría a haberse planteado si priorizásemos nuestra formación, aunque para hacerlo debamos de hacer un desembolso económico significativo. Dicha inversión, si resulta en una formación de calidad, nos será devuelta a lo largo de nuestra carrera con creces.*

*Llama la atención que el remitente sugiere que ha podido ser objeto de algún tipo de discriminación por parte de posibles supervisores. Convendría evaluar si la situación puede ser descrita como una práctica discriminatoria, en cuyo caso constituye una violación del Código. Si albergásemos esta sospecha, un primer paso puede ser intentar resolver este asunto informalmente con el supervisor afectado (punto 7.02).*

*Una de las acciones inmediatas ante este escenario sería la de comunicarnos con el director del curso e informar a los analistas certificados que recomendó de que sus prácticas de supervisión pueden estar violando varios puntos del Código. A pesar de la prevalencia con la que se dan circunstancias parecidas a la descrita en el escenario, constituyen hechos que pueden notificarse a la BACB por violación de los puntos 5.02, 5.04 y 10.05. Si el remitente se decidiese a reportar esta violación, debería disponer de conocimiento de primera mano y de documentación fehaciente sobre los hechos referidos.*

## CASO 21.11 SUPERNANI

*Este parece un claro caso de relación múltiple (ver punto 1.06 sobre relaciones múltiples y conflictos de intereses). En primer lugar, Amapola ya tiene una relación laboral previa con la familia que sin duda afectará negativamente a su rol como analista de conducta. Como BCaBA (e incluse aunque fuese RBT), y a pesar de ser supervisada externamente, Amapola debería rechazar esta oferta informando a la familia de sus responsabilidades ética.*

*Otro aspecto que podría dar lugar a otro compromiso ético es la relación entre el supervisor externo y Amapola. Si no existe una relación formal entre ambos, es posible que haya, a la postre, repercusiones negativas para el cliente; por ejemplo, la familia puede decidir prescindir de los servicios del supervisor externo y depositar toda la responsabilidad del caso en Amapola. Por tanto, dicha relación debe definirse de antemano siempre teniendo en mente el interés del cliente (ver puntos 2.03 y 204).*

## CASO 21.12 TRIÁNGULO VICIOSO

*En este escenario el analista de conducta ha cometido dos infracciones éticas muy notables. En primer lugar, aceptar un cliente con el que inevitablemente exisitrá una relación múltiple (terapeuta y marido de la amiga íntima de su cliente). En casos como este, el analista de conducta debe derivar el caso a otro profesional evitando así el establecimiento de una relación dual y los efectos negativos que frecuentemente le siguen (ver punto 1.06 del Código).*

*En segundo lugar, la revelación de información sobre el caso a su pareja no es una acción que podamos tomar a la ligera. El punto 2.08 del Código sobre revelación de información nos dice que los "analistas de conducta no divulgarán información confidencial sin el consentimiento del cliente".*

*Sección*

# Cinco

## El Código deontológico profesional y ético para analistas de conducta, glosario, escenarios y lecturas para ampliar

E n la sección IV presentamos la última versión del Código Deontológico Profesional y Ético para analistas de conducta en el apéndice A (versión de 11 de mayo de 2015), seguido en el apéndice B de un glosario desarrollado por la BACB que lo acompaña. El apéndice C contiene cincuenta escenarios éticos que en esta edición incluyen pistas que sugieren como hallar la solución a los dilemas éticos planteados. El apéndice D contiene una lista recomendada de lecturas para emplear sobre el tema de ética. Esta sección también incluye las referencias y el índice analítico.

# Apéndice A: Código deontológico profesional y ético para analistas de conducta

El Código Deontológico Profesional y Ético para analistas de conducta de la Behavior Analyst Certification Board (BACB), en lo sucesivo "el código", actualiza y sustituye a las Normas de Disciplina y Ética Profesional de la BACB y las Guías de Conducta Responsable para analistas de conducta. El Código incluye 10 secciones pertinentes a la conducta profesional y ética de los analistas de conducta, además de un glosario de términos. Efectivo desde el 1 de enero del 2016, se exigirá la adherencia al Código a los solicitantes de certificaciones de la BACB, así como a personas certificadas por la BACB o incluidas en el registro profesional de la BACB.

# CÓDIGO DEONTOLÓGICO PROFESIONAL Y ÉTICO PARA ANALISTAS DE CONDUCTA

© 2015 Behavior Analyst Certification Board® Inc. (BACB®), todos los derechos reservados. Versión de 11 de mayo de 2015. La versión más reciente de este documento está disponible en www.bacb.com contactar ip@bacb.com para permisos para la reproducción de este documento.

## CONTENIDOS[1]

[1] Los alumnos que estén estudiando para obtener la credencial *Registered Behavior Technician®* deberán estudiar solo los apartados acompañados de las siglas RBT.

## CÓDIGO DEONTOLÓGICO PROFESIONAL Y ÉTICO PARA ANALISTAS DE CONDUCTA

([RBT] **= Elemento del Código importante para los Técnicos del comportamiento registrado)**

© 2015 Behavior Analyst Certification Board® Inc. (BACB®), todos los derechos reservados. Versión de 11 de mayo de 2015. La versión más reciente de este documento está disponible en www.bacb.com contactar ip@bacb.com para permisos para la reproducción de este documento.

# 1.0 CONDUCTA RESPONSABLE DE LOS ANALISTAS DE CONDUCTA

Los analistas de conducta asumen los elevados estándares de conducta ética propios de la profesión.

## 1.01 Dependencia de conocimiento científico (RBT)

Los analistas de conducta se basan en el conocimiento derivado profesionalmente basado en la ciencia y el análisis del comportamiento al hacer juicios científicos o profesionales en la prestación de servicios humanos, o al participar en actividades académicas o profesionales.

## 1.02 Límites de competencia profesional (RBT)

(a) Los analistas de conducta ofrecen servicios, enseñan, o realizan investigaciones únicamente dentro de los límites de su competencia profesional, que es conmensurable al grado de formación, entrenamiento y experiencia supervisada.

(b) Los analistas de conducta proporcionan servicios, enseñan o realizan investigaciones en nuevas áreas (p.ej., con nuevas poblaciones clínicas, usando nuevas técnicas, o analizando conductas no estudiadas previamente) solamente después de haber realizado un estudio, capacitación, supervisión y/o consulta de personas que son competentes en esas áreas.

## 1.03 Mantenimiento de competencia a través de desarrollo profesional (RBT)

Los analistas de conducta mantienen el conocimiento de la información científica y profesional actual en sus áreas de práctica y se esfuerzan por mantener la competencia en las habilidades que utilizan mediante la lectura de la bibliografía adecuada, la asistencia a conferencias y convenciones, participando en talleres, obteniendo cursos adicionales, y/o recibiendo y manteniendo las certificaciones profesionales apropiadas.

## 1.04  Integridad (RBT)

(a) Los analistas de conducta son veraces y honestos y organizan el ambiente para promover un comportamiento sincero y honesto en los demás.

(b) Los analistas de conducta no aplican contingencias que pudieran inducir comportamientos fraudulentos, ilegales o poco éticos en otras personas.

(c) Los analistas de conducta siguen las obligaciones y compromisos contractuales y profesionales propios de un trabajo de alta calidad y se abstienen de asumir compromisos profesionales que no pueden cumplir.

(d) Los analistas de conducta siguen los códigos legales y éticos de la comunidad social y profesional de la que son miembros. (véase también la sección *10.02(a) Responder, referir y actualizar la información aportada por la BACB*).

(e) Si las responsabilidades éticas de los analistas de conducta entran en conflicto con la ley o cualquier regulación de la organización con la que están afiliados, deberán dar a conocer su compromiso con este Código y tomar medidas para resolver el conflicto de una manera responsable, de acuerdo con la ley.

## 1.05  Relaciones profesionales y científicas (RBT)

(a) Los analistas de conducta proporcionan servicios analítico-conductuales sólo en el contexto de un rol o relación científica o profesional definida.

(b) Cuando los analistas de conducta proporcionan servicios analítico-conductuales utilizan un lenguaje que es comprensible para el destinatario de dichos servicios sin dejar de ser conceptualmente sistemáticos con la profesión de analista de conducta. Proporcionan información adecuada antes de la prestación de servicios sobre la naturaleza de este tipo de servicios y, posteriormente, informan sobre resultados y conclusiones.

(c) Cuando las diferencias de edad, sexo, raza, cultura, etnia, origen nacional, religión, orientación sexual, discapacidad, idioma o condición socioeconómica afectan significativamente el trabajo del analista de conducta relacionado con los individuos o grupos particulares, los analistas de conducta deberán obtener la formación, experiencia, la consulta y/o supervisiones necesarias para garantizar la competencia de sus servicios, en caso contrario derivarán al cliente apropiadamente.

(d) En sus actividades relacionadas con el trabajo, los analistas de conducta no discriminan a individuos o grupos por motivos de edad, género, raza, cultura, etnia, nacionalidad, religión, orientación sexual, discapacidad, idioma, nivel socioeconómico, o en base a cualquier otra circunstancia prohibida por la ley.

(e) Los analistas de conducta no acosan, degradan a personas con las que se relacionan en su trabajo por motivos tales como la edad, el género, la raza, la cultura, el origen étnico, nacionalidad, religión, orientación sexual, discapacidad, idioma o condición socioeconómica según la ley.

(f) Los analistas de conducta reconocen que sus problemas y conflictos personales pueden interferir con su eficacia. Los analistas de conducta se abstendrán de la prestación de servicios cuando sus circunstancias personales puedan comprometer la prestación de servicios al nivel de mayor calidad posible.

## 1.06  Relaciones múltiples y conflictos de intereses (RBT)

(a) Debido a los efectos potencialmente dañinos de las relaciones múltiples, los analistas de conducta evitan mantener relaciones múltiples.

(b) Los analistas de conducta siempre deben ser sensibles a los efectos potencialmente nocivos de las relaciones múltiples. Si los analistas de conducta encuentran que, debido a factores imprevistos, ha surgido una relación múltiple, tratarán de hallar una solución a esta circunstancia.

(c) Los analistas de conducta reconocen e informan a los clientes y estudiantes supervisados sobre los posibles efectos nocivos de las relaciones múltiples.

(d) Los analistas de conducta no darán ni aceptarán regalos de sus clientes, ya que ello constituye una relación múltiple.

## 1.07 Relaciones abusivas (RBT)

(a) Los analistas de conducta no explotan a las personas a las que supervisan, evalúan, o sobre las que ejercen autoridad de cualquier tipo, tales como estudiantes, estudiantes supervisados, empleados, participantes en investigación, y clientes.

(b) Los analistas de conducta no mantienen relaciones sexuales con clientes, estudiantes o estudiantes supervisados, ya que este tipo de relaciones deterioran el juicio con facilidad y pueden conducir a una relación abusiva.

(c) Los analistas de conducta se abstienen de cualquier relación sexual con clientes, estudiantes o estudiantes supervisados, durante al menos dos años después de la fecha en que la relación profesional ha terminado formalmente.

(d) Los analistas de conducta no realizan transacciones de trueque de los servicios que prestan, a menos que exista un acuerdo escrito al respecto que indique: (1) que el trueque ha sido solicitado por el cliente o estudiante supervisado; (2) el trueque sea considerado una costumbre de la zona donde se prestan los servicios; y (3) el trueque será proporcional al valor de los servicios analítico-conductuales prestados.

## 2.0 RESPONSABILIDAD DE LOS ANALISTAS DE CONDUCTA PARA CON SUS CLIENTES

Los analistas de conducta tienen la responsabilidad de actuar en el mejor interés de sus clientes. El término cliente tal como se utiliza aquí es ampliamente aplicable a todos aquellos a quienes los analistas de conducta prestan servicios, ya sea una persona individual (destinatario del servicio), un padre o tutor de un destinatario de servicios, un representante de la organización, una organización pública o privada, o una empresa.

## 2.01 Aceptación de nuevos clientes

Los analistas de conducta aceptan como clientes sólo a aquellas personas o entidades que soliciten servicios que sean adecuados a la formación del analista de conducta, y a su experiencia y recursos disponibles, y siempre de acuerdo a las regulaciones de la organización a la que pertenezca. Caso de no darse estas condiciones, los analistas de conducta deberán funcionar bajo la supervisión de, o en consulta con un analista de conducta cuyas certificaciones profesionales permitan la realización de los servicios en cuestión.

### 2.02  Responsabilidad (RBT)

La responsabilidad de los analistas de conducta se extiende a todas las partes afectadas por los servicios analítico-conductuales. Cuando varias partes se encuentran implicadas y todas pueden definirse como un cliente, deberá establecerse una jerarquía de las partes involucradas. Dichas relaciones definidas, deberán comunicarse desde un principio. Los analistas de conducta identifican y comunican quién es el beneficiario último de sus servicios en cada situación particular y defenderán los intereses de dicho cliente.

### 2.03  Consulta

(a) Los analistas de conducta realizarán consultas y derivaciones adecuadas basadas principalmente en los intereses de sus clientes, con el consentimiento adecuado, y sin perjuicio de otras consideraciones pertinentes, incluida la legislación aplicable y las obligaciones contractuales.

(b) Cuando proceda y sea adecuado profesionalmente, los analistas de conducta cooperarán con otros profesionales, de una manera que sea consistente con los supuestos y principios filosóficos del análisis de conducta, con el fin de servir de manera efectiva y adecuada a sus clientes.

### 2.04  Participación de terceros en la provisión de servicios

(a) Cuando los analistas de conducta acuerdan proporcionar

servicios a una persona o entidad a petición de un tercero, aclararán en la medida de lo posible y desde el principio del servicio, la naturaleza de la relación con cada parte y cualquier posible conflicto de intereses. Esta aclaración incluye el papel del analista de conducta (como terapeuta, consultor organizacional, o testigo experto), los usos probables de los servicios prestados o de la información obtenida, y el hecho de que puede haber límites a la confidencialidad.

(b) Si existe un riesgo previsible de que se solicite del analista de conducta el desempeño de funciones en conflicto debido a la intervención de un tercero, los analistas de conducta aclararán la naturaleza y la dirección de sus responsabilidades, mantendrán todas las partes debidamente informadas del desarrollo de acontecimientos, y resolverán la situación en conformidad con el presente Código.

(c) Cuando la prestación de servicios a un menor o una persona que es miembro de una población vulnerable, a petición de un tercero, los analistas de conducta asegurarán que los padres o representantes del cliente destinatario final de los servicios sea informado de la naturaleza y el alcance de los servicios a prestar, así como su derecho a todos los archivos de los servicios y datos.

(d) Los analistas de conducta pondrán el cuidado de sus clientes por encima de cualquier otra consideración y, en caso de que un tercero demande servicios que estén contraindicados en las recomendaciones del analista de conducta, este resolverá el conflicto de acuerdo al interés del cliente. Si dicho conflicto no puede ser resuelto, los servicios que el analista de conducta esté ofreciendo serán interrumpidos adecuadamente.

## 2.05 Derechos y prerrogativas de los clientes (RBT)

(a) Los derechos del cliente son primordiales. Los analistas de conducta apoyan los derechos y prerrogativas legales de sus clientes.

(b) Los clientes y los estudiantes supervisados deben proporcionar, si así se lo solicitan, un conjunto preciso y actualizado las certificaciones profesionales de que disponen.

(c) La autorización para la grabación de entrevistas y sesiones será solicitada a clientes y personal pertinente en todos los ámbitos que correspondan. El consentimiento para diferentes usos se deberá obtener específicamente y por separado.

(d) Los clientes y los estudiantes supervisados deben ser informados de sus derechos y sobre los procedimientos disponibles para la presentación de denuncias dirigidas al empleador o las autoridades que correspondan sobre las prácticas profesionales del analista de conducta.

(e) Los analistas de conducta cumplirán con el requisito de verificación de antecedentes penales.

## 2.06 Mantenimiento de la confidencialidad (RBT)

(a) Los analistas de conducta tienen como obligación principal el tomar las precauciones razonables para proteger la confidencialidad de las personas con quienes trabajan o consultar, reconociendo que la confidencialidad puede ser establecida por la ley, las normas de organización, o relaciones profesionales o científicas.

(b) Los analistas de conducta evalúan aspectos correspondientes a la confidencialidad al comienzo de la relación y después como nuevas circunstancias pueden justificar.

(c) Con el fin de minimizar la intrusión en la vida privada, los analistas de conducta incluyen sólo la información pertinente a la finalidad para la cual se realiza la comunicación en forma escrita, oral, y los informes electrónicos, consultas y otras vías.

(d) Los analistas de conducta evalúan la información confidencial obtenida en las relaciones clínicas o de consultoría, o los datos de evaluación en relación con los clientes, estudiantes, participantes en la investigación, supervisados y empleados, sólo para fines científicos o profesionales adecuados y sólo con personas claramente preocupados por estas cuestiones.

(e) Los analistas de conducta no deben compartir o crear

situaciones que pueden dar lugar a la puesta en común de los propios datos (escrito, fotográfico o de vídeo) sobre los clientes actuales y personas supervisadas en las redes sociales.

## 2.07 Mantenimiento de registros (RBT)

(a) Los analistas de conducta mantendrán la debida confidencialidad sobre la creación, almacenamiento, acceso, transferencia y eliminación de registros bajo su control, ya se encuentren estos por escrito, informatizados, en formato electrónico o en cualquier otro medio.

(b) Los analistas de conducta mantendrán y dispondrán de registros de acuerdo con las leyes, regulaciones, políticas corporativas y políticas de la organización, y de una manera que permita el cumplimiento de los requisitos de este Código.

## 2.08 Revelación de información (RBT)

Los analistas de conducta no divulgarán información confidencial sin el consentimiento del cliente, con excepción de lo dispuesto por la ley, o cuando lo permita la ley para un propósito válido, como (1) proporcionar servicios profesionales necesarios para el cliente, (2) obtener consultorías profesionales adecuadas, (3) proteger al cliente u otros de cualquier daño, o (4) obtener el pago de servicios, en cuyo caso la divulgación se limita a la mínima que es necesaria para lograr tal fin. Los analistas de conducta reconocen que los parámetros de consentimiento para la divulgación deben ser adquiridos desde el principio de cualquier relación definida siendo un proceso continuo durante toda la duración de la relación profesional.

## 2.09 Eficacia del tratamiento o intervención

(a) Los clientes tienen derecho a un tratamiento eficaz (basado en la literatura de investigación y adaptado a cada cliente). Los analistas de conducta siempre tienen la obligación de promover y educar al cliente acerca de los procedimientos de tratamiento con apoyo científico más eficaces. Procedimientos de tratamiento eficaces han debido de ser validados y hallados adecuados en sus beneficios a corto y largo plazo para el cliente y la sociedad.

(b) Los analistas de conducta tienen la responsabilidad de abogar por la cantidad apropiada y el nivel de prestación de servicios y la supervisión necesaria para cumplir los objetivos del programa específico de cambio de comportamiento.

(c) En los casos en que se ha establecido más de un tratamiento científico, otros factores pueden ser considerados en la selección de las intervenciones, incluyendo, pero no limitado a la eficiencia y a la rentabilidad, a los riesgos y efectos secundarios de las intervenciones, a la preferencia del cliente, y a la experiencia y formación profesional.

(d) Los analistas de conducta revisan y evalúan los efectos de cualquier tratamiento de los cuales sepan que pueden afectar a los objetivos del programa de cambio de conducta, y su posible impacto en el programa de cambio conductual, en la medida posible.

## 2.10 Documentación del trabajo profesional y la investigación (RBT)

(a) Los analistas de conducta deberán documentar adecuadamente su labor profesional con el fin de facilitar la prestación de los servicios por parte de otros profesionales, para asegurar la rendición de cuentas, y para satisfacer otras necesidades de las organizaciones o de la ley.

(b) Los analistas de conducta tienen la responsabilidad de crear y mantener la documentación en el tipo de detalle y calidad que sería consistente con las mejores prácticas y acorde con la ley.

## 2.11  Registros y datos (RBT)

(a) Los analistas de conducta tienen la responsabilidad de crear, mantener, difundir, almacenar, retener y disponer de registros y datos relacionados con su investigación, la práctica, y otros trabajos de conformidad con las leyes, regulaciones y políticas; de manera que para el cumplimiento de los requisitos de este Código; y de una manera que permite la transferencia apropiada del servicio y la supervisión del mismo en cualquier momento.

(b) Los analistas de conducta deberán conservar los registros y datos durante al menos siete (7) años conforme a la ley.

## 2.12  Contratos, honorarios y acuerdos económicos

(a) Antes de llevar a cabo los servicios, los analistas de conducta se aseguran de que existe un contrato firmado que detalla las responsabilidades de todas las partes, el alcance de los servicios analítico-conductuales que se van a proveer, y las obligaciones de los analistas de conducta en virtud de este Código.

(b) Tan pronto como sea posible en una relación profesional o científica, los analistas de conducta llegan a un acuerdo con sus clientes especificando los acuerdos de compensación y de facturación.

(c) Los honorarios de las prácticas de los analistas de conducta son consistentes con la ley y los analistas no tergiversan sus honorarios. Si se pudiera anticipar limitaciones en el servicio debido a limitaciones en la financiación, esto se comentará con el cliente tan pronto como sea posible.

(d) Cuando las circunstancias relativas a la financiación cambien, las responsabilidades financieras y límites debe ser revisadas con el cliente.

## 2.13  Precisión en los informes de facturación

Los analistas de conducta indican con precisión la naturaleza de los servicios prestados, las tasas o costes, la identidad del proveedor, los resultados relevantes, y otros datos descriptivos requeridos.

## 2.14 Derivaciones y honorarios

Los analistas de conducta no deben recibir o dar dinero, regalos u otros beneficios por derivaciones profesionales. Las derivaciones deben considerar múltiples opciones y hacerse con base en la determinación objetiva de la necesidad del cliente y del subsiguiente repertorio del profesional al que se remite. Cuando se proporciona o se recibe una derivación, el alcance de cualquier relación entre las dos partes es revelado al cliente.

## 2.15 Interrupción o suspensión de servicios

(a) Los analistas de conducta actúan por el bien del cliente y velan por evitar la interrupción o suspensión de los servicios.

(b) Los analistas de conducta hacen esfuerzos razonables y oportunos para facilitar la continuación de los servicios analíticos-conductuales en caso de interrupciones no planificadas (p.ej., debido a una enfermedad, deterioro, falta de disponibilidad, traslado, interrupción de la financiación, desastre).

(c) Al entrar en relaciones laborales o contractuales, los analistas de conducta tienen en cuenta la ordenanza y la adecuada resolución de la responsabilidad de los servicios en caso de que la relación laboral o contractual termine, con suma consideración hacia el bienestar del beneficiario final de los servicios.

(d) La interrupción sólo se produce después de que se han hecho esfuerzos para la transición. Los analistas de conducta suspenden una relación profesional de manera oportuna cuando el cliente: (1) ya no necesita el servicio, (2) no se beneficia de los servicios, (3) está siendo perjudicado por la continuidad del servicio, o (4) cuando el cliente pide la suspensión (véase también, 4.11 *Suspensión de programas de modificación de conducta y servicios analítico-conductuales*)

(e) Los analistas de conducta no abandonan a clientes y supervisados. Antes de la suspensión, por cualquier razón, los analistas de conducta: hablan de las necesidades de servicio, ofrecen adecuados servicios previos a la terminación, sugieren proveedores de servicios alternativos y, según corresponda con el consentimiento, toman otras medidas razonables para facilitar la transferencia oportuna de la responsabilidad a otro proveedor.

## 3.0   EVALUACIÓN DEL COMPORTAMIENTO

Los analistas de conducta utilizan técnicas de evaluación analítico-conductuales con fines apropiados dada la investigación actual.

### 3.01   *Evaluación analítico-conductual (RBT)*

(a) Los analistas de conducta realizan las evaluaciones pertinentes previamente a realizar recomendaciones o a desarrollar programas de modificación de conducta. El tipo de evaluación utilizado es determinado por las necesidades del cliente y el consentimiento de éste, parámetros ambientales y otras variables contextuales. Antes de que los analistas de conducta desarrollen un programa de modificación de conducta, deben llevar a cabo una evaluación funcional.

(b) Los analistas de conducta tienen la obligación de recoger y mostrar gráficamente los datos, utilizando las convenciones analítico-conductuales, de tal manera que permita tomar decisiones y realizar recomendaciones para el desarrollo de programas de cambio de conducta.

### 3.02   *Consulta médica*

Los analistas de conducta recomiendan buscar una opinión médica si existe alguna posibilidad razonable de que el comportamiento en cuestión esté influenciado por variables médicas o biológicas.

### *3.03  Consentimiento de evaluación analítico-conductual*

(a) Antes de la realización de una evaluación, los analistas de conducta deben explicar al cliente los procedimientos a utilizar, quién participará y cómo se utilizará la información resultante.
(b) Los analistas de conducta deben obtener la aprobación por escrito del cliente de los procedimientos de evaluación antes de su aplicación.

### *3.04  Explicación de los resultados de la evaluación*

Los analistas de conducta explican los resultados de evaluación utilizando un lenguaje y unas representaciones gráficas de los datos que sean razonablemente comprensibles para el cliente.

### *3.05  Registro del consentimiento del cliente*

Los analistas de conducta obtienen el consentimiento escrito del cliente antes de obtener o divulgar registros de clientes o de otras fuentes, para fines de evaluación.

### 4.0  LOS ANALISTAS DE CONDUCTA Y EL PROGRAMA DE CAMBIO DE CONDUCTA DEL INDIVIDUO

Los analistas de conducta son responsables de todos los aspectos del programa de cambio de conducta desde la conceptualización hasta la aplicación y en última instancia de la suspensión.

### *4.01  Consistencia conceptual*

Los analistas de conducta diseñan programas de cambio de conducta que son conceptualmente consistentes con los principios analítico-conductuales.

### *4.02  Implicación de los clientes en la planificación y consentimiento*

Los analistas de conducta implican al cliente en la planificación y el consentimiento de los programas de cambio de conducta.

### 4.03  Programas de cambio de conducta individualizados

(a) Los analistas de conducta deben adaptar los programas de cambio de conducta a las conductas, a las variables ambientales, a los resultados de la evaluación, y a los objetivos de cada cliente.

(b) Los analistas de conducta no plagian los programas de cambio de conducta de otros profesionales.

### 4.04  Aprobar programas de cambio de conducta

Los analistas de conducta deben obtener la aprobación del cliente por escrito del programa de cambio de conducta antes de llevarlo a cabo o de hacer modificaciones significativas (p.ej., cambio en los objetivos, el uso de nuevos procedimientos).

### 4.05  Describir objetivos del programa de cambio de conducta

Los analistas de conducta describen, por escrito, los objetivos del programa de cambio de conducta al cliente antes de intentar poner en práctica el programa. En la medida en que sea posible, debe de llevarse a cabo un análisis riesgo-beneficio sobre los procedimientos que deben aplicarse para alcanzar el objetivo. La descripción de los objetivos del programa y los medios por los que van a obtenerse es un proceso continuo durante toda la duración de la relación cliente-profesional.

### 4.06  Describiendo condiciones para el éxito del programa de cambio de conducta

Los analistas de conducta describen al cliente las condiciones ambientales que son necesarias para que el programa de cambio de conducta sea eficaz.

### 4.07  Condiciones ambientales que interfieren con la aplicación de un programa de cambio de conducta

(a) Si las condiciones ambientales impiden que se pueda llevar a cabo el programa de cambio de conducta, los analistas de conducta recomiendan otra ayuda profesional (p.ej., evaluación, consulta o intervención terapéutica por otros profesionales).

(b) Si las condiciones ambientales obstaculizan la aplicación del programa de cambio de conducta, los analistas de conducta buscan eliminar las restricciones ambientales, o identificar por escrito los obstáculos para hacerlo.

### 4.08 Consideraciones acerca de los procedimientos de castigo

(a) Los analistas de conducta recomiendan el reforzamiento en lugar del castigo siempre que sea posible.

(b) En caso de que procedimientos de castigo sean necesarios, los analistas de conducta siempre incluyen procedimientos de reforzamiento de conductas alternativas en el programa de cambio de conducta.

(c) Antes de la aplicación de procedimientos basados en el castigo, los analistas de conducta se aseguran de que se han tomado las medidas adecuadas para poner en práctica los procedimientos basados en reforzamiento a menos que la gravedad o peligrosidad de la conducta requiera del uso inmediato de procedimientos aversivos.

(d) Los analistas de conducta se aseguran de que los procedimientos aversivos son acompañados por un mayor nivel de formación, supervisión y vigilancia. Los analistas de conducta deben evaluar la eficacia de los procedimientos aversivos de manera oportuna y modificar el programa de cambio de conducta si es ineficaz. Los analistas de conducta siempre incluyen un plan para detener el uso de procedimientos aversivos cuando ya no sean necesarios.

### 4.09 Menos procedimientos restrictivos

El analista de conducta explica las modificaciones del programa y las razones de las modificaciones al cliente o cliente-sustituto y obtiene el consentimiento para aplicar las modificaciones.

### 4.10 Evitar reforzadores nocivos (RBT)

Los analistas de conducta minimizan el uso de elementos que puedan ser perjudiciales para la salud y el desarrollo del cliente como posibles reforzadores, o que pueden requerir excesivas operaciones motivadoras para ser eficaz.

### 4.11   Interrupción de programas de cambio conductual y servicios analítico-conductuales

(a) Los analistas de conducta establecen criterios comprensibles y objetivos (es decir, medibles) para la suspensión del programa de cambio de conducta y los describen al cliente (véase también, 2.15 (d) *Interrupción o Suspensión de Servicios*)
(b) Los analistas de conducta interrumpen los servicios con el cliente cuando se alcanzan los criterios establecidos para la interrupción como cuando se han cumplido la serie de objetivos acordados (ver también, *2.15(d) Interrupción y finalización de servicios*).

## 5.0   ANALISTAS DE CONDUCTA COMO SUPERVISORES

Cuando los analistas de conducta ejercen como supervisores, deben asumir plena responsabilidad de todas las facetas de este compromiso *(ver también 1.06 Relaciones múltiples y conflicto de intereses, 1.07 Relaciones de explotación, 2.05 Derechos y prerrogativas de clientes, 2.06 Mantener la confidencialidad, 2.15 Interrumpir o discontinuar servicios, 8.04 Medios de comunicación y Servicios de difusión, 9.02 Características de la investigación responsable, 10.05 Cumplimiento de los estándares de supervisión y de cursos de formación de la BACB).*

### 5.01   Competencia de supervisión

Los analistas de conducta supervisan sólo dentro de su ámbito de competencia definida.

### 5.02   Volumen de supervisión

Los analistas de conducta aceptan solamente un volumen de actividad de supervisión compatible con el mantenimiento de la eficacia apropiada.

### 5.03 Delegación a los supervisados

(a) Los analistas de conducta delegan en sus supervisados sólo las responsabilidades que éstos pueden razonablemente llevar a cabo de manera competente, ética y segura.

(b) Si el supervisado no tiene las habilidades necesarias para actuar con competencia, con ética, y de forma segura, los analistas de conducta proporcionan las condiciones para que dicho supervisado adquiera esas habilidades.

### 5.04 Diseño de actividades de supervisión y formación efectivas

Los analistas de conducta se aseguran de que la supervisión y la formación son analítico-conductuales, de manera efectiva y éticamente diseñada, y cumplen con los requisitos para obtener una licencia o certificación profesional, u otros objetivos definidos.

### 5.05 Comunicación de las condiciones de supervisión

Los analistas de conducta proporcionan una clara descripción escrita de la finalidad, requisitos, criterios de evaluación, condiciones y términos de supervisión antes del comienzo de la supervisión.

### 5.06 Entrega de retroalimentación a los supervisados

(a) Los analistas de conducta diseñan sistemas de retroalimentación y reforzamiento con el objetivo de mejorar el rendimiento del supervisado.

(b) Los analistas de conducta proporcionan retroalimentación de forma continua, documentada y oportuna sobre el desempeño del estudiante supervisado (véase también, *10.05 Cumplimiento de los estándares de supervisión y formación sobre la actividad de supervisión*).

### 5.07 Evaluación de los efectos de la supervisión

Los analistas de conducta diseñan sistemas para la evaluación continua de sus propias actividades de supervisión.

## 6.0 RESPONSABILIDAD ÉTICA DE LOS ANALISTAS DE CONDUCTA HACIA LA PROFESIÓN

Los analistas de conducta tienen un compromiso con la ciencia de la conducta y la profesión del análisis de conducta.

### 6.01 Principios (RBT)

(a) Por encima de cualquier otro tipo de formación profesional, los analistas de conducta defienden y promueven los valores, la ética y los principios de la profesión del análisis de conducta.
(b) Los analistas de conducta tienen la obligación de participar en organizaciones o actividades profesionales y científicas en el campo del análisis de conducta.

### 6.02 Difusión del análisis de conducta (RBT)

Los analistas de conducta promueven el análisis de conducta haciendo que la información al respecto esté a disposición del público a través de presentaciones, debates y otros medios.

## 7.0 RESPONSABILIDADES ÉTICAS DE LOS ANALISTAS DE CONDUCTA ANTE SUS COLEGAS

Los analistas de conducta trabajan con colegas dentro de la profesión del análisis de conducta y de otras profesiones y deben ser conscientes de estas obligaciones éticas en todas las situaciones (véase también, *10.0 Responsabilidad ética de los analistas de conducta para con la BACB*).

## 7.01  Promoción de una cultura ética (RBT)

Los analistas de conducta promueven una cultura ética en sus entornos de trabajo y hacen que otros conozcan este Código deontológico.

## 7.02  Violaciones éticas por otros profesionales y riesgo de daño (RBT)

(a) Si el analista de conducta cree que puede existir una infracción legal o ética, debe primero determinar si ha posibilidades de daño a terceros, si se trata de una infracción legal, de una situación que debe comunicarse de forma obligatoria a la autoridad que competa, o si existe una agencia, organización o regulación vigente que aborde la infracción en cuestión.

(b) Si se vulneran los derechos legales de un cliente, o si existe la posibilidad de daño, los analistas de conducta deben tomar las medidas pertinentes para protegerlo, incluyendo, entre otras, denunciarlo a las autoridades, siguiendo la política de la organización en la que trabaja, consultar con los profesionales apropiados, y documentándose para afrontar el incidente.

(c) Si una resolución informal parece apropiada, y no viola ningún derecho de confidencialidad, los analistas de conducta intentan resolver el problema al llamar la atención de ese individuo y documentar sus esfuerzos para abordar el asunto. Si el asunto no se resuelve, los analistas de conducta informan del caso a la autoridad competente (p.ej., el empleador, supervisor, autoridad reguladora).

(d) Si el asunto cumple con los requisitos de información de la BACB, los analistas de conducta presentarán una queja formal a la BACB (ver también, *10.02 Responder, referir y actualizar la información aportada por la BACB*).

## 8.0  DECLARACIONES PÚBLICAS

Los analistas de conducta cumplen con este Código en declaraciones públicas relacionadas con sus servicios profesionales, productos o publicaciones, o con la profesión de analista de conducta. Las declaraciones públicas incluyen, pero no se limitan a, publicidad gratuita o no, folletos, impresos para su uso en los medios de comunicación, las declaraciones en un procedimiento judicial, conferencias y presentaciones públicas, listados de directorios, hojas de vida personales o currículo vitae, entrevistas en medios de comunicación, redes sociales y publicaciones.

### 8.01  Evitar declaraciones falsas o engañosas (RBT)

(a) Los analistas de conducta no hacen declaraciones públicas que sean falsas, engañosas, exageradas, o fraudulentas, ya sea debido a lo que afirman, transmiten, o sugieren o por lo que omiten, en relación con su investigación, práctica, u otros trabajos o actividades o sobre las personas u organizaciones con las que están afiliados. Los analistas de conducta presentan como cualificaciones de su trabajo méritos cuyo contenido es principal o exclusivamente de tipo analítico-conductual.

(b) Los analistas de conducta no aplican intervenciones que no sean analítico-conductuales. Los servicios que no son analítico-conductuales sólo pueden ser proporcionados en el marco de una formación que no es analítico-conductual, y por tanto fuera de la formación y acreditación analítico-conductuales. Estos servicios deben diferenciarse claramente de las prácticas analítico-conductuales y de las certificaciones de la BACB utilizando la siguiente declaración expresa de renuncia: "Estas intervenciones no son de naturaleza analítico-conductual y no están cubiertas por mi certificación de la BACB". La renuncia debe ser colocada al lado de los nombres y descripciones de todas las intervenciones no analítico-conductuales.

(c) Los analistas de conducta no anuncian servicios no analítico-conductuales como servicios analítico-conductuales.

(d) Los analistas de conducta no identifican servicios no analítico-conductuales como servicios analítico-conductuales en las facturas o solicitudes de reembolso.

(e) Los analistas de conducta no llevan a cabo servicios no analítico-conductuales al amparo de autorizaciones de servicios de naturaleza analítico-conductual.

### *8.02 Propiedad intelectual (RBT)*

(a) Los analistas de conducta deben obtener permiso para utilizar materiales legalmente registrados o tengan derechos de autor según exige la ley. Esto incluye realizar las citas apropiadamente facilitando los símbolos de marcas comerciales o copyright, existentes de aquellos materiales que son propiedad intelectual de otros.

(b) Los analistas de conducta dan crédito apropiado a los autores en conferencias, talleres u otras presentaciones.

### *8.03 Declaraciones hechas por otros (RBT)*

(a) Los analistas de conducta que implican a otros para hacer o publicar declaraciones referentes a su práctica, productos o actividades profesionales mantienen la responsabilidad profesional de tales declaraciones.

(b) Los analistas de conducta deben hacer esfuerzos razonables para prevenir a otros a quienes no supervisan (p.ej., empleadores, editores, patrocinadores, empresas-clientes y representantes de la publicación o de los medios de difusión) para no hacer declaraciones engañosas con respecto a las prácticas de los analistas de conducta o a sus actividades profesionales o científicas.

(c) Si los analistas de conducta conocen declaraciones engañosas realizadas por otros sobre su trabajo, deben tratar de corregirlas.

(d) Una publicidad pagada relacionada con las actividades de los analistas de conducta debe estar identificada como tal, a menos que sea evidente a partir del contexto.

## 8.04 Presentaciones en medios de comunicación y servicios basados en los medios de comunicación

(a) Los analistas de conducta utilizan los medios electrónicos (p.ej., vídeo, *e-learning*, las redes sociales, transmisión electrónica de información) obtienen y mantienen el conocimiento considerando la seguridad y las limitaciones de los medios electrónicos con el fin de adherirse a este Código.

(b) Los analistas de conducta que hacen declaraciones públicas o realizan presentaciones utilizando medios electrónicos no revelan información de identificación personal de sus clientes, de sus supervisados, estudiantes, participantes en investigación, u otros destinatarios de sus servicios que obtuvieron durante el curso de su trabajo, a menos que se haya obtenido el debido consentimiento por escrito.

(c) Los analistas de conducta que comunican presentaciones utilizando medios electrónicos ocultan la información confidencial relativa a los participantes, siempre que sea posible, de modo que no son individualmente identificables para los demás y para que las discusiones no causen daño a los participantes que puedan ser identificados.

(d) Cuando los analistas de conducta emiten declaraciones públicas, consejos o comentarios por medio de conferencias públicas, manifestaciones, programas de radio o televisión, medios electrónicos, artículos, material enviado por correo u otros medios de comunicación, toman precauciones razonables para asegurar que (1) las declaraciones se basan en la apropiada literatura y en la práctica analítico-conductual, (2) las declaraciones son por lo demás compatible con este Código, y (3) el consejo o comentario no crea un contrato de servicio con el destinatario.

## 8.05 Testimonios y publicidad (RBT)

Los analistas de conducta no deben solicitar ni utilizar testimonios sobre servicios de análisis de conducta de clientes actuales para ser publicados en sus páginas web o en cualquier otro soporte electrónico o impreso. Respecto a los testimonios de los clientes anteriores, se debe identificar si fueron solicitados o no, incluir una declaración precisa de la relación entre el analista de conducta y el autor del testimonio, y cumplir con todas las leyes aplicables sobre las declaraciones.

Los analistas de conducta pueden anunciar mediante la descripción de los géneros y tipos de servicios basados en la evidencia que proporcionan, la cualificación de su personal, y los datos objetivos que se han acumulado o publicado, de conformidad con las leyes aplicables.

### 8.06  Requerimiento personal de prestación de servicios (RBT)

Los analistas de conducta no ofrecen sus servicios, directamente o a través de representantes, sin ser invitados mediante una solicitud personal por parte de usuarios reales o potenciales de los servicios que prestan y quienes, por sus circunstancias particulares, pueden ser vulnerables a influencia indebida. Los servicios de gestión de conducta organizacional o de gestión de rendimiento en el ámbito de la empresa podrán comercializarse a empresas, independientemente de la situación financiera de estas.

## 9.0   ANALISTAS DE CONDUCTA Y DE INVESTIGACIÓN

Los analistas de conducta diseñan, llevan a cabo e informan investigaciones de  acuerdo con las normas reconocidas de la competencia científica y de la investigación ética.

### 9.01  Conforme con las leyes y reglamentos (RBT)

Los analistas de conducta planean y llevan a cabo la investigación de una manera consistente con todas las leyes y reglamentos, así como con las normas profesionales que rigen la realización de investigaciones. Los analistas de conducta también cumplen con otras leyes y reglamentos aplicables en materia de requisitos obligatorios de presentación.

## 9.02  Características de investigación responsable

(a) Los analistas de conducta realizan investigaciones sólo después de la aprobación de un comité de revisión formal de investigación independiente.

(b) Los analistas de conducta que llevan a cabo una investigación aplicada de forma paralela a la prestación de servicios clínicos o humanos deben cumplir con los requisitos éticos relativos tanto a la intervención como a la investigación. Cuando la investigación y las necesidades clínicas estén en conflicto, los analistas de conducta priorizan el bienestar del cliente.

(c) Los analistas de conducta realizan investigaciones de manera competente y con la debida preocupación por la dignidad y el bienestar de los participantes.

(d) Los analistas de conducta planean sus investigaciones a fin de minimizar la posibilidad de que los resultados sean engañosos.

(e) Los investigadores y los ayudantes se les permite realizar sólo aquellas tareas para las que están debidamente capacitados y preparados. Los analistas de conducta son responsables de la conducta ética de las investigaciones realizadas por los ayudantes o por otras personas bajo su supervisión o vigilancia.

(f) Si una cuestión ética no está clara, los analistas de conducta tratan de resolver el problema independientemente a través de consultas con comités de ética de la investigación, asesoramiento de colegas u otros mecanismos apropiados.

(g) Los analistas de conducta sólo llevan a cabo investigaciones de manera independiente después de haber realizado con éxito una investigación bajo un supervisor en una relación definida (p.ej., tesis, tesina, proyecto de investigación específico).

(h) Los analistas de conducta que realizan investigaciones toman las medidas necesarias para maximizar los beneficios y minimizar los riesgos en sus clientes, supervisados, participantes de investigación, estudiantes y otras personas con quienes trabajan.

(i) Los analistas de conducta minimizan el efecto de los factores personales, económicos, sociales, organizacionales o políticos que podrían conducir a un mal uso de su investigación.

(j) Si los analistas de conducta aprenden con mal uso o mala representación de sus productos de trabajo individuales, toman las medidas adecuadas para corregir el mal uso o la mala representación.

(k) Los analistas de conducta evitan conflictos de intereses cuando se realiza la investigación.

(l) Los analistas de conducta minimizan la interferencia con los participantes y el entorno en el que se lleva a cabo de investigación.

## 9.03 Consentimiento informado

Los analistas de conducta informan a los participantes o su tutor o sustituto en un lenguaje comprensible acerca de la naturaleza de la investigación; que son libres de participar, negarse a participar o retirarse de la investigación en cualquier momento sin penalización; y sobre los factores importantes que pueden influir en su voluntad de participar; y responder a cualquier otra pregunta a los participantes puedan tener sobre la investigación.

## 9.04 Uso de la información confidencial para fines didácticos o instructivos

(a) Los analistas de conducta no revelaran información de identificación personal relativa de una persona o de los clientes de la organización, participantes en la investigación, o de otros destinatarios de sus servicios que obtuvieron durante el curso de su trabajo, a menos que la persona u organización haya dado su consentimiento por escrito o haya otra autorización legal para hacerlo.

(b) Los analistas de conducta ocultan información confidencial relativa a los participantes, siempre que sea posible, de modo que no son individualmente identificable a otros y para que las discusiones no causan daño a los participantes identificables.

## 9.05 Sesiones informativas

Los analistas de conducta informan al participante que las sesiones informativas tendrán lugar al final de la participación del participante en la investigación.

### 9.06 Subvención y publicaciones en revistas

Los analistas de conducta que sirven en comités de revisión de subvenciones o como revisores de manuscritos evitan la realización de cualquier investigación descrita en las propuestas de subvención o manuscritos que se revisaron, excepto en replicaciones para acreditar plenamente los investigadores anteriores.

### 9.07 Plagio

(a) Los analistas de conducta citan plenamente el trabajo de los demás como corresponde.
(b) Los analistas de conducta no presentan partes o elementos de trabajo o datos de otros como su propio trabajo.

### 9.08 Reconocimiento de contribuciones

Los analistas de conducta reconocen las contribuciones de los demás a la investigación mediante su inclusión como coautores o en una nota al pie de las contribuciones. La autoría principal y otros méritos de la publicación reflejan con precisión las contribuciones científicas o profesionales relativas de los individuos involucrados, independientemente de su situación relativa. Las contribuciones menores a la investigación y/o escritura de las publicaciones serán adecuadamente reconocidos, en una nota al pie o en una declaración introductoria.

### 9.09 Precisión y utilización de datos (RBT)

(a) Los analistas de conducta no inventan los datos o falsifican los resultados en sus publicaciones. Si los analistas de conducta descubren errores en sus datos publicados, se toman medidas para corregir este tipo de errores en una corrección, la retracción, fe de erratas u otros medios de publicación apropiadas.

(b) Los analistas de conducta no omiten hallazgos que podrían alterar las interpretaciones de su trabajo.

(c) Los analistas de conducta no publican como datos originales, los datos que se han publicado con anterioridad. Esto no impide publicar datos cuando vayan acompañados de reconocimiento adecuado.

(d) Una vez se publican los resultados de investigación, los analistas de conducta no retienen los datos en que se basan sus conclusiones para otros profesionales competentes que buscan verificar las alegaciones sustanciales a través de reanálisis y que tengan la intención de utilizar dichos datos sólo para ese fin, siempre que la confidencialidad de los participantes se pueda proteger y a menos que los derechos legales relativos a los datos de propiedad impidan su liberación.

## 10.0 RESPONSABILIDAD ÉTICA DE LOS ANALISTAS DE CONDUCTA FRENTE A LA BACB

Los analistas de conducta deben adherirse a este Código y todas las reglas y normas de la BACB.

### 10.01 Proporcionar información exacta y veraz a la BACB (RBT)

(a) Los analistas de conducta sólo proporcionan información veraz y exacta en las aplicaciones y documentos presentados a la BACB.

(b) Los analistas de conducta asegurar que la información inexacta presentada a la BACB se corrige inmediatamente.

### 10.02 Prontitud en las respuestas, informes y actualizaciones de información que se proporcionan a la BACB (RBT)

Los analistas de conducta deben cumplir con todos los plazos de la BACB incluyendo, aun que sin limitarse a, la notificación dentro de un plazo de 30 días de cualquiera de las siguientes circunstancias:

(a) Infracciones del Código, ser objeto de una investigación, acción o sanción disciplinaria, presentación de cargos, condena, declaración de culpabilidad o de no contender la acusación (*nolo contendere*) por parte de una organización gubernamental o sanitaria, una tercera parte pagadora o una institución docente. Nota de procedimiento: Los analistas de conducta condenados por delitos graves relacionados directamente con la práctica del análisis de conducta y/o la salud y seguridad públicas no podrán solicitar su registro, certificación o recertificación en la BACB durante un período de tres (3) años desde el agotamiento de los recursos legales, el cumplimiento de la libertad condicional o la puesta en libertad definitiva (en caso de reclusión), la que resulte posterior; (ver también el apartado 1.04d Integridad).

(b) Toda la salud pública y multas o entradas donde el analista de conducta se nombre en la lista relacionada con la seguridad.

(c) Una condición física o mental que puedan menoscabar la capacidad de los analistas de conducta de practicar de manera competente.

(d) Un cambio de nombre, dirección o contactos de correo electrónico.

### 10.03 Confidencialidad y la propiedad intelectual de la BACB (RBT)

Los analistas de conducta no vulnerarán los derechos de propiedad intelectual de la BACB, que incluye, a título enunciativo, los siguientes derechos:

(a) Los logotipos de BACB, ACS y ACE, certificados, documentación acreditativa y denominaciones, como por ejemplo marcas registradas, marcas de servicio, marcas de registro y marcas de certificación que pertenezcan a la BACB (incluida cualquier marca similar que pueda crear confusión con la intención de simular la afiliación, certificación o registro en la BACB, así como la interpretación errónea de un certificado ABA de carácter educativo con una certificación profesional).

(b) La BACB registra los derechos de las obras originales y derivadas, incluidos, a título enunciativo, los derechos sobre normas, procedimientos, pautas, códigos, análisis de tareas de puestos, informes de grupos de trabajo, estudios, etc.

(c) La BACB registra los derechos de todas las preguntas de examen, bancos de reserva de preguntas, especificaciones y formularios de exámenes y hojas de calificaciones desarrollados por la entidad, ya que se trata de secretos comerciales. Se prohíbe expresamente a los analistas de conducta divulgar el contenido del material de exámenes de la BACB, independientemente de cómo hayan tenido conocimiento del mismo. Los analistas de conducta informarán a la BACB con carácter inmediato de cualquier caso de infracción y/o acceso no autorizado a contenidos de exámenes, o si existe la sospecha de que se hayan podido producir, así como de cualquier otra violación de los derechos de propiedad intelectual de la BACB. Los intentos para obtener una solución extrajudicial identificados en el apartado 7.02 c) se han abandonado dada la necesidad de notificación inmediata de este apartado.

### 10.04 Honradez e irregularidades en los exámenes (RBT)

Los analistas de conducta cumplirán todas las normas de la BACB, incluidas las normas y procedimientos exigidos por los centros y administraciones de exámenes y el personal de supervisión acreditados por la BACB. Los analistas de conducta deberán informar a la BACB inmediatamente si detectan a alguien copiando, así como de cualquier otra irregularidad en la administración de exámenes de dicha entidad. Entre las posibles irregularidades en los exámenes se encuentran, a título enunciativo, el acceso no autorizado a exámenes u hojas de respuestas de la BACB, copiar respuestas, permitir que otra persona copie las respuestas, interrumpir el curso de un examen, falsificar información, títulos académicos o documentación acreditativa y ofrecer y/o recibir asesoramiento para acceder de manera ilícita al contenido de los exámenes de la BACB antes, durante o después de los mismos, o proceder a dicho acceso. La prohibición también engloba, entre otras cosas, la utilización o participación en sitios web o blogs de preparación de exámenes que ofrecen acceso no autorizado a preguntas de examen de la BACB. Si se descubre que un candidato o un profesional certificado ha participado o utilizado alguna de estas plataformas ilícitas de preparación de exámenes, se tomarán de inmediato las medidas pertinentes para retirarle el derecho a optar a la certificación, anular resultados de exámenes, o retirar según proceda los certificados que se hayan conseguido mediante el uso de material de exámenes obtenido indebidamente.

### 10.05 Cumplimiento de los estándares de supervisión y formación sobre la actividad de supervisión (RBT)

Los analistas de conducta se aseguran de que los cursos (incluyendo cursos de formación continua), experiencia supervisada, formación RBT y la evaluación, y la supervisión BCaBA se llevan a cabo de conformidad con las normas de la BACB cuando dichas actividades están destinadas a cumplir con las normas BACB (véase también *5.0 Supervisión realizada por analistas de conducta*).

### 10.06 Familiarizarse con este código

Los analistas de conducta tienen la obligación de estar familiarizados con este Código, otros códigos de ética aplicables, incluyendo, pero sin limitarse a los requisitos éticos para la obtención de la licencia o colegiación profesional, especialmente si son aplicables al trabajo de los analistas de conducta. La falta de conocimiento o la mala interpretación de una norma no será aceptable como defensa ante una acusación por falta de conducta ética.

### 10.07 Desaconsejar la presentación sesgada del análisis de

*conducta por parte de personas que no estén certificadas (RBT)*

Los analistas de conducta denunciarán al colegio u organización profesional oficial competente a quienes, sin estar certificados, registrados, o colegiados, realicen trabajos propios de un analista de conducta. Dicha denuncia se hará extensiva a la BACB si dichas personas expresan información engañosa relativa a las certificaciones de la BACB o a su estatus como portador de una certificación de la BACB.

# Apéndice B: Glosario

Proporcionado por la BACB

## ANÁLISIS DE RIESGO-BENEFICIO

Un análisis de riesgo-beneficio es una evaluación deliberada de los riesgos potenciales (p.ej., limitaciones, efectos secundarios, costos) y los beneficios (p.ej., los resultados del tratamiento, eficiencia, ahorro) asociados con una intervención determinada. Un análisis de riesgo-beneficio debe concluir con un procedimiento asociado con mayores beneficios que riesgos.

## ANALISTA DE CONDUCTA

Analista de conducta se refiere a un individuo que posee la certificación BCBA o BCaBA, una persona autorizada por la BACB para proporcionar supervisión, o un coordinador de una secuencia de créditos aprobada por la BACB. En las ocasiones en las que los elementos del código se consideran relevantes para la práctica de un RBT, el término "analista de conducta" incluye al técnico conductual.

## CLIENTE

El término cliente se refiere a cualquier receptor o beneficiario de los servicios profesionales prestados por un analista de conducta. El término incluye, pero no se limita a:

(a) El beneficiario directo de los servicios;

(b) El padre, pariente, representante legal o tutor legal del destinatario de los servicios;

(c) El empleador, representante de una organización o institución, o la persona que contrata a terceros a fin de obtener servicios analítico-conductuales; y/o

(d) Cualquier otra persona o entidad que sea un beneficiario conocido de los servicios o que normalmente deba interpretarse como un "cliente" o un "cliente-sustituto" en un contexto de atención médica.

Para efectos de esta definición, el término cliente no incluye las aseguradoras de terceros o los contribuyentes, a menos que el analista de conducta preste sus servicios directamente bajo contrato con la compañía de seguros de terceros o entidad pagadora.

## COMITÉ ÉTICO

Un grupo de profesionales cuyo objetivo explícito es revisar las propuestas de investigación para garantizar el tratamiento ético de los participantes en investigación humana. Este comité puede ser una entidad oficial de un gobierno o universidad (p.ej., comité ético institucional, comité de investigación humana), un comité permanente dentro de una agencia de servicio o una organización independiente creada para este propósito.

## DECLARACIONES PÚBLICAS

Las declaraciones públicas incluyen, pero no se limitan a, publicidad pagada o no pagada, folletos, materiales impresos, listados de directorios, hojas de vida personales o currículum vitae, entrevistas o comentarios para uso en los medios de comunicación, declaraciones en procedimientos judiciales, conferencias y presentaciones públicas, medios de comunicación social y materiales publicados.

## DERECHOS Y PRERROGATIVAS DE CLIENTES

Los derechos y prerrogativas de los clientes se refieren a los derechos humanos, los derechos legales, los derechos codificados dentro del análisis de conducta y las normas organizacionales y administrativas y regulaciones diseñadas para beneficiar al cliente.

## ESTUDIANTE

Un estudiante es un individuo que está matriculado en un colegio universitario/ universidad. Este Código se aplica al estudiante durante la instrucción analítica-conductual formal.

## EVALUACIÓN FUNCIONAL

La evaluación funcional, también conocida como evaluación funcional de la conducta, se refiere a una categoría de procedimientos utilizados para evaluar formalmente las posibles causas ambientales de la conducta problema. Estos procedimientos incluyen evaluaciones de informantes (p.ej., entrevistas, escalas de calificación), observación directa en el medio natural (p.ej., registros ABC) y análisis funcional experimental.

## INVESTIGACIÓN

Cualquier actividad basada en datos diseñada para generar conocimientos generalizables para la disciplina, a menudo a través de presentaciones profesionales o publicaciones. El uso de un diseño experimental no constituye en sí mismo una investigación. La presentación profesional o la publicación de datos ya recopilados está exenta de elementos en la sección 9.0 (analistas de conducta e Investigación) que se refieren a las actividades de investigación futuras (p.ej., 9.02a). Sin embargo, se aplican todos los elementos relevantes restantes de la sección 9.0 (p.ej., 9.01 Conformidad con las Leyes y Reglamentos, 9.03 Consentimiento informado, con respecto al uso de los datos del cliente).

## PROGRAMA DE CAMBIO DE CONDUCTA

El programa de cambio de conducta es un documento formal y escrito que describe con detalle tecnológico cada tarea de evaluación y tratamiento necesaria para alcanzar los objetivos declarados.

## REGISTRO DE SERVICIO

El registro del servicio del cliente incluye, entre otros, planes escritos de cambio de conducta, evaluaciones, gráficos, datos brutos, grabaciones electrónicas, resúmenes de progreso e informes escritos.

## RELACIONES MÚLTIPLES

Una relación múltiple es aquella en la que el analista de conducta ejerce tanto el rol de analista de conducta como otro rol que no es el de analista de conducta con el cliente, o bien con personas muy próximas o relacionadas con el cliente.

## SERVICIOS ANALÍTICO-CONDUCTUALES

Los servicios analítico-conductuales son aquellos que se basan explícitamente en los principios y procedimientos del análisis de conducta (es decir, la ciencia de la conducta) y están diseñados para cambiar la conducta de formas socialmente relevantes. Estos servicios incluyen, aunque no se limitan, a los siguientes: tratamiento, evaluación, capacitación, consultoría, gestión y supervisión de personal, enseñanza y realización de actividades de formación continua.

## SUPERVISADO

Un supervisado es cualquier individuo cuyos servicios analítico-conductuales son supervisados por un analista de conducta dentro del contexto de una relación definida y acordada.

## SUPERVISOR

Un supervisor es cualquier analista de conducta que supervisa los servicios analítico-conductuales realizados por un supervisado dentro del contexto de una relación definida y acordada.

# Apéndice C: Cincuenta escenarios éticos para analistas de conducta (con pistas para su solución)

**INSTRUCCIONES**

Lea cada escenario cuidadosamente. Cada uno se basa en una situación real encontrada por analistas de conducta que trabajan en el campo. Sugerimos que primero use un rotulador para marcar palabras o frases clave en el escenario. A continuación, refiriéndose al código ético de la BACB, escriba el número de código para cada tema clave resaltado y bajo "Principio" indique con sus propias palabras qué principio ético es relevante. Tenga en cuenta que para cada escenario puede haber tres o cuatro de esos principios.

Finalmente, después de revisar todos los principios éticos relevantes, indique qué pasos se deben seguir de acuerdo a dichos principios. Puede haber varios puntos del código y principios éticos que sean relevantes a un escenario particular. Para cada escenario, responda lo siguiente:

Punto del código ético, principio ético, ¿qué debería hacer al respecto?

## ESCENARIOS PRÁCTICOS

1.  Soy un supervisor del programa de análisis aplicado de conducta (ABA) y tengo un niño en edad preescolar que ciertamente necesita intervención. La familia insiste en mezclar y combinar enfoques (p.ej., floortime, fiestas sin gluten, integración sensorial). Ello reduce el tiempo de intervención basada en ABA a diez horas. No creo que esto sea suficiente, pero hasta ahora no he tenido éxito en convencer a los padres. ¿Debería dejar este niño recomendar que el niño abandone nuestro programa o dar lo que creo que es un tratamiento insuficiente?
    **Pista:** ¿Qué *puedes* hacer con las diez horas?

2.  ¿Es siempre éticamente inaceptable el uso información procedente de testimonios de particulares? ¿Qué sucede si un padre comparte esta información con un cliente potencial sin su conocimiento o permiso?
    **Pista:** Piense en el derecho a la libertad de expresión.

3.  Cuando te enfrentas a otro analista de conducta que crees está haciendo algo poco ético, ¿qué deberías hacer si el otro analista no está de acuerdo con lo que dices o niega que está ocurriendo?
    **Pista:** Evita la confrontación con a otro profesional. Echa un vistazo al punto 7.02 y a la descripción del comité del Código al final de la sección 10.0.

4.  Kevin continúa golpeando su cabeza cuando intenta

llamar la atención de sus padres y maestros. Se han aplicado los siguientes enfoques: integración sensorial recomendada por el terapeuta ocupacional, presión profunda, compresión articular y saltos en un trampolín. Kevin continúa golpeando su cabeza. El terapeuta del lenguaje recomendó la enseñanza del lenguaje de signos, pero Kevin no puede discriminar entre los signos y continúa golpeándose la cabeza. Por otra parte, el fisioterapeuta recomendó el uso de un casco. Pese a ello, Kevin continúa golpeando su cabeza (con el casco puesto), y ahora además ha empezado a morderse los dedos. Por último, el especialista en comportamiento ha recomendado una terapia basada en la administración de choques eléctricos o uso de medicación, una vez descartadas el resto de intervenciones posibles. ¿Es ético usar una estrategia aversiva en este punto del caso? ¿Cuánto tiempo deben continuar las intervenciones antes de considerar el uso de medicación o la terapia con choques eléctricos?

**Pista**: ¿Cómo sabes que la atención es un reforzador? Recuerda siempre decir "¡Muéstreme los datos!"

5. ¿Siempre estamos obligados a utilizar los estándares profesionales más elevados, es decir, tratamientos científicamente probados y efectivos, sin hacer excepciones? ¿Qué sucede si somos miembros de un equipo (p.ej., un equipo de un plan educativo individualizado) y dicho equipo decide usar, a pesar de su consejo en contra, un enfoque que no está respaldado por la investigación?

**Pista**: Echa un vistazo a los puntos 7.01 y 7.02 (c).

6. Un consultor de ABA ha estado trabajando con un niño con autismo y su familia. A medida que el niño se acerca a la edad de tres años, se lleva a cabo una reunión de transición entre el maestro del programa de intervención temprana y el distrito escolar. Esta reunión comienza agradablemente, con el intercambio de información de

ambas partes. Sin embargo, llega un punto cuando el asesor de ABA y la familia se vuelven hostiles y atacan verbalmente al personal del distrito escolar sin venir a cuento. Se hace evidente durante la reunión que el consultor ha pintado al distrito escolar como el enemigo que tiene poca o ninguna preocupación por el interés del niño. Debido a que es la primera vez que el distrito interacciones con un analista de conducta, su impresión de esta área no es positiva. ¿Daña esta circunstancia la percepción de ABA que tiene el colegio y también la que tienen los padres del distrito escolar (con el que probablemente trabajarán durante los próximos 20 años), situación que puede hacerles perder atención de lo que es mejor para el niño? ¿Este esta la forma habitual de tratar con los distritos escolares?

**Pista**: Si hubieras estado en esa reunión y sucede esto, ¿qué harías en ese momento?

7. Como profesionales en el campo de la educación, a veces tendemos a olvidar que los niños con los que trabajamos tienen derecho a la privacidad y que sus informes se consideran confidenciales. ¿Cómo puede decirle cortésmente a otro profesional que comentar el expediente de un niño sin el consentimiento familiar no es apropiado?

**Pista**: Ver el Capítulo 17.

8. ¿Qué hace usted cuando tiene un miembro de la familia que constantemente "rechaza" el impacto positivo de la intervención conductual y la aportación que está haciendo a su hijo? En particular, uno de la madre se niega a tomar datos o darnos una honesta retroalimentación sobre nuestro trabajo, no anima ni apoya al padre, quien está dispuesto a intentar al menos lo que se le pide. La madre piensa que no hay nada malo con su hijo y que la intervención es una pérdida de tiempo. ¿Hasta qué punto sería éticamente aceptable involucrarnos en esta disputa familiar para convencer a la

madre de que apoye lo que tú y el padre estáis tratando de lograr en favor del niño? ¿Sería una opción viable dar el servicio por terminado?

Pista: Ver el Capítulo 18. Presentar unas condiciones mínimas de trabajo antes de iniciar el servicio debería prevenir esta circunstancia. Ver también los puntos del Código 4.07 y 4.07.

9. Trabajar en el entorno doméstico provoca muchos problemas éticos y de límites para los terapeutas que no desarrollan su actividad en la escuela o la oficina. Cuando trabajas en una casa, la familia te está aceptando dentro de su espacio personal. Además, cuando trabajas con los hijos de alguien, es frecuente que los padres desarrollen fuertes vínculos con el terapeuta de sus hijos; personas a quienes les confían su bienestar y seguridad. He observado que varios de mis colegas desarrollan "amistades" con las madres de los niños con quienes trabajan. Estas relaciones comienzan inocentemente. Por lo general, es un viaje en automóvil a la tienda de comestibles, o tal vez el terapeuta y el padre pueden hablar sobre su última visita al centro comercial, y en cuestión de unas pocas sesiones, las dos personas organizan un almuerzo juntos y un día en el centro comercial. Estos planes pueden incluir o excluir al niño. La terapia en domicilio es muy complicada, y sin la supervisión adecuada y sin personal debidamente capacitado, existen muchas oportunidades para desarrollar relaciones inapropiadas que pueden poner en peligro el tratamiento del niño e involucrar al padre de una manera inapropiada. Mi pregunta es en realidad una solicitud de aclaración sobre los límites personales que debe haber entre el terapeuta y el padre cuando la intervención se realiza en el contexto doméstico. Me pregunto si existen criterios algo más relajados relativos a las reglas de relaciones dobles al trabajar con niños y en el ámbito doméstico.

**Pista:** A la última pregunta la respuesta es: "No". Leer el punto 1.06 y los Capítulos 17 y 18 con atención.

10. Muchas de las solicitudes de servicio que recibo como consultor se producen cuando las agencias o los colegios tienen problemas con las familias y no están de acuerdo con qué hacer para ayudar a un niño con sus dificultades de comportamiento. La agencia o la escuela proporciona los fondos para pagar mis servicios y es quien ha solicitado inicialmente mi participación. Mi revisión del caso y el análisis de los datos que he reunido me han producido la percepción de que las intervenciones anteriores no estaban bien pensadas y que eran principalmente de naturaleza reactiva. De hecho, dichas intervenciones pueden haber incluso empeorado la situación. Varias veces, las familias me han preguntado directamente sobre la causa del comportamiento del estudiante y mi opinión sobre estas intervenciones previas. ¿Cómo respondo éticamente? Ello considerando que si comparto mi opinión me arriesgo a crear una imagen negativa de la agencia o del colegio y posiblemente daría a las familias motivos para desconfiar de las personas que participan en la intervención de su hijo.

    **Pista:** Ver el punto del Código 1.04 y actuar de la forma más cortés posible.

11. El cliente es una chica de educación secundaria de 19 años edad y diagnosticada con discapacidad intelectual leve. La chica tiene un historial de abuso sexual y padeció los efectos teratogénicos de la exposición a alcohol in útero. El mes pasado hubo un incidente. Se descubrió que no iba en el autobús escolar y se la vio caminando sola hacia el colegio. Los cuidadores temían que se encontrase con un extraño y tuviera relaciones sexuales en la vía pública. Después de este incidente se recurrió a una educadora que le aportó información sobre relaciones sexuales seguras. Mi supervisor sugiere un enfoque alternativo: que se le

proporcionen condones y que se le dé el dinero para ir a un hotel. El supervisor del hogar vigilado en el que vivía autorizó que tuviese relaciones sexuales en su dormitorio. Sin embargo, en dicho hogar hay a veces niños que están pendientes de ser adoptados por otras familias y esta pauta de acción podría traer otros problemas consigo. No estoy de acuerdo con que acuda a un hotel como alternativa a tener relaciones sexuales en la vía pública. No creo que se deba animar a esta persona a que tenga sexo con extraños bajo ninguna circunstancia. Sabemos que ha invitado a desconocidos varones a su casa en otras ocasiones. No obstante, estoy teniendo dificultades para encontrar una conducta de reemplazo que se adapte a ella. La chica tiene excelentes habilidades de comunicación y obtiene muy buenas notas en el instituto.

**Pista:** Piense en la seguridad del cliente y las posibles repercusiones si le sucediese algo malo.

12. Durante los últimos seis meses una BCBA ha estado supervisando la intervención analítico-conductual de un niño de tres años con diagnóstico de autismo. Los padres del niño han pasado recientemente por un largo y amargo divorcio. La BCBA ha sido citada para testificar sobre la custodia del niño y sobre la marcha de su tratamiento. La profesional solo ha trabajado con la madre durante las visitas domiciliarias y conoce la situación del hogar solo desde la perspectiva de la madre. A pesar del entrenamiento que los padres están recibiendo, la madre no tiene aun buenas habilidades para manejar al niño. Se da la circunstancia que el padre y su nueva novia quieren la custodia del niño y han indicado que no desean que continúe la intervención basada en ABA en el hogar. La BCBA considera que el programa ABA es crucial, pero no se siente cómoda haciendo cualquier tipo de recomendación relativa a la custodia del padre, con quien se ha reunido solo una vez. Le han dicho a la BCBA que alguien la llamará para preguntarle qué padre

proporcionaría el mejor hogar para el niño.

**Pista:** Leer una y otra vez el punto del Código 1.04. Se te podría preguntar "¿Qué padre crees que sería mejor...?" , si solo hablas de lo que sabes a ciencia cierta, no muestras ningún sesgo y respondes las preguntas con sinceridad, no tendrás ningún problema.

13. Hay un BCBA en mi zona que a menudo dice que fue "entrenada" por analistas de conducta de reconocido prestigio. Creo que para ser "entrenado" por alguien, debería haber sido su alumno por algún tiempo o haber trabajado estrechamente con ellos. Por el contrario, esta persona asiste a conferencias donde se sienta en la audiencia y luego dice que fue "entrenada" por analistas de conducta que dio la charla. Una vez recibió un consejo de un líder en el campo por correo electrónico sobre un proyecto de investigación y ahora afirma que esta persona fue su "mentor". "Estoy realmente disgustado por esto y siento que se está dando información errónea a las familias y a otros profesionales". ¿No sería ético por mi parte enviar correos electrónicos a algunas de estas personas conocidas, decirles lo que ella está diciendo y preguntarles sobre la "educación" que le han brindado a la persona en cuestión? Si no te gusta este enfoque, ¿cómo manejarías esta situación?

**Pista:** Leer 1.04 y enviar una copia a esta persona como regalo (esto es una broma, nada de regalos).

14. En nuestro distrito, hay una BCBA que le cobra al distrito escolar y a otras agencias importantes sumas de dinero por proporcionar servicios a niños con diagnóstico de autismo. Esta persona va por ahí diciendo que no es solo un BCBA, sino que e además uno de los pocos analistas de conducta con una certificación especializada en conducta verbal. ¿Qué debo hacer al respecto? Preferiría no acercarme a este individuo y actuar a través de una tercera persona.

**Pista:** Leer los puntos 7.02 y 8.02. Los analistas de conducta deben tener el coraje de dar la cara y hablar en situaciones como esta.

15. Un BCBA trabaja con una madre que está educando a su hijo en casa. El niño tiene seis años y ha recibido el diagnóstico de autismo. El BCBA ha realizado una evaluación funcional y ha identificado las variables de control para la conducta de interés del niño. En opinión del BCBA, el mejor sistema para la toma de datos le lineabas consistiría en que la madre realice un registro diario. Se ha diseñado un sistema de recolección de datos que es fácil de entender y rellenar. Sin embargo, la madre no toma los datos a pesar de los intentos de la BCBA para animarla y reforzar su conducta. Este niño realmente necesita ayuda, pero sin datos será difícil brindarle tratamiento. ¿Debería el BCBA terminar los servicios?

    **Pista:** ¿Comenzó el servicio a esta madre revisando la declaración sobre práctica profesional con ella (Capítulo 18)? Leer también los puntos 4.05 y 4.07.

16. ¿Cuáles son los aspectos éticos relacionados con la terminación de servicios conductuales por impago de los mismos? Esta circunstancia se da con cierta frecuencia en la zona en la que trabajo. Empecé a trabajar con un cliente en octubre. Ahora estamos en marzo y todavía no me he recibido ningún pago. He llamado al coordinador de los servicios de apoyo y solo dice que a veces el sistema es lento. Todos los que trabajamos en este distrito somos conscientes de que tenemos la obligación ética de proporcionar los servicios, por lo que no podemos despedir a los clientes por que se demore o no llegue a producirse el pago. Supongo que nuestras facturas se están acumulando en algún cajón. Nuestros clientes tienen "derecho a recibir tratamiento". ¿Tenemos nosotros "derecho a que se nos pague"?

    **Pista:** Leer 2.12. Y considere la posibilidad de añadir una cláusula al contrato de servicios relativa al plazo y forma de pago, así como las consecuencias de hacer caso omiso a dichas condiciones.

17. Soy un BCBA trabajando con un cliente adulto de 30 años que se mudó de una institución residencial grande a otra más pequeña (64 camas). Este cliente se vuelve peligrosamente agresivo a fin de obtener cigarrillos. Como parte de su programa conductual, configuré un programa de fumar que distribuye la cantidad de cigarrillos que tenía asignada a lo largo de su día en intervalos regulares y breves. Los miembros del personal acudieron al administrador de la instalación y dijeron que no tenían tiempo para administrar los cigarrillos del cliente durante todo el día. El administrador escuchó al personal y les indicó que le den al cliente todos sus cigarrillos por la mañana junto con un pequeño cuadro que muestra cuando puede fumarlos. Esto ha llevado a un aumento de las conductas agresivas ya que el cliente ignora la tabla y fuma todos los cigarrillos tan pronto como los recibe. Una vez los ha consumido todos, realiza rabietas durante todo el día exigiendo más cigarrillos. Me gustaría seguir trabajando aquí, pero estoy quisiera decirle al administrador que no vengo a su oficina a meter mis narices en los presupuestos que el hace, del mismo modo él no debería entrometerse en mis programas conductuales. ¿Qué debería decirle al administrador para hacerle saber que su conducta no es ética y que está causando un aumento de los problemas graves de conducta de este cliente?

    Pista: La mayoría de las instalaciones actualmente no admiten el tabaco, por lo que es probable que este problema haya sido resuelto.

18. Una de las escuelas para las cuales proporciono mis servicios como BCBA me envió una solicitud para proporcionar servicios a una niña de 10 años que ha tenido múltiples problemas de conducta en el aula. La niña ha sido desobediente negándose a hacer lo que le

pide la maestra. Con frecuencia no está haciendo las tareas y está fuera de su asiento, insulta a los otros alumnos en el patio de recreo y no termina el trabajo en clase. Los padres deciden llevar al niño a una psicóloga clínica. El psicólogo nunca ha visto al niño en el aula, pese a ello ha confeccionado una "hoja de puntos" para que el maestro la use. Después de aceptar que daría mis servicios, me dijeron que debía diseñar un plan de conducta en torno a la hoja de puntos diseñada por el Dr. X. porque "pasa mucho tiempo con el niño, los padres confían en ella y quieren que esté en el centro de la intervención y además es muy conocida por los padres de la zona". No obstante, la realidad es que la hoja de puntos no está siendo efectiva y el comportamiento del niño empeora. Soy un nuevo BCBA y no quiero presentarme como un sabelotodo, pero creo que debería ser capaz de desarrollar mi propio plan de intervención. ¿Algún consejo?

**Pista**: Esto es lo que llamamos una situación imposible ya que si las cosas salen mal le harán responsable y si salen bien lo atribuirán a la psicóloga clínica. Considera todas tus alternativas.

19. Mi suposición es que la mayoría de las personas que hacen preguntas sobre ética son BCBA y BCaBA. Mi situación es algo diferente, ya que soy un profesional que es responsable de aprobar los servicios conductuales para un conjunto de clientes. De vez en cuando recibo solicitudes de una cantidad significativa de servicios conductuales. Con frecuencia el consultor solicita la "autorización previa de un servicio", lo que significa que de abonan un cierto número de horas antes de que el trabajo esté realmente terminado. Esta es una práctica habitual. En el caso más reciente, conocía al cliente en cuestión. Era un adulto con un historial de problemas de conducta. De acuerdo con otros profesionales que trabajan con el cliente, los problemas de conducta están

bajo control en este momento. Solicité más información del analista de conducta que solicitó que aprobara las horas de consulta. Todo lo que obtuve fue un documento de una página con sugerencias de pautas a seguir cuando ocurre el problema de conducta. No había datos. El analista de conducta adjuntó una nota a sus "guías" diciendo que, dado que el cliente se mudaba a la comunidad después de muchos años en una institución, probablemente habría problemas relacionados con la transición y se deberían aplicar servicios conductuales.
**Pista**: Leer 2.13.

20. Una compañía de seguros está demandando el pago de los fondos públicos de un servicio conductual que nunca fue prestado. Me da pena informar de esta situación, pero probablemente no se trate de un simple error, ya que ha ocurrido en otras ocasiones. Mi conflicto ético es que la compañía si que proporcionó otro servicio que la familia necesitaba desesperadamente, por lo que la familia no ha denunciado a la compañía de seguros. Especialmente, la familia no quería perder al mejor cuidador que habían tenido hasta ahora. ¿Esto último equilibra la situación? La familia y el niño realmente necesitaban al cuidador personal. ¿Me puedo meter en problemas si no denuncio este caso? Y ni siquiera sé a quién o cómo informaré esto.
**Pista**: Leer 2.12 y concéntrese en el apartado (d).

21. En ocasiones es fácil ver cuando estamos a punto de equivocarnos. Me han pedido que tome el caso de una niña de seis años con autismo grave que no tiene nada de lenguaje y nunca ha recibido servicios conductuales. La niña no sabe usar el baño y presenta frecuentes rabietas. También presenta problemas a la hora de comer, arrojando la comida si no le gusta. Grita y llora por la noche cuando sus padres intentan acostarla. La compañía de seguros está dispuesta a pagar únicamente dos horas de servicios conductuales por semana. Creo que dicho nivel de servicio no va a tener efecto alguno. Los padres

están en un punto próximo a la desesperación, literalmente llorando por recibir cualquier nivel de servicio. El coordinador de servicios que recientemente tomó el caso está de acuerdo con los padres: "algo es mejor que nada", dice.

**Pista:** El lema de "algo es mejor que nada" es incorrecto la mayoría de las veces. Leer el Capítulo 4 y pensar sugerir a los padres que recurran a un asesor legal que pueda influir sobre la compañía de seguros a fin de que les ofrezcan una mayor cobertura.

22. En la zona en la que vivo, muchos profesionales con la certificación BCBA que trabajan en el área del autismo promueven intervenciones que son ineficaces o que no están apoyadas en investigación. Algunos ejemplos son el uso de dietas sin caseína, el consumo de ácidos grasos esenciales, la comunicación facilitada, el entrenamiento en integración auditiva, la terapia de integración sensorial, la secretina, las megavitaminas A, B6 y C, y la terapia de quelación. Según ellos "es mejor evitar comentar con los padres, si quieren probar estas cosas y están dispuestos a pagar además por los servicios basados en ABA, por mi parte no hay problema. Siempre y cuando no interfieran con los programas en los que estoy trabajando, no veo problema ético alguno".

**Pista:** Leer 4.01.

23. Formo parte de un grupo de analistas de conducta que se reúne trimestralmente para realizar una sesión de formación continua seguida de una cena social e informal. Uno de los miembros de nuestro grupo es el propietario de una gran empresa de consultoría. En una cena reciente, mencionó que al día siguiente venían a sus oficinas algunos padres de clientes para que les tomaran fotos que se utilizarían en su nueva página web. "Vamos a pedirles que den testimonios sobre los progresos de su hijo para usarlos también en la página", dijo. Alguien en la mesa le dijo que se suponía que los analistas de

414 • Apéndice C: Cincuenta escenarios éticos para analistas de conducta

conducta no solicitan testimonios. Su respuesta fue que médicos, dentistas y otros profesionales lo hacen y que no hay problema siempre los padres puedan elegir no participar. ¿Estaba equivocado? ¿Hay alguna situación en la que los testimonios sí son aceptables? Nuestro colega añadió que lo que dice el Código en la sección sobre testimonios no tiene nada que ver con lo que él estaba haciendo.

**Pista**: Pedir a nuestro amigo que lea el Capítulo 13 y se centre en el punto 8.06 del Código.

24. Un niño en una de las escuelas donde trabajo como nuevo BCBA tiene múltiples problemas de conducta. Creo que puede necesitar medicación para controlar en cierta medida sus problemas de conducta. Me llamaron para evaluar al niño y hablé con el director. Le dije que podríamos recomendar un análisis médico para empezar, seguido de un análisis funcional. A lo que el director respondió: "Basta con que lo saquees del colegio. Necesito que escriba un informe que diga que este niño no puede ser manejado en un entorno escolar como el nuestro y que debe pasar a un programa especial. "Me temo que el director ya ha tomado su decisión con respecto a este caso y que si le cuento lo que realmente pienso sobre su enfoque no voy a seguir trabajando con este colegio mucho más tiempo.

**Pista**: Estás en una situación en la que es imposible ganar. Leer el Capítulo 4.

25. En nuestro distrito, un niño de 12 años con discapacidades graves de desarrollo se encuentra en un hogar de adopción. El cliente vaga por las noches, va a la cocina y toma un cuchillo para prepararse algo de comer, a veces incluso ha salido de la casa y se ha puesto a caminar por la calle. El vecino de la madre adoptiva llamó una noche a las tres de la mañana para avisarle de que el niño estaba caminando por la calle en calzoncillos. La vecina se despertó cuando los perros comenzaron a ladrar

y miró por la ventana para ver qué estaba pasando. A causa de esta circunstancia y, para mantenerlo a salvo, su tratamiento consiste en poner una barrera en su cama (una especie de jaula) a fin de que no pueda salir por las noches. Al parecer un BCBA estuvo relacionado con el uso de esta "intervención". ¿Es esta acción aceptable si se usa para mantener seguro al cliente?

**Pista**: Revisar la sección 4.0, considerando en particular las condiciones que limitan el tratamiento ABA.

26. Sé que el nuevo Código ético dice que no debo aceptar regalos ni socializar con clientes y que no debería darles regalos (p.ej., traerles un trozo de pastel que he cocinado). Entiendo esta forma de proceder llevada a un extremo podría crear una situación negativa. No obstante, hay ocasiones en las que podría ser positivo hacerlo. ¿Es el Código realmente un conjunto de "guías" o de reglas? Estoy pensando en el caso particular de un cliente de edad preescolar con el que trabajo en su casa. La familia es de un nivel socioeconómico muy modesto y la madre está en silla de ruedas. A veces, cuando voy a la casa a la hora del almuerzo, llevo algo de comida rápida (hamburguesas, pisa) para que la madre no tenga que preparar la cena. Tengo la percepción de que al hacerlo estoy estrechando lazos con la madre. Además, si no tiene que cocinar y comenzar a preparar la cena, tiene más tiempo para estar con el niño y conmigo durante nuestras sesiones de terapia. Alguien me dijo que no debería estar haciendo esto. Creo que deberíamos considerar los resultados, y en los casos en los que la comida o los obsequios no sean costosos y no se cree un compromiso entre las personas, se podría aceptar esta pauta de acción. En el caso de que la madre comenzase a decir cosas tales como "¿podrías traer unos filetes la próxima vez?" Sabría que la cosa ha ido un poco lejos.

**Pista**: El Código ético es serio a este respecto y no se puede considerar simplemente una *guía* o *conjunto de* *pautas.* Revisar el punto 1.06.

27. En mi trabajo de consultoría como analista de conducta, he estado trabajando con un cliente que recibe servicios públicos sanitarios básicos (Medicaid). Recientemente, como parte del proceso de aprobación de la administración del servicio, se han empezado a desglosar todos los servicios, lo que quiere decir que las siguientes horas que tengo programadas no han sido aprobadas por escrito. ¿Debo seguir proporcionando servicios y supervisión, incluso si no tengo una autorización por escrito? Parece una obviedad, pero legalmente las reglas dicen que, si mis horas no son aprobadas por adelantado, la agencia no tiene obligación de pagarme.
**Pista:** Leer 1.05(a).

28. Una compañía aseguradora que paga los servicios conductuales de un conjunto de analistas de conducta ha decidido contratar a otros analistas a fin de que revisen los programas de estos. Si bien esto es mejor que contar con psicólogos sin formación conductual u otro personal revisando los programas conductuales, los analistas de conducta que están revisando estos programas, ¿podrían estar incurriendo en una infracción ética ya que están tomando decisiones sobre los servicios sin observar al cliente, revisar los datos, etc.?
**Pista:** Revisar 2.09(b) y 3.01(a).

29. Trabajo con clientes con trastornos de desarrollo tanto en sus hogares como en el ámbito escolar. Hay un consultor conductual en nuestra área que con frecuencia me recomienda que aplique un procedimiento de castigo con un cliente sin haber siquiera visto al cliente por sí mismo. Este profesional básicamente escucha lo que le cuentan los BCaBA que trabajan en el colegio acerca de los problemas de conducta del cliente, pero nunca ha trabajado con él ni lo ha observado él mismo. Estoy bastante seguro de que esto no es ético, pero no soy su supervisor, él no trabaja en la misma empresa de

consultoría que yo, y yo solo soy un BCaBA. ¿Debo hacer algo al respecto?

**Pista:** Revisas 3.01 y 4.08. Para informar a la BACB sobre la conducta de alguien debe tener conocimiento de primera mano del caso. Si otros le dicen que han visto el comportamiento, debe alentarlos a que hagan el informe.

30. Una BCBA es socio empresarial de otra persona de otro campo que fue el autor principal de un estudio que ha demostrado tener serios problemas metodológicos hasta el punto de que el resto de autores del mismo se han retractado públicamente de sus supuestos. Se descubrió además que el autor principal tenía un serio conflicto de intereses que no se reveló cuando se publicó el estudio, lo que ha dado lugar a que se investigue su mala praxis científica. Sin embargo, la BCBA continúa promoviendo las teorías y tratamientos del autismo sin fundamento científico que defiende su socio comercial.

    **Pista:** Leer 1.0 y 6.01 (a).

31. Soy un BCBA que trabaja para un programa financiado con fondos públicos. El problema se relaciona con una compañera de trabajo que es BCaBA y su relación con una cliente que es la cuidadora de una persona con discapacidad. La relación, aunque no es romántica, es muy intensa y ambas se han convertido en amigas muy cercanas. La BCaBA va a la casa de la cliente s dar servicios semanalmente. Mi colega me preguntó si sería apropiado mantener una relación personal con esta cliente una vez termine su trabajo en nuestro programa. Sugerí que en el momento en que dejase el empleo, terminase la relación con esta persona y no intentase mantener una relación de amistad posteriormente. Mi intención al hacer esta recomendación era la de asegurarme de que la cliente no se sienta presionada por mantener una relación con mi compañera de trabajo. ¿Debería hacer un seguimiento con la cliente para ver si

se hizo esto, o está bien que sean amigas una vez que ya no haya una conexión profesional?

**Pista:** Revisar 1.05 (f) y 1.06, así como 1.07.

32. Uno de nuestros clientes es una niña de ocho años con un diagnóstico de trastorno por déficit de atención. Según sus padres, la niña "dice mentiras" con frecuencia. No obstante, no hemos visto este comportamiento en nuestro centro de tratamiento. Ayer, la niña les dijo a dos de los miembros de nuestro personal que su padre la ha maltratado y que un día la apretó tan fuerte que se desmayó y luego la enviaron a la cama sin cenar. Este cliente también afirmó que su padre hacía tiempo le apretaba las muñecas "muy fuerte", aunque no hemos visto ningún signo de hematoma. Documenté toda esta información en su historial clínico. ¿Debo informar a las autoridades competentes sobre este posible caso de abuso y debería primero hablar con los padres y oír su versión de la historia? No me gustaría llamar la atención en un caso que probablemente es una historia inventada por la niña.

**Pista:** Infórmese o contacte con las autoridades a fin de conocer bajo que circunstancias exactas debe de informarse de un posible caso de abuso.

33. Cuando era estudiante, tuve la oportunidad de realizar unas prácticas en un aula para niños con autismo. Básicamente, fui un voluntario que ayudó al maestro, pero no fui responsable de ningún aspecto de los programas de conducta. También se me permitió observar reuniones del equipo de tratamiento. Esta experiencia me motivó a obtener mi maestría en análisis aplicado de conducta. Uno de los alumnos con hiperactividad estaba teniendo dificultades para alcanzar sus objetivos. Un terapeuta de otra disciplina asistió a una reunión del equipo de tratamiento e hizo la recomendación de colocar al estudiante en un chaleco con peso. Dijo que ayudaría a su concentración, a la

capacidad de aprender tareas, a reducir sus problemas de conducta y a obtener un aprendizaje más rápido. La terapeuta hablaba rápido, era graciosa y le caía bien a todos. Creo que podría vender un frigorífico a los esquimales. Ese día nos vendió los chalecos de peso a todo el equipo. Pese a esto, no estoy de acuerdo con este enfoque en absoluto. Se lo dije a mi supervisor de la facultad más tarde, y él me dijo: "mejor mantén la boca cerrada".- No dije una palabra en ninguna de estas reuniones, y el chaleco de peso se aplicó un poco más tarde como "tratamiento". Desde entonces me he sentido culpable por no tener el coraje de defender los tratamientos efectivos en el caso de aquel niño. Después de la advertencia de mi supervisor, ¿había algo más que podría haber hecho?

Pista: Revisar el punto 5.0 con respecto a las responsabilidades del supervisor y recuerde que este Código solo se aplica a aquellos que están certificados por la BACB.

34. Una parte de mi nuevo trabajo es escribir las notas de evolución del cliente en su historial. Uso estas notas y mis datos para hacer un seguimiento continuo del avance de mis clientes. Mi supervisor también usa mis notas para determinar si estoy manejando los casos de manera eficiente y efectiva. Si un cliente cumple un objetivo, lo registro en mis notas. Recientemente me di cuenta de que mis notas también se están utilizando para documentar la necesidad de continuar financiando a los clientes. Aunque me emociona el haber ayudado a alguien, la administración está molesta porque, como escribí "Objetivo logrado" o "Caso cerrado", es posible que el flujo de fondos para este cliente se agote. Tuve una conversación reciente con mi supervisor que fue bastante inquietante. Me sugirió de una manera algo indirecta que, en lugar de decir que el cliente había alcanzado su objetivo, debería indicar que había otros objetivos en los

que trabajar ya que se requería capacitación adicional. Lo pensé y volví al día siguiente para obtener una aclaración, solo para asegurarme de haberlo entendido y su respuesta fue: "sí, eso está bien". He estado siguiendo estas instrucciones ahora durante un par de meses, pero no me parece bien. Si un cliente ha cumplido su objetivo, me parece que esto debería ser motivo de celebración y una oportunidad para recibir a un nuevo cliente que necesita nuestra ayuda. ¿Me estoy omitiendo alguna información clave? ¿Estoy perjudicando las instalaciones porque recibe menos fondos cuando rescindí un cliente?

**Pista:** Leer 4.11, y recuerde que de la misma manera que aceptar clientes (2.01) es una decisión a tomar en grupo, también lo son las decisiones de terminar el servicio.

35. Soy el supervisor de un equipo de analistas de conducta que brindan servicios en el ámbito doméstico. Tengo una pregunta de ética que puede resultar inusual. Una de mis BCBA recién certificadas fue asignada recientemente para trabajar en el hogar de un niño en edad preescolar; el niño vive en un barrio difícil. Después de la segunda visita, vino a mi oficina y me dijo que cree que los padres están consumiendo drogas en la casa. La madre de la niña es soltera y, según informes, su novio y sus amigos acuden a menudo a la casa. El consultor dijo que ha visto evidencia de consumo y tráfico de drogas en el hogar y que se siente incómoda yendo allí. No estoy seguro de lo que debería hacer. He estudiado el Código con mucho cuidado y mi sentido común no coincide con la interpretación que hago del Código. Por ejemplo, el Código dice que un cliente tiene derecho a un tratamiento efectivo y que los analistas de conducta no terminan los servicios y no dejan al cliente sin servicios. ¿Qué me recomendarías que hiciera?

**Pista:** Si bien no figura en el Código, "primero no dañar" es una consigna primordial en cualquier servicio.

Parece un clásico problema del punto 9.01.

36. Soy BCBA y miembro de un comité ético. Este comité analiza los programas conductuales de los clientes en mi área. Me llevo bien con todos en el comité y ello puede suponer un problema. El presidente del comité es también el coordinador de servicios conductuales de nuestra área. Tengo que revisar sus programas, hacer comentarios y presentar mi opinión en la fecha programada por el comité. No estoy seguro si el coordinador está sobrecargado de trabajo o qué, pero los programas que envía son muy flojos. Los protocolos que sugiere no son programas conductuales sólidos. Debería centrarse en su rol administrativa, ya que es una persona muy ordenada y sistemática. Mi situación es incómoda, porque esta es la persona que me da casos y básicamente controla cuánto dinero puedo ganar cada mes. Mi novio está estudiando derecho y me ha dicho que le enviara una carta comentando acerca de la calidad de sus programas. Otras personas en el comité han dejado sutiles pistas de que los programas deben mejorarse, pero ella ignora las sugerencias. Uno pensaría que el director del comité debería producir los mejores programas posibles, pero se formó en los ochenta y no está al tanto de los progresos en el área. ¿Alguna sugerencia sobre cómo actuar de forma ética y diplomática en este caso?

    **Pista:** Revisar todo el punto 7.0 del Código y ver si algo le viene a la mente; a menudo un grupo de personas puede ser más efectivo que uno solo.

37. Soy estudiante en un programa de análisis de conducta. Todavía no estoy certificado en ningún nivel, pero me gustaría convertirme en BCBA. He asistido a algunas conferencias y conozco el Código, aunque no soy experta. Para obtener experiencia con niños, he estado trabajando en una guardería privada que tiene clientes privados y algunos niños con discapacidad. Tenemos un niño pequeño que es muy hiperactivo, no habla bien, y no

podemos entenderlo. A veces te escupe o intenta morderte o dar patadas si no se sale con la suya. A veces, incluso cuando los miembros del personal son amables con él, simplemente "salta". Se está realizando un programa que consiste en que el maestro le de golosinas cuando es bueno, poniendo estrellas en una tabla y usando el tiempo fuera. Aquí está mi preocupación: he visto a una de las maestras de apoyo pegar a este niño si escupe o trata de morderla. Cuando ella hace esto, él comienza a actuar correctamente y se comporta. Sé que los analistas de conducta no pueden pagar a los niños. Sin embargo, esta es una guardería privada, y los padres han dicho que "se le puede dar un tortazo si es necesario". No he informado a la maestra de apoyo, porque una vez, cuando el niño me escupió, lo agarré de la oreja para llevarlo a la zona de tiempo fuera. El asistente me dedicó una pequeña sonrisa y no informó a nadie de lo que yo había hecho. Estoy empezando a sentirme nervioso por todo esto.

**Pista:** El punto 9.01 del Código es de aplicación en este caso.

38. Soy un BCaBA que estudia un grado de master de psicología y trabajo a tiempo parcial en un centro para personas con trastornos del desarrollo. Tengo suerte porque varios de los que estamos en este colegio también trabajamos para la misma firma de consultoría y con frecuencia coincidimos en los mismos centros y colegios. Una de las compañeras es la que más avanzada está en los estudios de posgrado y está realizando un proyecto de investigación. No ha hecho más que hablar de este proyecto durante meses. Nuestro profesor ha dicho que, si el estudio se hace correctamente y los datos tenían buena pinta, podríamos publicarlo fácilmente. Nuestra compañera nos convenció para que la ayudásemos con su estudio realizando observaciones. Al final del estudio, fuimos todos a tomar una pizza y beber cerveza, allí

nuestra amiga anunció orgullosamente que el profesor le iba a ayudar a enviar su trabajo para que se publicara en una revista científica. Dijo que el profesor estaba favorablemente impresionado de que el tratamiento que había desarrollado hubiera dado como resultado que todos los clientes en el estudio mostrasen mejoras dramáticas en su conducta. "¿Y el participante número 3?" dije. Todos sabíamos que el comportamiento de este participante empeoró a lo largo del estudio, así como el de un segundo participante. Nuestra amiga puso cara de desesperación y admitió que había desechado los datos de dos clientes que no mostraron una buena respuesta a la intervención. "Esto probablemente se hace continuamente en investigación. Es que de *verdad* quiero tener una publicación. Tenéis que ayudarme. Necesito graduarme".

**Pista:** Revisar 9.02.

39. Soy analista de conducta que trabaja con Juan Antonio, un niño de ocho años que está en una clase de tercer grado para niños con necesidades especiales en un colegio de educación primaria. Este es el primer año que asiste a nuestro colegio ya que su familia se mudó aquí recientemente. Los registros escolares de primero y segundo indican que ha sido "hiperactivo", aunque no ha habido un diagnóstico formal de trastorno por déficit de atención e hiperactividad (TDAH). En los últimos seis meses, los maestros notaron que muchas veces parecía cansado e irritable. A pesar de que ha perdido algo de peso, parece estar muy motivado por la comida: a menudo empuja a otros niños para llegar antes a la cola del almuerzo. La escuela requiere de un chequeo médico al comienzo del curso, así que le hemos preguntado a la madre si podemos ver los resultados de su examen físico o si nos da permiso para hablar con sus médicos, a lo que ella ha respondido que no. Dice que no hay necesidad de ver su información médica o hacer un examen físico; él

solo está portándose mal. ¿Es ético proceder con nuestro trabajo pese a tener la corazonada de que Juan Antonio tiene un problema médico relacionado con su hiperactividad? ¿Puedo decirle a la madre que, caso de no recibir su historial médico, no le ofreceremos ningún servicio? ¿debería abandonar el caso ya que no creo que Juan Antonio tenga un "problema de conducta"?

**Pista:** Estas decisiones están por encima de tu marco profesional, comunica el caso a una autoridad superior.

40. Soy una estudiante de universidad que trabaja a tiempo parcial en un centro para adultos con trastornos del desarrollo. Los clientes reciben servicios de un BCBA y programas conductuales en los casos en los que presentan problemas de conducta grave. No obstante, estos servicios no alcanzan a todos los clientes y en ocasiones los trabajadores del centro improvisan sus propias intervenciones. Con frecuencia actúan de forma paternalista como si los clientes fueran sus hijos. Por ejemplo, dicen: "No puedes ir a (un evento especial programado) porque hiciste tal cosa" (sea cual sea el comportamiento no deseado). A menudo el castigo es demasiado severo la mala conducta que el cliente ha realizado. Sé que si presento una queja corro el riesgo de ser ignorado por el personal. O peor, empezaría a caerles mal y sería imposible seguir trabajando con ellos. De hecho, creo que ya me consideran un poco "rarito" por mi forma de vestir y por ser nuevo, ya que la mayoría lleva allí trabajando más de veinte años. Una vez, cuando intenté que hicieran algo de una manera diferente, un miembro del personal habló mal de mí: "Esa niña no tiene hijos; no tiene que bregar con estos clientes cinco días a la semana, y se irá de aquí tan pronto termine sus prácticas".

**Pista:** Revise los requisitos descritos en el punto 7.02.

41. Soy un maestro de educación especial con formación

conductual que ofrezco sesiones en casa[1]. En una ocasión, durante una sesión a la que atendían un niño con su padre, este tuvo que ir al banco, que cerraba cuando mi sesión terminaba. Me pidió que me quedara en su casa con el niño mientras el iba. Le dije: "No, esto no está permitido". Pero me rogó diciendo: "Confía en mí, ya vuelvo" y se dispuso a irse. Nuevamente le dije: "Por desgracia no es legal lo que me pides. Si realmente debe irse es mejor que terminemos la sesión antes". Por fin asintió. Tomé mis cosas y me fui. Al día siguiente hablamos de la situación y se disculpó por ponerme en una posición incómoda.

**Pista:** ¡Bien hecho!

42. Soy un terapeuta del habla, muchos padres me han sugerido que me pagarían por sesiones adicionales durante las vacaciones escolares. También he tenido padres que me han pedido que facture sesiones que no se han celebrado aun a fin de realizarlas durante vacaciones y recesos escolares.

    **Pista:** Como decía el eslogan de una campaña contra el consumo de drogas "basta con decir no".

43. Jana es una maestra que brinda servicios en el hogar y trabaja con una niña de tres años, María, que presenta problemas de conducta. Los objetivos planteados en su plan educativo individualizado incluyen aumentar las interacciones apropiadas que María mantiene con otros niños. La madre de maría, que sabe que mi hija tiene la misma edad, me ha pedido repetidamente que traiga a mi hija a jugar con María. Le respondí que esto no era profesional. Sin embargo, la madre insistió diciendo que María no conocía a otros niños de su edad y que era importante trabajar en sus habilidades sociales. Le sugerí que la pusiera en una guardería o centro preescolar, a lo que la madre respondió que no podía permitírselo

---

[1] *N. de. T.:* Special Education Itinerant Teacher, SEIT.

económicamente. Me he sentido cada vez más incómoda con la solicitud de esta madre. La semana pasada tuve que llamar a esta madre para cancelar la sesión debido a que la niñera de me había dicho a última hora que no podría venir. La madre me insistió en que trajera a mi propia hija a la sesión en lugar de cancelar. ¿Qué puedo hacer en esta situación?

**Pista:** Ver el caso 42.

44. Un colega dice que las familias con las que trabaja con frecuencia insisten en que participe en fiestas que a veces hacen con sus hijos los sábados.

    **Pista:** Ver el caso 42.

45. Una de las terapeutas del lenguaje de nuestro equipo tiene fama de cotilla. Su forma de ser y de relacionarse consiste en charlar sobre su vida personal con sus clientes. Aquí está el dilema: esta chica es muy divertida y los clientes realmente aman las historias estrafalarias que cuenta sobre su vida. ¿Deberíamos intervenir?

    **Pista:** Es posible que las consecuencias naturales de estas conductas las corrijan tarde o temprano.

46. Una madre está gestionando la transición de su hijo a otro distrito escolar. Espera que el nuevo distrito apruebe servicios que no habían estado disponibles hasta ahora. El niño tiene un diagnóstico de autismo y está recibiendo numerosas horas de análisis aplicado de conducta (ABA), así como otros servicios relacionados en el ámbito doméstico. Los padres han ejercido un control considerable sobre la selección de los proveedores de servicio en el hogar hasta ahora. La madre, con la ayuda de un miembro del equipo de intervención, se han comunicado con el logopeda o terapeuta del habla indicando que necesita un informe que enfatice las debilidades del niño y no su progreso. Quieren que este informe se envíe por fax al presidente del comité del nuevo distrito escolar justo antes de la próxima reunión. Dicho comité no ha solicitado semejante informe de

progreso de este proveedor. El logopeda se siente incómodo con la petición manipulativa que ha recibido de los padres. Sin embargo, percibe, en función de acontecimientos pasados que, si deja de agradar a la madre y a la persona del equipo que le apoya en esta demanda, será retirado del caso.

**Pista:** Leer el punto del código 1.04 con atención, ahí radica la respuesta.

47. Un Comité de Educación Especial Preescolar ha realizado una recomendación para que un niño con diagnóstico de autismo reciba servicios durante ocho horas al día en un centro especializado en el tratamiento del autismo. El padre visitó el centro y aceptó la sugerencia del comité. El comité volverá a reunirse justo antes de que el niño haga la transición al centro, tal y como estaba planeado, para garantizar que las recomendaciones que se hicieron inicialmente siguen siendo apropiadas en el momento de la transición. La madre ahora siente que su hijo no debería asistir al nuevo centro, sino que desea que el centro apoye la recepción de servicios ABA en el hogar y la adición de un maestro de apoyo para que el niño asista a una guardería con niños de desarrollo normal. Además, la madre les pide a las personas que actualmente están dando los servicios ABA en el hogar que se comunique con el centro de destino y les haga saber que la familia no desea que el niño vaya a dicho centro. El proveedor actual de servicios ABA sabe que este movimiento podría hacer que el centro no envíe un representante a la próxima reunión del comité asesor, lo que podría facilitar que este modifique su dictamen alineándose con los últimos deseos de la madre. En este caso existe un conflicto entre lo que creemos que el niño necesita y los deseos de la madre.

**Pista:** Por lo general, los padres obtienen lo que quieren, pero de vez en cuando, se encontrarán con un profesional ético que diga: "Sí, pero no conmigo".

48. Un maestro con formación conductual que brinda servicios en el hogar[2] sabe que una familia tiene dificultades financieras y que no podrá dar ni siquiera una simple fiesta de cumpleaños al niño. La maestra quisiera pagar una fiesta modesta de su propio bolsillo porque siente lástima por el niño. Sabe que la familia aceptaría este regalo de ella.

    **Pista:** Ver el punto 1.06 (d) del Código.

49. Se necesita orientación para estas tres situaciones: (1) Actualmente, tenemos terapeutas y algunos maestros que asisten a las fiestas de cumpleaños de los niños o asisten a fiestas familiares. (2) También pueden aceptar regalos monetarios o obsequios de alto valor (en nuestro distrito, obsequios ocasionales con un valor simbólico de $50 están permitidos). Para evitar esta regla, algunos padres intentan dar obsequios frecuentes con un valor de $50 o menos. El total de estos obsequios excede los $50. (3) Ocasionalmente, para ganar un poco de dinero extra, los terapeutas y los maestros se ofrecen para cuidar niños y la familia los paga directamente.

    **Pista:** Eche un vistazo al punto 1.06 (d).

50. Nuestra empresa de consultoría quiere hacer un anuncio televisivo. Algunos de los padres de nuestros clientes les han dicho a otros que nuestros servicios cambiaron sus vidas. Considerando que estos padres hablan de forma espontáneas de los beneficios del servicio si necesidad de que les incitemos a ello, ¿podemos pedirles que den unas breves declaraciones que podamos usar en nuestros anuncios impresos y televisivos?

    **Pista:** Revise 8.06.

## Notas

1   Maestros de educación especial que han sido entrenados en el uso de intervenciones conductuales.

---

[2] N. de. T.: Special Education Itinerant Teacher, SEIT.

2 Fuente de financiación especial en el estado de Nueva York.

# Apéndice D: Lecturas recomendadas para ampliar

Bersoff, D. N. (2003). *Ethical Conflicts in Psychology*. Washington, DC: American Psychological Association.

   Esta tercera edición del texto de Bersoff incluye material sobre códigos de ética profesional, aplicación de ética profesional, confidencialidad, relaciones múltiples, evaluación, pruebas computarizadas, terapia e investigación. Además, cubre la supervisión, las pautas para la investigación con animales, la ética profesional en entornos forenses, la práctica ética dentro de los límites de la atención administrada, el Código ético Profesional de la American Psychological Association (APA) del 2002 y las revisiones de las reglas y procedimientos para juzgar quejas de conducta no ética contra miembros de APA adoptadas por el Comité de Ética de la APA en agosto de 2002.

Canter, M. B., Bennett, B. E., Jones, S. E., y Nagy, T. F. (1999). *Ethics for Psychologists: A Commentary on the APA Ethics Code*. Washington, DC: American Psychological Association.

   Las tres secciones principales de este volumen son Fundamentos, Interpretación del Código ético y Conclusiones. La mayor parte del libro se concentra en la sección sobre "Interpretación del Código ético", en la que se analiza cada estándar ético y se proporcionan comentarios.

Danforth, S., y Boyle, J. R. (2000). *Cases in Behavior Management.* Upper Saddle River, NJ: Prentice Hall.

Este libro comienza presentando la teoría de sistemas sociales; los modelos de tratamiento que incluyen el conductual, psicodinámico, ambiental, y los modelos constructivistas; e información sobre el análisis de casos. La segunda mitad del libro presenta 38 casos que ilustran los problemas de manejo de conducta que enfrentan los maestros, padres y cuidadores. Varias de las viñetas están relacionadas con el entorno escolar (desde preescolar hasta el bachillerato). Los casos son muy detallados, y la mayoría tiene entre tres y cuatro páginas de largo.

Fisher, C. B. (2003). *Decoding the Ethics Code: A Practical Guide for Psychologists.* Thousand Oaks, CA: Sage.

Los Principios de Ética Profesional y el Código de Conducta de la American Psychological Association del 2002 son presentados en este volumen. Después de una introducción que describe cómo se desarrolló el código, la base y la aplicación de cada estándar ético se discuten junto con la ejecución de sanciones del código. Otros temas presentados incluyen los problemas de responsabilidad profesional, toma de decisiones éticas y la relación entre la ética y la ley.

Foxx, R. M., y Mulick, J. A. (2016). *Controversial Therapies for Autism and Intellectual Disabilities: Fad, Fashion and Science in Professional Practice.* Nueva York: Routledge, Inc.

Ha pasado una década desde la publicación de la primera edición de este libro. Si bien ha cambiado mucho en el mundo, el campo del autismo y las discapacidades intelectuales sigue lleno de modas, tratamientos polémicos, sin fundamento, refutados, invalidados y políticamente correctos que ya existían en 2005 o que han aparecido desde entonces. Todos están cubiertos en este libro, al igual que la enseñanza de la ética para los analistas de conducta por Bailey y Burch y por qué ABA no es una moda pasajera.

Hayes, L. J., Hayes, G. J., Moore, S. C., y Ghezzi, P. M. (1994). *Ethical Issues in Developmental Disabilities.* Reno, NV: Context Press.

Este volumen es una colección de artículos teóricos por una variedad de autores. Algunos de los temas incluyen elección y valor, desarrollo moral, moralidad, problemas éticos relacionados con las personas con trastornos de desarrollo, competencia, derecho al tratamiento, ética y servicios para adultos y el tratamiento farmacológico de los problemas de conducta.

Jacob, S., y Hartshorne, T. S. (2003). *Ethics and the Law for School Psychologists*. Wiley, Nueva York.

Este texto proporciona información sobre los estándares profesionales y requisitos legales relevantes para la entrega de servicios psicológicos escolares. Los temas cubiertos incluyen derechos de privacidad y consentimiento informado de los estudiantes y padres, confidencialidad, evaluación, problemas éticos relacionados con la Ley de Educación para Individuos con Discapacidades (IDEA por sus siglas en inglés) y la Ley de Estadounidenses con Discapacidades (ADA por sus siglas en inglés), educación de niños con necesidades especiales, consulta con maestros, disciplina escolar, prevención de la violencia escolar y problemas éticos en la supervisión. *Ética y la Ley para Psicólogos Escolares* aborda los cambios en la revisión de los Principios Éticos y el Código de Conducta de la Asociación Americana de Psicología realizada en el 2002.

Jacobson, J. W., Foxx, R. M., y Mulick, J. A. (Eds.). (2005). *Controversial Therapies for Developmental Disabilities: Fad, Fashion, and Science in Professional Practice*. Mahwah, Nueva Jersey: Lawrence Erlbaum Associates.

John Jacobson, Richard Foxx y James Mulick le han hecho un gran servicio nuestro campo al compilar esta enciclopedia de modas pasajeras, falacias, "soluciones falsas" y engaños en el tratamiento de los trastornos de desarrollo. Esta referencia imprescindible debe ser obligatoria para todos los analistas de conducta. Algunos títulos de muestra de los 28 capítulos le darán una idea del enfoque adoptado por casi 30 expertos: "Tamizando las Prácticas Sólidas del Aceite de Serpiente", "El Engaño de la Inclusión Total" y "Comunicación Facilitada: El Último Tratamiento de Moda".

Koocher, G. P., y Keith-Spiegel, P. C. (1990). *Children, Ethics, and the Law: Professional Issues and Cases*. Lincoln: University of Nebraska Press.

*Children, Ethics, and the Law* resume los problemas éticos y legales que enfrentan los trabajadores de salud mental en su trabajo con niños, adolescentes y sus familias. Este volumen aborda cuestiones relacionadas con la psicoterapia con los niños, la evaluación, la confidencialidad y el mantenimiento de registros, el consentimiento para el tratamiento y la investigación y problemas legales. Se presentan casos clínicos para ilustrar los dilemas éticos y legales que se discuten.

Lattal, A. D., y Clark, R. W. (2005). *Ethics at Work*. Atlanta: Aubrey Daniels International, Inc.

Para los analistas de conducta que trabajan en entornos comerciales, este es el libro que desea usar como su estándar. Lattal y Clark discuten todos los temas importantes, incluyendo la construcción de la integridad moral, el logro de ventas éticas, el comportamiento ético y haciendo de la ética profesional un hábito. Hay muchos ejemplos de casos que se pueden usar para estimular la discusión en clase.

Nagy, T. F. (2000). *An Illustrative Casebook for Psychologists*. Washington, DC: American Psychological Association.

*An Illustrative Casebook for Psychologists* fue escrito para acompañar los 102 estándares de los Principios Éticos del Psicólogo y el Código de Conducta del Comité de Ética de la Asociación Estadounidense de Psicología. Los casos clínicos ficticios se utilizan a lo largo del texto para ilustrar las áreas clave del Código APA, que incluyen Estándares Generales; Evaluación o Intervención; Publicidad y otras Declaraciones Públicas; Terapia; Privacidad y Confidencialidad; Enseñanza, Supervisión para la Capacitación, Investigación y Publicación; Actividades Forenses; y Resolviendo Problemas Éticos.

Offit, P. A. (2008). *Autism's False Prophets: Bad Science, Risky Medicine, and the Search for a Cure*. Nueva York: Columbia University Press.

"Paul Offit, un experto nacional en vacunas, desafía a los falsos profetas modernos que han engañado al público de manera tan atroz y expone el oportunismo de los abogados, periodistas, celebridades y políticos que los apoyan. Offit relata la historia de la investigación del autismo y la explotación de esta condición trágica por defensores y fanáticos. Considera la manipulación de la ciencia en los medios populares y en el tribunal y explora por qué la sociedad es susceptible a la mala ciencia y las terapias riesgosas presentadas por muchos activistas antivacunas" (de la sobrecubierta).

Pope, K. S., y Vasquez, M. J. T. (1998). *Ethics in Psychotherapy and Counseling*. San Francisco, CA: Jossey-Bass.

Este texto aborda las áreas en las que se producen dilemas éticos en el trabajo de los profesionales de la salud mental. Los temas cubiertos incluyen el consentimiento informado, las relaciones sexuales y no sexuales con los clientes, las diferencias culturales e individuales, las relaciones de supervisión y la confidencialidad. Hay apéndices de códigos de conducta y principios éticos para psicólogos y pautas para el asesoramiento ético en entornos de atención administrada.

Stolz, S. B., and Associates. (1978). *Ethical Issues in Behavior Modification.* San Francisco, CA: Jossey-Bass.

En 1974, la Asociación Americana de Psicología formó una comisión para examinar cuestiones relacionadas con las controversias sociales, legales y éticas en la psicología. La comisión también proporcionó recomendaciones con respecto al uso y mal uso de la modificación de la conducta. Este volumen histórico aborda la ética de la modificación de la conducta en entornos que incluyen el tratamiento ambulatorio, instituciones, escuelas, prisiones y la sociedad. El volumen también aborda la ética de las intervenciones.

Van Houten, R., y Axelrod, S. (Eds.). (1993). *Behavior Analysis and Treatment.* Nueva York: Plenum Press.

Van Houten y Axelrod persuadieron a más de 30 expertos en el análisis aplicado de conducta para evaluar el campo y sugerir formas de crear entornos óptimos para el tratamiento y proporcionar evaluaciones para una atención de calidad y un tratamiento de vanguardia. Capítulo 8, "A Decision-Making Model for Selecting the Optimal Treatment Procedure": sirvió como base para el Capítulo 16 en esta Tercera Edición.

Welfel, E. R., e Ingersoll, R. E. (2001). *The Mental Health Desk Reference.* Nueva York: Wiley.

La Parte IX de *The Mental Health Desk Reference* es "Problemas Éticos y Legales". Esta sección del texto trata aborda los procedimientos para presentar quejas de ética profesional, los derechos de los clientes a la privacidad, consentimiento informado, documentación responsable, denuncia de abuso infantil, reconocimiento de maltrato a personas mayores, supervisión e interacciones responsables con organizaciones de cuidado coordinado.

# Notas

## Capítulo 3

1  Los casos enviados que son citas directas de personas que trabajan en el campo del análisis de conducta se indican con comillas.

2  Rafting. Obtenido de Wikipedia el 23 de diciembre de 2015, https://en.wikipedia.org/wiki/Rafting

3  RBT = El elemento del Código es pertinente para los Registered Behavior Technicians (Técnicos del Comportamiento Registrados.).

## Capítulo 7

1  Para obtener una definición más detallada de lo que "población protegida" significa, visite la página web de la Oficina de Integridad de Investigación de Ball State University en http://cms.bsu.edu/about/administrativeoffices/researchintegrity/h umansubjects/resources/protectedpopulationgroups

## Capítulo 9

1  Fuente: El Código de Pensilvania. Las disposiciones de este ¤ 6400.191 modificado hasta el 22 de enero de 1982, efectivo desde el 1ro de marzo de 1982, 12 Pa.B. 384; modificado el 9 de agosto de

1991, efectivo el 8 de noviembre de 1991, 21 Pa.B. 3595. El texto que precede inmediatamente aparece en la página de serie (131375). Obtenido en: www.pacode.com/secure/data/055/chapter6400/s6400.191.html

2  VB-MAPP Transition Assessment, pág. 32.

3  VB-MAPP Milestones Assessment, pág. 21.

## Capítulo 10

1  La retroalimentación correctiva consta de siete componentes: Proporcione una declaración positiva y empática, describa el desempeño correcto del supervisor, especifique el desempeño incorrecto del supervisor, proporcione una justificación para el cambio deseado en el rendimiento, proporcione instrucciones y demostraciones de cómo mejorar el rendimiento ineficaz del paso 3, proporcione oportunidades para practicar el las conductas de interés deseadas y finalmente, proporcione retroalimentación inmediata y reforzamiento positivo (si es indicado). Adaptado de Reid, Parsons y Green (2012) y BACB (2012).

## Capítulo 11

1  Para obtener más información sobre el Reiki, visite www.reiki.org/faq/whatisreiki.html

## Capítulo 12

1  Tenga en cuenta que este elemento de Código no cubre ningún acto que constituya una conducta delictiva real. En situaciones en las que tenga conocimiento de conductas delictivas, deberá ponerse en contacto con las autoridades correspondientes y dejar que se encarguen del asunto.

2  La empresa World Evolve, Inc. de Miami, Florida, incluye esta declaración para empleados en su página web, http: //www.world-evolve.com

3  (El código relevante es 42 USC § 1320d-5).

4  La información sobre el HIPAA se obtuvo de http://www.ama-assn.org/ama/pub/physician-resources/solutions-managing-your-

practice/coding-billing-insurance/hipaahealth-insurance-port
ability-accountability-act/hipaa-violations-enforcement.page?

## Capítulo 13

1   Para obtener más información sobre terapias alternativas, consulte
    http://www. sciencedaily.com/releases/2015/02/150226154644.htm
2   Para obtener información adicional sobre terapias alternativos,
    consulte  http://www.forbes.com/sites/emilywillingham/2013/10/2
    9/the-5-scariest-autism-treatments/
3   Citado de "Premera hack exposes 11 million financial and medical
    records," 18 de marzo de 2015, Computerweekly.com, obtenido el
    12   de   diciembre   de   2015,   http://www.computerweekly.
    com/news/2240242508/ Premera-hack-exposes -11 millones de
    registros financieros y médicos
4   La     entrevista     de     podcast     está     disponible     en
    http://www.stitcher.com/podcast/ wwwstitchercompodcastspecial
    parentsconfidential/special-parents-confidential/e/special-parents-
    confidential-episode-15-applied-behavior-analysis-33753177
5   La Comisión evaluó la comunicación de anuncios que contenían
    testimonios que, de forma clara y a la vista, revelan "Resultados no
    típicos" o de manera más fuerte "Estos testimonios se basan en las
    experiencias de algunas personas y es probable que no se obtengan
    resultados   similares".   Ninguna   de   las   revelaciones   redujo
    adecuadamente el mensaje que las experiencias representadas son
    generalmente representativas. Con base en esta investigación, la
    Comisión cree que la efectividad de descargos de responsabilidad
    similares es poco probable en relación con la utilidad limitada de la
    experiencia de un patrocinador a lo que los consumidores
    generalmente esperan alcanzar.
        No obstante, la Comisión no puede descartar la posibilidad de
    que un descargo de responsabilidad de tipicidad fuerte pueda ser
    efectivo en el contexto de un anuncio en particular. Aunque la
    Comisión tendría la carga de la prueba en una acción de aplicación
    de la ley, la Comisión señala que un anunciante que posee pruebas
    empíricas confiables demostrando que el impacto neto de su
    publicidad con dicho descargo de responsabilidad no es engañosa
    evitará el riesgo de iniciar tal acción en la primera instancia.

Los anuncios que muestran promociones por lo que están representados directa o implícitamente, como "verdaderos consumidores" deben utilizar a los consumidores reales tanto en audio como en video, o revelar de manera clara y obvia que las personas en dichos anuncios no son consumidores reales del producto publicitado.

6   Las regulaciones relevantes de la FTC son: § 255.2 Promoción del consumidor.

(a)   Un anuncio publicitario que emplea promociones de uno o más consumidores sobre el desempeño de un producto o servicio publicitado se interpretará como que representa que el producto o servicio es efectivo para el propósito descrito en el anuncio. Por lo tanto, el anunciante debe poseer y contar con una justificación adecuada, que incluya, cuando corresponda, evidencia científica competente y confiable para respaldar tales afirmaciones hechas a través de promociones de la misma manera que el anunciante tendría que hacer si hubiera hecho la representación directamente, es decir, sin utilizar promociones de otros. Las promociones hechas por el consumidor no son evidencia científica competente y confiable por sí mismas.

(b)   Un anuncio que contenga una promoción que relacione la experiencia de uno o más consumidores alrededor de un atributo central o clave del producto o servicio también se interpretará como que representa que la experiencia del patrocinador es representativa de lo que los consumidores generalmente lograrán con el producto o servicio publicitado en condiciones de uso reales, aunque variables. Por lo tanto, un anunciante debe poseer y contar con una justificación adecuada para esta representación. Si el anunciante no tiene fundamento de que la experiencia del patrocinador es representativa de lo que generalmente lograrán los consumidores, el anuncio debe revelar clara y visiblemente el rendimiento generalmente esperado en las circunstancias descritas, y el anunciante debe poseer y contar con una justificación adecuada para esa representación.

7   El permiso para usar este material fue otorgado por la IBS.

## Capítulo 14

1 Vea el texto completo de la ley en el sitio web de Servicios Humanos y de Salud en http://www.hhs.gov/ohrp/humansubjects/guidance/belmont.html
2 "U.S. Study Finds Fraud in Top Researcher's Work on Mentally Retarded," 24 de mayo de 1987, The New York Times, obtenido en http://www.nytimes.com/1987/05/24/us/us-study-finds-fraud-in-top-researcher-s-work-onmentally-retarded.html
3 Lea el Código de EE. UU. pertinente en http://www.acl.gov/programs/AIDD/ DDA_BOR_ACT_2000/p2_tI_subtitleA.aspx
4 Gracias a la Dra. Dorothea Lerman del Programa de Análisis de Conducta de la Universidad de Houston Clear Lake por compartir estos escenarios.

## Capítulo 19

1 Un corrector líquido es un fluido opaco, usualmente blanco, aplicado al papel para recubrir los errores en el texto. Una vez seco, puede escribirse sobre el. Normalmente se empaqueta en botellas pequeñas, y la tapa tiene un pincel adjunto (o una pieza triangular de espuma) que se sumerge en la botella. El pincel se usa para aplicar el líquido sobre el papel. Información de "Wite-Out". obtenida el 14 de agosto de 2015 de Wikipedia, https://en.wikipedia.org/wiki/Wite-Out

## Capítulo 20

1 Para obtener una versión actualizada del Código de la organización, vaya a: COEBO.com
2 Originalmente redactado por Jon S. Bailey, PhD, BCBA-D.
3 Si desea involucrarse en el Movimiento COEBO, comuníquese con Adam Ventura a su correo electrónico: adamvent@gmail.com.

## Capítulo 21

1 Agradecemos a Yulema Cruz y Haydee Toro sus comentarios.
2 http://en.annsullivanperu.org/media-archive

# Referencias

Administration on Intellectual and Developmental Disabilities (AIDD). (2000). *The developmental disabilities assistance and bill of rights act of 2000.* Washington, DC: Autor.

American Psychological Association (APA). (2001). *PsychSCAN: Behavior analysis & therapy.* Washington, DC: Autor.

American Psychological Association (APA). (2002). Ethical principles and code of conduct. *American Psychologist, 57,* 1060-1073.

Axelrod, S., Spreat, S., Berry, B., y Moyer, L. (1993). A decision-making model for selecting the optimal treatment procedure. En R. Van Houten y S. Axelrod (Eds.), *Behavior analysis and treatment* (págs. 183-202). Nueva York: Plenum Press.

Ayllon, T., y Michael, J. (1959). The psychiatric nurse as a behavioral engineer. *Journal of the Experimental Analysis of Behavior, 2,* 323-334.

Baer, D. M., Wolf, M. M., y Risley, T. R. (1968). Some current dimensions of applied behavior analysis. *Journal of Applied Behavior Analysis, 1,* 91-97.

Bailey, J. S, y Burch, M. R. (2010). *25 Essential skills and strategies for the professional behavior analyst: Expert tips for maximizing consulting effectiveness.* Nueva York: Routledge.

Bailey, J. S., y Burch, M. R. (2011). *Ethics for behavior analysts.* Nueva York: Routledge.

BBC Radio. (1999, 26 de enero). *Ten least respected professions* [Radio].

Obtenido el 30 de diciembre de 2015, de http://news. bbc.co.uk/2/hi/uk_news/politics/ 2013838.stm

Behavior Analyst Certification Board (BACB). (1998-2010). *Disciplinary standards, procedures for appeal.* Obtenido el 2 de enero de 2005, de www.bacb.com/redirect_frame.php?page=discipline-app.html

Behavior Analyst Certification Board. (2012) *BACB newsletter., edición especial sobre supervisión.* Septiembre 2012. Obtenido el 9 de agosto de 2015, en http://bacb.com/wp-content/uploads/2015/07/BACB_ Newsletter_9-12.pdf

Behavior Analyst Certification Board. (2014a). *BACB newsletter, edición especial sobre supervisión.* Noviembre de 2014, pág. 10. Obtenido el 9 de agosto de 2015, de http://bacb.com/wp-content/uploads/2015/ 07/BACB_ Newsletter_11-14.pdf

Behavior Analyst Certification Board. (2014b). *Professional and ethical compliance code for behavior analysts.* Obtenido el 8 de agosto de 2015, de http://bacb.com/wp-content/uploads/2015/05/BACB_ Compliance_Code.pdf

Behavior Analyst Certification Board. (2014c). *BACB newsletter.* Septiembre de 2014, pág. 2. Obtenido el 10 de agosto de 2015, de http://bacb.com/wp-content/uploads/2015/07/BACB_Newsletter_ 09-14.pdf

Binder, RL (1992). Sexual harassment: Issues for forensic psychiatrists. *Bulletin of the Academy of Psychiatry Law, 20,* 409-418.

Borys, D. S., y Pope, K. S. (1989). Dual relationships between therapist and client: A national study of psychologists, psychiatrists, and social workers. *Professional Psychology: Research and Practice, 20,* 283-293.

Carnegie, D. (1981). *How to win friends and influence people.* Nueva York: Pocket Books/Simon & Schuster, Inc.

Chhokar, J. S., y Wallin, J. A. (1984a). A field study of the effect of feed-back frequency on performance. *Journal of Applied Psychology, 69,* 524-530.

Chhokar, J. S., y Wallin, J. A. (1984b). Improving safety through applied behavior analysis. *Journal of Safety Research, 15,* 141-251.

Cooper, J. O., Heron, T. E., y Heward, W. L. (2017). *Análisis Aplicado de Conducta,* (2da ed.). Madrid: ABA España Publicaciones. Disponible en abapublicaciones.com

Crouhy, M., Galai, D., y Mark, R. (2006). *The essentials of risk management.* Nueva York: McGraw Hill.

Daniels, A., y Bailey, J. (2014). *Performance Management: Changing behavior that drives organizational effectiveness,* (5ª ed.). Atlanta: Performance Management Publications.

Eliot, C. W, (1910). *Harvard classics volúmen 38.* Nueva York: P. F. Collier and Son.

Foxx, R. M., y Mulick, J. A. (2016). *Controversial therapies for autism and intellectual disabilities: Fad, fashion, and science in professional practice.* Nueva York: Routledge, Inc.

Hill, A. (1998). *Speaking truth to power.* Nueva York: Anchor.

Iwata, B. A., Dorsey, M. F., Slifer, K. J., Bauman, K. E., y Richman, G. S. (1982). Toward a functional analysis of self-injury. *Analysis and Intervention in Developmental Disabilities, 2,* 3-20.

Jacobson, J. W., Foxx, R. M., y Mulick, J. A. (2005). *Controversial therapies for developmental disabilities.* Mahwah, Nueva Jersey: Lawrence Erlbaum Associates, Inc.

Koocher, G. P., y Keith-Spiegel, P. (1998). *Ethics in psychology: Professional standards and cases* (2ª ed.). Nueva York: Oxford University Press.

Krasner, L., y Ullmann, L. P. (Eds.). (1965). *Research in behavior modification.* Nueva York: Holt, Rinehart and Winston, Inc.

Lenard, J. A. (2012). *K.G. vs. Elizabeth Dudek,* Case No. 11-20684 Florida Agency for Health Care Administration, Juez Joan A. Lenard, presidiendo, Marzo 2012

Mason, S. A., & Iwata, B. A. (1990). Artifactual effects of sensory-integrative therapy on self-injurious behavior. *Journal of Applied Behavior Analysis, 23* (3), 361-370.

May, J. G., Risley, T. R., Twardosz, S., Friedman, P., Bijou, S. W., Wexler, D., et ál. (1976). Guidelines for the use of behavioral procedures in state programs for retarded persons. *MR Research, NARC Research & Demonstration Institute, 1* (1), 1-73.

McAllister, J. W. (1972). *Report of resident abuse investigating committee.* Tallahassee, FL: Division of Retardation, Department of Health and Rehabilitative Services.

Miltenberger, R. G. (2013). *Modificación de conducta: Principios y procedimientos* (5ª ed). Madrid: Pirámide.

National Association for Retarded Citizens. (1976, noviembre). *Mental retardation news.* Arlington, TX: National Association for Retarded Citizens.

Neuringer, C., y Michael, J. L. (Eds.). (1970). *Behavior modification in clinical psychology.* Nueva York: Apple-Century-Crofts.

Ontario Consultants on Religious Tolerance. (2004). Introduction to the ethic of reciprocity (a.k.a. the Golden Rule). Kingston, ON, Canadá. Obtenido el 12 de noviembre de 2010 en http: //www.religioustoler ance.org/mor_dive3.htm

Reid, D. H., Parsons, M. B., y Green, C. W. (2012). *The supervisor's guidebook: Evidence-based strategies for promoting work quality and enjoyment among human service staff.* Morganton, NC: Habilitative Management Consultants.

Scott, J. (1988, 20 de septiembre). Researcher admits faking data to get $160,000 in funds. *The Los Angeles Times.* Obtenido en http://articles.latimes.com/1988-09-20/news/mn-2318_1_research-fraud

Shermer, M. (2002). Smart people believe in weird things. *Scientific American,* 12 de Agosto, 35.

Skinner, B. F. (1938). *Behavior of organisms.* Nueva York: Appleton-Century.

Skinner, B. F. (1953). *Science and human behavior.* Nueva York: Macmillan.

Skinner, B. F. (1957).*Verbal behavior.* Nueva York: Appleton-Century-Crofts.

Sprague. R. (1998). *Telling people what they do not want to hear: Making a career of this activity as a psychologist.* División 33, American Psychological Association, San Francisco, agosto.

Spreat, S. (1982). *Weighing treatment alternatives: Which is less restrictive?* Woodhaven Center E & R Technical Report 82-11(1). Filadelfia: Temple University.

Sundberg, M. L. (2008). *The verbal behavior milestones assessment and placement program: The VB-MAPP guide.* Concord, CA: AVB Press. Tufte, E. (1983). The Visual Display of Quantitative Information. Cheshire, CT: Graphics Press.

Ullmann, L. P., y Krasner, L. (Eds.). (1965). *Case studies in behavior modification.* Nueva York: Holt, Rinehart y Winston, Inc.

U.S. Equal Employment Opportunity Commission (EEOC). (2004). *Sexual harassment charges: EEOC & FEPA s combined: FY 1997-FY 2009,* pág. 288. Obtenido el 12 de noviembre de 2010, de http://www.eeoc.gov/eeoc/statistics/enforcement/sexual_harassme nt.cfm

U.S. Equal Employment Opportunity Commission (EEOC). (2014). *EEOC Releases fiscal year 2014 enforcement and litigation data.* Obtenido el 27 de julio de 2015, en http://www1.eeoc.gov/eeoc/news room/release/2-4-15.cfm

U.S. Study Finds Fraud in Top Researchers Work on Mentally Retarded. (1987, 24 de mayo). *The New York Times.* Obtenido de http://www.nytimes.com/1987/05/24/us/us-study-finds-fraud-in-topresea rchers-work-onmentally-retarded.html

Van Houten, R., Axelrod, S., Bailey, J. S., Favell, J. E., Foxx, R. M., Iwata, B. A., et ál. (1988). The right to effective behavioral treatment. *Journal of Applied Behavior Analysis, 21,* 381-384.

Virues-Ortega, J., Martin, N., Schnerch, G., Miguel-Garcia, J. A., & Mellichamp, F. (2015). A general methodology for the translation of behavioral terms into vernacular languages. *The Behavior Analyst, 38,* 127-135.

Wolf, M., Risley, R., y Mees, H. (1964). Application of operant conditioning procedures to the behaviour problems of an autistic child. *Behaviour Research and Therapy, 1,* 305-312.

Wilson, R., y Crouch, E. A. C. (2001). *Risk-benefit analysis,* (2da ed.). Cambridge, MA: Harvard University Center for Risk Analysis.

*Wyatt vs. Stickney.* 325 F. Supp 781 (MD Ala. 1971).

# Índice analítico

CPSIA information can be obtained
at www.ICGtesting.com
Printed in the USA
LVHW010712100820
662780LV00002B/147